The
Solution
to the
Change

全球科技智库思想
观察

Insights *from* Global
Science *and*
Technology Think Tanks

张聪慧————主编

李辉　田贵超————副主编

上海交通大学出版社
SHANGHAI JIAO TONG UNIVERSITY PRESS

内容提要

本书围绕"全球科技智库到底在研究什么?"这一议题展开。全书分为上下篇,上篇重点研究了全球代表性的 12 家科技智库近 5 年在如何推动科技发展、如何促进科技应用、如何加强科技治理、如何助力国家间的科技竞争等方面的研究成果;下篇重点分析了这些科技智库研究的代表性议题,旨在通过对科技智库议题和方案的分析,为我国科技智库的发展和科学决策提供参考。本书适合智库类研究者和管理者参考阅读。

图书在版编目(CIP)数据

变局之解:全球科技智库思想观察/ 张聪慧主编
. —上海:上海交通大学出版社,2023.6
ISBN 978－7－313－28470－9

Ⅰ.①变… Ⅱ.①张… Ⅲ.①科学技术－咨询机构－研究－世界 Ⅳ.①G301

中国国家版本馆 CIP 数据核字(2023)第 053176 号

变局之解:全球科技智库思想观察
BIANJU ZHI JIE:QUANQIU KEJI ZHIKU SIXIANG GUANCHA

主 编:张聪慧

出版发行:上海交通大学出版社	地 址:上海市番禺路 951 号
邮政编码:200030	电 话:021－64071208
印 制:苏州市越洋印刷有限公司	经 销:全国新华书店
开 本:710 mm×1000 mm 1/16	印 张:19.75
字 数:332 千字	
版 次:2023 年 6 月第 1 版	印 次:2023 年 6 月第 1 次印刷
书 号:ISBN 978－7－313－28470－9	
定 价:89.00 元	

本书编委会

主　编

张聪慧

副主编

李　辉　田贵超

编委会成员

张聪慧　李　辉　王迎春　田贵超

常旭华　王小理　辛艳艳　梁　偲

姚　旭　陈秋萍　徐　诺　郭凤丽

策　划

上海市科学学研究所

前 言
PREFACE

进入 21 世纪以来,全球科技创新进入空前密集活跃期。新一轮科技革命和产业变革正在深刻地改变全球经济社会形态,科技竞争力成为国家竞争力的重要组成部分,世界各国纷纷出台本国科技战略,以期把握科技发展方向,支撑经济社会发展。也因此,科技在政府决策议题中的分量越来越重。

科学咨询支撑科学决策,科学决策引领科学发展。在科技成为越来越重要的决策议题的背景下,世界各国都更加依靠科技智库,也更进一步呼吁科技智库提供高质量的建议。在我国,中共中央办公厅、国务院办公厅于 2015 年印发《关于加强中国特色新型智库建设的意见》,明确提出了要"建设高水平科技创新智库"。

总体来说,由于智库行业在我国的发展还未成熟,因此近些年来关于智库的研究偏重于研究科技智库的组建方式和运行模式。而本书关心的问题是,不管拥有什么样的运行模式,科技智库最终是要为决策者提供咨询建议的,那么,科技智库应该研究什么样的议题? 换句话说,决策者可以依靠科技智库支撑哪些议题的决策?

为了回答这个问题,我们将视野投向国际,研究国际上知名的科技智库都在研究什么议题。当然,科学技术是不断发展的,一个时代有一个时代的科学技术。科学技术的时代性,决定了科技智库的研究内容也有时代性。本书试图回答的问题是:在当下这个时代,全球科技智库到底在研究什么?

要回答这个问题,需要建立两个数据清单:一是全球科技智库的清单;二是每一个科技智库的研究成果清单。通过研究每一个智库的研究成果,我们能够综述全球科技智库研究的普遍性议题。这样的工作类似于针对某一个领域的学术文献进行综述,是对已有研究的提炼、分析和总结。但是前者与学术研究又非常不同。

首先,目前并没有一个公认的全球科技智库清单。由于智库通常是为特定政府机构或者组织服务的，因此，各国智库之间并没有非常广泛而密切的交流合作。学术研究交流是促进学术发展的基础，而智库之间的交流，是有一定边界的，互相之间对一些敏感议题也是回避的。

其次，智库的成果也并没有公认的数据库。学术界的基本交流载体是学术论文和专著，有统一的学术规范。因为有论著，所以很容易判断一个团队的研究方向和研究成绩。而智库的研究成果，可以是学术论文，但更重要的是一些内参、研究报告、媒体文章等，甚至不公开的研究成果比公开的研究成果更有价值。

因此，为了回答"全球科技智库到底在研究什么"，我们必须在有限条件下进行。为此，我们做了以下3个方面的限定。

一是我们参考了国际上已有的尚不完善，但是有一定基础的科技智库清单，充分考虑智库所在国家的科技实力以及在智库界的影响力，最终选择了部分代表性的科技智库作为本书的研究对象。需要特别说明的是，本书的重点是为了介绍国际上科技智库的研究内容，因此只选择了中国以外的科技智库。

二是对于遴选出的这些科技智库，我们对其公开发布的成果进行了较为全面的梳理和分析。这些成果主要包括智库网站公开的研究报告、媒体文章等。我们认为，公开的成果至少能代表其研究的主要方向和倾向性的结论。

三是我们对研究的时间范围也做了限定。智库的研究，往往具有较强的时效性；同时，考虑到已有的研究积累，我们将研究的时间区间设定为2017—2021年这5年。在后续的研究中，我们有可能进一步分析科技智库的研究方向和研究结论的发展变迁。

基于以上3个限制性条件，针对"全球科技智库到底在研究什么"这个问题，我们通过四部分进行了分析，也即本书的逻辑框架。

一是绪论，这部分选取了本书重点研究的科技智库名单。美国宾夕法尼亚大学（以下简称宾大）的智库排行榜，有一个专门的科技智库排行榜，虽然这一榜单得到的评价褒贬不一，但是它确定了一个业内基本认可的基础清单，之后则是在它的基础上再做完善。我们选取智库基于如下3个原则：首先，在宾大的科技智库排行榜中排名靠前；其次，科技实力较强的国家都尽量有智库入选；最后，选取了一些虽不在宾大科技智库榜单，但是针对科技问题开展了有一定影响力研究的综合型智库。基于这些原则，我们最终选择出12家本书着重介绍的科技智库。

二是本书的上篇，回答了"全球代表性科技智库在研究什么议题"。基于选定的全球 12 家代表性科技智库,我们对每一个智库 2017—2021 年所有公开的研究成果进行了搜集和整理。通过梳理各家智库的成果,我们分析出各智库在过去五年中的研究重点及政策建议。当然,最需要强调的是,智库的观点并不能完全代表智库所在国家的观点。有的智库的观点甚至可能跟其所在国家的观点相差较大。但是有一点是确定的,如果一个国家的智库研究了某个议题,至少说明这个议题对这个国家来说是重要的。因立场不同,国外一些智库在研究与中国相关的议题时,会带有明显的偏见,但这并不代表本书编者的观点。

三是本书的下篇,回答了"对于全球代表性的科技议题,全球科技智库都怎么看"。科技议题既有时代性,也有地方性。这个地方性包括全球性和区域性。比如气候问题,可能在全球任何地方都可以讨论;比如食品安全问题,可能在有些国家就特别重要,而在其他国家则已经不是重要议题。基于上篇中我们对全球代表性科技智库的分析,发现了一些共性的议题,或者是我们基于中国的决策背景认为有价值的议题。最后我们选定了 6 个议题,分别是集成电路、人工智能、生物医药、科技竞合、气候变化以及创新体系。前 3 个是全球热门的创新方向,也是全球关注的议题;科技竞合和气候变化是全球关注的议题;创新体系是科技创新战略政策的基本知识框架。我们通过分析前沿科技智库围绕这六大议题的研究,努力为这些共性议题展现全球智库界总体性的咨询建议。

四是结论,基于本书的研究,在总体分析了上百家智库并重点研究了 12 家智库,分析了近 5 年来上千篇的科技智库报告后,我们试图总结出当前全球科技智库的思想地图,以及代表性的研究问题、研究趋势。我们试图给出"全球科技智库到底在研究什么"的答案。

科技智库是国家科技战略政策的"天气预报",是科技知识与政府决策的"桥梁",也是正式规则出台前思想竞争的"舞台"。明晰"全球科技智库到底在研究什么",对分析各国的科技战略走向也有帮助。分析全球科技智库在研究什么,能够回答:各国的科技智库是怎么看待科技发展,以及科技对经济社会的影响,进而是如何影响一个国家的科技战略政策的。我们此次研究,做了一些基础性的工作,进行了初步的探索和尝试。随着智库和智库议题数据库的不断扩容,我们将有机会在第一时间继续深入解读全球科技智库对全球科技创新的研判,也努力预判全球主要国家的科技战略动态,最终为决策提供强有力的智力支持,推动科技不断发展。

要完成这样一项研究,需要有两方面的能力储备:一方面,是对智库研究范式的熟悉。与学术研究不同，智库研究通常是问题导向、应用导向的研究，所以智库的每一项研究，都是为最终的决策提供咨询建议，都是以建设性的解决方案的提出为目的的。另一方面，是对具体议题相关知识背景的熟悉。比如气候变化、人工智能，如果没有相关的知识背景，很难分析具体智库研究的基本逻辑、所提建议的目标指向。

所以，我们采用了跨界团队合作的方式完成本书的撰写。本书撰写团队成员，既包括上海市科学学研究所、上海科技管理干部学院这样本身承担着科技智库职责的研究机构的人员，也包括复旦大学、同济大学、中国科学院、莫斯科国立莱蒙诺索夫大学等高校与科研院所的研究人员，兼顾智库和学术研究。可以说本书是跨机构、跨领域团队合作的结晶。

本研究的牵头单位——上海市科学学研究所是中国最早的科技智库之一。它在1980年成立之时，正是中国改革开放之际，"科学技术是生产力"刚刚提出不久，政府管理者急需理解科学技术的规律并制定相应的战略政策。科学学，指的是"科学之科学"。应该说科学学的建立，就是为科技决策服务的。在新的时代背景下，尤其是近十年，上海市科学学研究所不断尝试对全球科技智库的研究内容和研究内涵进行探索性研究。自2017年以来，上海市科学学研究所就得到了上海市软科学计划项目的连续稳定支持，持续推进对全球科技智库的观察研究。本书的基本框架和研究内容，正是在上海市科委的大力支持下经过不断摸索逐渐形成的。

本书成稿经过多轮打磨，初稿写于2022年5月，后于2022年9月完成修订稿，最终于2022年12月定稿。在本书编写过程中，中国科学技术发展战略研究院王元研究员、上海科技情报研究所缪其浩研究员等专家，给予了诸多宝贵的指导意见。在此，对所有支持和指导我们以及参与具体研究工作的各位领导、专家和同仁一并表示感谢。在本书的撰写过程中，还有大量参与资料整理的研究助理：张朝云、尤梦璇、王凯、张文爽、杨昭、郭子恒、李陈诺、潘弘林、刘海睿、史佳宁、赵鹤翼、惠丽云、王梓萌等，在此也一并表示感谢。

限于作者水平以及时间限制，书中存在的不足之处，敬请读者批评指正。

张聪慧

2022年12月于上海

目 录
CONTENTS

1

序章

绪论

张聪慧　李　辉

辛艳艳　　王迎春

智库是时代的产物，智库的使命也在于回答时代命题。绪论中我们将讨论百年未有之大变局以及新一轮科技革命和产业变革带来的巨大决策需求，也将讨论科技智库在回应这一时代命题过程中，是如何兴起与发展，并成长为一种新兴而强势的思想力量。

第一节　科技成为全球变局关键变量

一、百年未有之大变局寻求科技答案

百年未有之大变局加速演进,世界进入动荡变革期,这是当今时代最鲜明的特征。经济方面,世界经济重心开始从大西洋两岸向太平洋两岸转移,亚洲力量在崛起;政治方面,冷战后期形成的"一超多强"格局正在转向多极化新格局;全球化方面,英国脱欧,美国在一些国际组织里退退进进并且试图组建一些新的国际组织,逆全球化、单边主义和保护主义等思潮再次抬头,全球化浪潮受到了前所未有的挑战。总体来看,国际格局和国际体系正在发生深刻调整,全球治理体系正在发生深刻变革,国际力量对比正在发生近代以来最具革命性的变化,在世界范围内呈现出影响人类历史进程和趋向的重大态势。如何认识这些变化,并提出应对之策,是每个国家和地区都面临的课题,也考验着各国和地区智库的智慧。

变局意味着动荡变革,变革意味着不确定性,进而意味着不安全感。虽然变局是全球性的,但随之产生的影响是本土化的。每个国家、组织或个人对于不确定性和不安全感的体验和认识是不一样的。体验和认识不同,应对方式自然也会不同。目前针对西方国家所面临的不确定性和不安全感已经有非常多的研究,美国宾夕法尼亚大学"智库与市民社会项目"(Think Tanks and Civil Societies Program,简称 TTCSP)①团队对此有很好的总结,他们认为主要有七个方面[1]。理解这七方面,对于理解全球智库的研究方向非常有益,下面我们逐一介绍。

第一,西方发达资本主义国家普遍面临着经济上的不安全感。具体表现在经济频繁波动,工作内容也经常发生变化。更直观的体现是,年轻一代与其父辈相比,非常缺乏安定感。第二,生命的不安全。在西方,恐怖袭击频率越来越高,且很多是"独狼"行为,防不胜防,尤其在一些控枪、禁枪不严的国家,恐怖袭击事件越来越频繁。第三,国家认同和个人身份认同的困惑。在部分西方发达国家,

---

① 美国宾夕法尼亚大学"智库与市民社会项目"由詹姆斯·麦甘(James G. McGann)博士领导。詹姆斯·麦甘博士通过努力创建了包含 14 000 家机构在内的智库网络,为全球智库搭建了交流讨论平台,也为全球各界认识智库的组成、架构、作用提供了平台。詹姆斯·麦甘博士于 2021 年 11 月 29 日去世。

宽松的移民和边境政策，引入了越来越多的外来人口，结果是移民、难民数量不断增加，甚至在部分国家其数量即将超过原住民。当外来人口越来越逼近或者超过本地人口后，自然会给当地的社会制度和文化造成巨大压力，国家和个人身份的认同问题越发严重。第四，世界秩序的调整。随着不同国家实力的此消彼长，第二次世界大战之后建立起的世界秩序正处于调整状态，对于长期习惯领导全球的一些发达国家来说，这是其不太甘愿接受的事实。第五，信息的不安全。信息时代带给人类社会前所未有的机会和便利，但隐私、安全等问题也伴随而来，并引发了越来越多的社会问题。第六，东方崛起带来的不安全感。这主要指中国崛起引发国际经济、社会和政治地位的变化，引发了西方一些国家的不安。第七，当前最大的不安全感，即"没有答案"。针对种种挑战，西方一些国家的政府还没有拿出好的解决方案。

总的来看这七个方面，第二、三方面是西方一些国家所独有的，第一、四、六方面间接或直接与中国有关，第五方面应该是全球所共同关注的。正是由于体验和认识的不同，全球各国智库的研究重点、为本国政府所提供的决策建议，也都各有侧重。但毫无疑问，各国智库都在针对第七方面的"没有答案"而努力。

尽管各个国家和地区对于不确定性和不安全感的体验和认识不同，但动荡变革是客观存在的。在寻找危机背后的原因的过程中，全球智库达成的一个普遍共识是：从长远来看，世界各国都希望能够得到发展，但是当今西方发达国家的生活方式，即西方国家当今利用食物、能源、交通、医疗以及水资源的方式，无法被各国复制，因为全球的资源和环境无法满足所有国家的需求。宾夕法尼亚大学智库与市民社会项目组曾经就此专门讨论过。兰德研究生院的爱资哈尔（Gulrez Shah Azhar）博士预计，到 21 世纪中叶，可能会有 1.5 亿～3 亿气候变化难民，其中许多人是为了寻找可持续供应的水和食物而离开自己的家乡。欧洲近年涌入了数百万的难民，难民的到来必然将伴随更加激烈的政治和社会冲突，而这些国家原本毫无准备[2]。有研究认为，目前的大规模移民模式只是更大的全球性冲击的前奏，在 21 世纪由于粮食和水的不安全而产生的冲击将会更大[3]。新冠疫情的暴发，进一步凸显了不确定性并催化了不安全感，人类社会正面临更为严峻的挑战。

科技智库更重要的职责，是为变局寻求解决方案。实际上，针对大变局，世界各国都把目光聚焦于科技，不断地出台战略政策，希望通过科技创新找到适应变局的出路。

大危机往往能够带来科技的发展。根据科学社会学的理论,科学的发展并非只是科学家单纯出于好奇推动的进步,它往往更受到经济、社会等外部因素的影响。一个颇为经典的案例是,牛顿力学曾被认为是牛顿出于对"苹果为什么会下落"的好奇心,站在伽利略等前人的肩膀上取得的研究成果。然而,1931 年在伦敦举行的第二届国际科学技术史代表大会上,苏联著名物理学家赫森(B. Hessen)提交的论文《牛顿〈原理〉的社会经济根源》(*The social and economic roots of Newton's 'Principia'*)认为,当时的水陆交通、工业生产和军事活动等经济和社会需要,对于牛顿力学的诞生起了相当关键的作用。赫森的论文使人们在科学知识逻辑演进之外,看到了牛顿力学与当时经济、社会之间深刻的内在联系,为科学发展动力提供了社会学的分析视角。

危机催生科技发展的另外一个经典案例是互联网的诞生。冷战初期的1957 年,苏联发射了人类第一颗人造地球卫星,给美国带来了极大的压力。作为回应,美国国防部组建了高级研究计划局,开始将科学技术应用于军事领域。20 世纪 60 年代后期到 70 年代初期,高级研究计划局的一项名为阿帕网(ARPANET)的研究计划,不经意间孕育了后来风靡全球的互联网。

基于科学社会学的理论,当前的动荡变革也可能促进科学的发展。科技创新被各国和各地区政府寄予厚望,被当作解决动荡变革问题的关键答案之一。科技能够带来更高产的粮食、更清洁的能源、更便捷的交通、更多的水资源,能够治疗更多的疾病,为经济社会发展提供强大支撑。但是,当下的科技创新不能套用传统的创新方案,因为传统方案在带来生产和生活资料的同时,也大量损耗了能源和环境,甚至制造了诸多社会问题。相比于分析形势、提出问题,智库更重要的职责和优势,是为变局寻求解决方案。因此,如何用新的科技创新政策来回应变革问题,是全球面临的重大课题,也是科技智库义不容辞的时代使命[4]。

二、新一轮科技革命和产业变革重塑世界格局

在讨论百年未有之大变局时,人们常常讨论到新一轮科技革命和产业变革。关于二者之间关系的普遍认识是:新一轮科技革命和产业变革既是百年未有之大变局的基本内容,又是导致百年变局的基本推动力量。前者是指新一轮科技革命和产业变革本身带来了很大的变化,需要应对;后者是指新一轮科技革命和

产业变革推动了政治经济以及国际形势等方面的剧烈变化。

新一轮科技革命和产业革命主要是指,进入 21 世纪以来,全球科技创新进入空前密集活跃的这一段时期。新一轮科技革命和产业变革是一个比较综合的概念,体现在科技的诸多领域。比如在信息技术领域,人工智能、量子信息、移动通信、物联网、区块链等技术正在加速突破应用;在生命科学领域,合成生物学、基因编辑、脑科学、再生医学等技术正在孕育新的变革;在先进制造领域,机器人、数字化、新材料等技术正在加速推进制造业向智能化、服务化、绿色化转型;在能源领域,以清洁高效、可持续为目标的各种技术将可能引发全球能源变革。

尤为值得注意的是人工智能技术。2018 年 10 月 31 日,习近平总书记在中央政治局第九次集体学习时强调,人工智能是引领这一轮科技革命和产业变革的战略性技术,具有溢出带动性很强的"头雁"效应。在移动互联网、大数据、超级计算、传感网、脑科学等新理论新技术的驱动下,人工智能加速发展,呈现出深度学习、跨界融合、人机协同、群智开放、自主操控等新特征,正在对经济发展、社会进步、国际政治经济格局等方面产生重大而深远的影响。

回顾历史,谁能抓住科技革命和产业变革的先机,谁就能拥有引领发展的主动权。

第一次科学革命发生在 16—17 世纪的欧洲,以哥白尼、伽利略、牛顿为代表的科学家推动了天文学、物理学革命,促进了西方近代科学的诞生,极大程度地提高了人类的认知能力。第二次科学革命发生在 19 世纪与 20 世纪之交的美国和欧洲,以量子论和相对论为代表,重塑了人类的时空观和对世界运动规律本质的认知。科学领域的新发现、技术上的新突破,总能在强大的经济社会需求牵引下,促使传统产业升级换代和新兴产业发展,从而使社会生产力实现周期性、跨越式发展。18 世纪中叶以来,先后发生了三次工业革命,也都发源于西方国家。第一次工业革命开创了"蒸汽时代",机器取代了人力,大规模工厂化生产取代了个体工场手工生产,标志着农耕文明向工业文明的过渡。第二次工业革命开启了"电气时代",化工、钢铁、电力、铁路、汽车等重工业兴起,石油由此成为各国争抢的新能源。这次工业革命促进了交通运输的快速发展,推动了世界各国的交流互动,并塑造了全球化的国际政治、经济体系。第三次工业革命开创了"信息时代",全球信息和资源交流变得更为频繁,大多数国家和地区都被卷入全球化进程之中,世界政治经济格局进一步发生巨变,人类文明的发达程度也达到空前的高度。我们谈论的百年大变局，变的就正是第二次工业革命和第三次工业革命所形成的世界格局。

从历史经验出发，人们普遍认为新一轮科技革命和产业变革也将孕育一场大变局。世界各国纷纷关注当前科学技术的重大进展，并且希望能够牢牢抓住本轮科技革命和产业变革的机遇。当然，抓住机遇的前提是深刻把握新一轮科技革命和产业变革的本质特征。

与我国提出的"新一轮科技革命和产业变革"概念相似，德国提出了"第四次工业革命"（The Fourth Industrial Revolution）的概念。2015 年，世界经济论坛创始人兼执行主席克劳斯·施瓦布（Klaus Schwab）在"第四次工业革命"概念提出伊始，就深刻剖析了自 20 世纪中叶开始并一直延续至今的数字革命如何成为一种划时代的转型。根据施瓦布的论述，"第四次工业革命"融合了各类技术特征，模糊了物理、数字和生物领域之间的界限，具有三个独特性：在速度上，技术突破正以指数而非线性的趋势发展；在广度上，影响每个国家几乎所有行业；在系统性上，影响的广度和深度预示着必将迎来生产、管理和治理体系的整体变革[5]。

毫无疑问，世界各国都在关注新一轮科技革命和产业变革，关注新一轮科技革命和产业变革必将导致的世界经济新旧动能的转换，必将为人类生产生活带来的巨大变化，以及必将给国际格局重塑带来的不可估量的影响。各国政府为了应对新一轮科技革命和产业变革，正在纷纷出台战略政策。

但是，新一轮科技革命和产业变革，到底有什么样的规律？到底在哪些领域能够率先突破？到底会带来哪些衍生的问题？这些都还需要大量的研究，它们毫无疑问都是科技智库亟待回答的时代命题。

第二节　科技智库走向思想市场舞台中央

一、科技成为全球综合型智库的重点议题

动荡变革需要科技来应对。时代发展的科技特征决定了科技成为全球智库日益关注的重点议题。接下来，我们将会介绍全球智库是如何看待科技相关的时代命题以及如何从科技角度提出相应的解决方案的。

作为目前唯一一个连续追踪全球智库发展趋势的研究项目,宾夕法尼亚大学"智库与市民社会项目"自 2008 年起连续发布了 13 份《全球智库报告》(Global Go To Think Tank Index Report)。最新的报告是 2021 年 1 月发布的《2020 年全球智库报告》(2020 Global Go To Think Tank Index Report)。该报告在国际智库研究领域享有较高的知名度和美誉度,但同时也存在以美国为中心的局限性,在涉及对中国智库建设与评价的参照标准上存在不当之处[6]。虽然这份报告不尽完美,但从连续性视角考察,对于我们了解全球智库发展的总体趋势仍非常具有参考价值。

从 2009 年起,该项目主任詹姆斯·麦甘带领团队在原有的研究领域中新增了对"顶尖科技智库"①(Top Science and Technology Think Tanks)的评估,"科学技术"正式与智库此前重点关注的国际发展、健康政策、环境政策、国防安全事务、国内经济政策、国际经济政策和社会政策等领域并置。这足以体现科技在全球智库建设中的重要影响。2019 年,因应全球智库对人工智能技术的高度关注,《全球智库报告》又新增了"人工智能研究前沿智库"(Think Tanks on Cutting Edge of Artificial Intelligence Research)。

当然,时代发展的科技特征决定了科技并不单单是专业性"科技智库"的研究对象,综合性或者其他领域的智库也会把科技作为它们的研究对象。

在 2016—2020 年的 5 年时间内,全球顶尖智库也不断强化对科技领域的研究布局。如表 0-1 所示,在"2020 年世界顶尖智库综合排名"(2020 Top Think Tanks Worldwide)中位列前 50 的智库中,有 13 家智库设置了与科技领域相关的下属研究机构或研究项目,占比接近三成;其中位列前 20 的智库中,四成的智库对科技领域的研究做了相应的布局。例如美国布鲁金斯学会(Brookings Institution)不仅下设技术创新中心,同时设立"人工智能与新兴科技计划"(Artificial Intelligence and Emerging Technology Initiative,简称 AIET Initiative),吸纳来自学界、政界和技术行业的相关专家共同关注人工智能治理问题,使其发展能够遵循经济、国家安全、透明、公平和包容等理念规范,以便管控风险。英国皇家国际事务研究所(Chatham House,也称英国查塔姆研究所)不仅集中关注网络安全、数据治理、社交媒体、虚假信息、技术治理等前沿议题,还从 2016 年起主办《网络政策杂

---

① 根据麦甘团队的报告,"顶尖科技智库"提供了从创新、电信到能源、气候和生命科学等领域的卓越创新研究和战略分析。

志》(*The Journal of Cyber Policy*)，以一年三期的频率发布，面向全球征集涉及网络犯罪、互联网治理和新兴技术的研究论文。美国伍德罗·威尔逊国际学者中心(Woodrow Wilson International Center for Scholars)下设"科技创新计划"(The Science and Technology Innovation Program，简称STIP)，广泛关注从新兴技术的潜在影响到如何运用科技手段提升公共政策水平和扩大公众参与等问题。加拿大国际治理创新中心(Centre for International Governance Innovation，简称CIGI)更是把自己定位为"数字时代的智库"，将自身所有的研究方向都与科技紧密挂钩，并在《2020—2025年战略计划》中设置了三个研究主题，包括"经济由数据驱动""新技术威胁民主和安全""全球机构必须适应数字时代"[7]。

表0-1　"2020年世界顶尖智库综合排名"前50位的
机构中对科技议题有研究布局的智库

智库排名	智库名称	与科技有关的机构/项目
卓越智库	美国布鲁金斯学会	技术创新中心； "人工智能与新兴科技计划"
4	美国国际战略研究中心	网络安全技术
6	英国皇家国际事务研究所	《网络政策杂志》
8	日本国际问题研究所	裁军、科学和技术中心
10	美国伍德罗·威尔逊国际学者中心	"科技创新计划"
11	美国进步中心	技术政策
18	中国现代国际关系研究院	科技与网络安全研究所
20	印度观察家研究基金会	安全、战略和技术中心；技术与媒体；网络安全和互联网治理
22	比利时欧洲政策研究中心	人工智能与网络安全
30	加拿大国际治理创新中心	经济由数据驱动；新技术威胁民主和安全；全球机构必须适应数字时代
34	丹麦国际研究院	DIIS技术——关于技术和电力的研究计划
41	印度国防研究与分析研究院	战略技术

续　表

智库排名	智　库　名　称	与科技有关的机构/项目
44	美国贝尔弗科学与国际事务中心	技术与公共用途项目；网络项目
45	英国伦敦政治经济学院国际事务与外交战略研究中心	信息时代的数字国际关系

注：① 智库排名参考詹姆斯·麦甘团队于 2021 年 1 月发布的《2020 年全球智库报告》。
　　② 相关智库的科技议题布局为笔者基于各智库官网搜集整理。
　　③ 在《2020 年全球智库报告》中，詹姆斯·麦甘将任何连续三年被评为该类别的顶级智库（即第一位）的智库定为"卓越智库"（Excellence for 2016—2019），因此，此处的前 50 位实际上是卓越智库和排名前 49 位的顶尖智库。

此外，对科技议题的布局，也让这些综合类顶尖智库同时被列入了科技类顶尖智库榜单。近 5 年发布的《全球智库报告》显示，全球顶尖的综合类智库在强化对科技议题的布局之后，在全球科技智库榜单中的位次明显提升。例如北美地区最为突出的分别是美国布鲁金斯学会、美国兰德公司、美国伍德罗·威尔逊国际学者中心和加拿大国际治理创新中心 4 家智库。如图 0-1 所示，除了美国

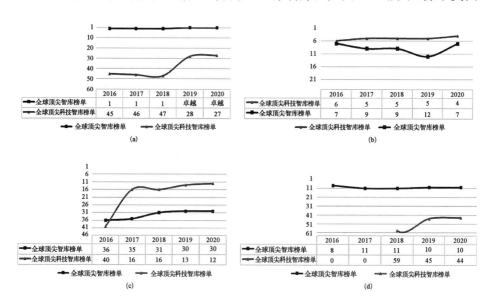

图 0-1　四家全球顶尖智库近五年在全球科技智库榜单中的排名情况

　　（a）美国布鲁金斯学会；（b）美国兰德公司；（c）加拿大国际治理创新中心；（d）美国伍德罗·威尔逊国际学者中心。
　　资料来源：相关数据来自詹姆斯·麦甘团队 2017—2021 年发布的《全球智库报告》。

兰德公司始终位居全球顶尖科技智库前列以外,美国布鲁金斯学会作为"百年思想库",在加强了对科技领域的研究之后,其在全球顶尖科技智库榜单中的排名也出现了跨越式的发展。无独有偶,美国伍德罗·威尔逊国际学者中心也在2018年首次进入全球顶尖科技智库榜单,并且逐渐跻身前50位。此外,加拿大国际治理创新中心将数字治理看作当今最重要的政策研究问题,试图填补科技高速发展背景下的治理和监管缺口。自2016年以来,其在全球顶尖科技智库榜单的排位也从原来的中游一跃上升至第12名。

二、专业科技智库共同体正在形成

随着世界各国对科技创新的关注度越来越高,以科技为专门研究对象的科技智库也越来越受到重视。

从发展基因来看,科技创新智库有多种来源。一是来自正统的智库行业,包括两类:一类是传统的综合类智库投入科技议题研究当中,比如美国布鲁金斯学会;另一类是具有鲜明科技特色的专业智库,比如美国兰德公司、美国信息技术与创新基金会。二是来自学术界,主要是高校、科研院所附属的科技智库,比如英国苏塞克斯大学科学政策研究所、德国弗劳恩霍夫学会系统与创新研究所。三是来自国际组织,比如联合国、经济合作与发展组织、世界银行、世界经济论坛等国际组织都有自己的智库机构。四是来自媒体,比如《经济学人》《连线》、TED等都有科技智库的属性。五是来自咨询公司,比如麦肯锡、埃森哲、高特纳等国际知名咨询公司也都有科技智库的属性。六是来自企业,近几年企业附属智库正在快速崛起,如谷歌Jigsaw、腾讯研究院等,这类智库既直接服务企业,面向公众发声,又向政府建言。

归根结底,随着科技日新月异地发展,科技在经济社会发展中的地位越来越重要,科技智库本身的重要性将越来越强。但是要对全球的科技智库进行统计和梳理,建立科技智库共同体,仍旧不容易。

首先,科技智库并没有明确的定义。科技智库通常委身于政府部门或者高等院校,像美国兰德公司那样相对独立的机构较少。另外,智库的定义相对宽泛,智库不像大学那样在政府机构有统一的备案,我们可以定量数出一个国家有多少大学,但很难统计出一国智库的具体数目。美国宾夕法尼亚大学的"智库与市民社会项目"团队认为,顶级的科技智库是指全球范围内领先的科学和技术机构,这类顶级智库提供从创新、电信到能源、气候和生命科学等领域的卓越创新研究和战略分析,擅长研究、分析和参与广泛的政策问题,目的是促进辩论,促进有关行动者之间的合作,获得公众的支持,确保充足的资金,并改善有关国家的整体生活质量。这是一个相对模糊的定义,但也给了评议专家更多自我选择的空间。

其次,科技智库的排名标准也很难制定。大学之间的比较,可以根据"学术论文"之类广泛认可的标准,而智库尚没有类似"学术论文"这样被广泛认可的评价标准。智库的研究报告和政策建议内参,往往由决策者内部评价,而且同一份报告对不同决策者可能会有不同的价值。尽管"智库与市民社会项目"定义了很细致的评选规则,但是都无法克服智库成果本身具有一定保密性而难以被外部评价的属性。

因此,"智库与市民社会项目"的子榜单,即全球科技智库排名榜,经过多年的发展,随着评选规则的逐步成熟,其认定的全球科技智库榜单到2015年才趋于稳定,如表0-2所示。

表0-2 智库与市民社会项目2009—2020年全球科技智库榜单排名数概览

年　　度	排　名　数
2009	10
2010	25
2011	30
2012	50
2013	50
2014	45
2015	69
2016	70
2017	68
2018	72
2019	72
2020	70

　　这份科技智库榜单,为科技智库在定义比较宽泛、排名没有标准的情况下,框定了一个大致的范围。可以看出,自 2015 年开始,这份榜单上的科技智库数量稳定在 60~75 之间。基于"智库与市民社会项目"发布的 2015—2020 年的全球科技智库排名,综合各智库历年排名情况可得出一份全球顶级科技智库榜单(见表 0-3),大体的规则是,在最近 5 年中,至少出现 3 次,然后以最近一次的排名为序。

表 0-3　全球 65 家顶级科技智库榜单

序号	智 库 名 称	所属国家
1	Information Technology and Innovation Foundation (ITIF),信息技术与创新基金会	美　国
2	Max Planck Institutes,马普学会	德　国
3	Science Policy Research Unit (SPRU),苏塞克斯大学科学政策研究所	英　国
4	Institute for Future Engineering (IFENG), FKA Institute for Future Technology,未来工程研究所	日　本
5	RAND Corporation,兰德公司	美　国
6	Science and Technology Policy Institute (STEPI),科学技术政策研究所	韩　国
7	Institute for Basic Research (IBR),基础研究所	美　国
8	Samuel Neaman Institute for Advanced Studies in Science and Technology (SNI),塞缪尔·纳马科学技术高等研究所	以色列
9	Consortium for Science, Policy, and Outcomes (CSPO),科学、政策和成果联合会	美　国
10	African Technology Policy Studies Network (ATPS),非洲技术政策研究网络	肯尼亚
11	Centre for Studies in Science Policy (CSSP),科学政策研究中心	印　度
12	Center for Development Research (ZEF),发展研究中心	德　国
13	Information and Communication Technologies for Development (ICT4D),信息和通信技术推进发展	英　国

序号	智　库　名　称	所属国家
14	Lisbon Council for Economic Competitiveness and Social Renewal，里斯本经济竞争力理事会和社会复兴组织	比利时
15	Council for Scientific and Industrial Research (CSIR)，科学和工业研究理事会	南　非
16	Centre for International Governance Innovation (CIGI)，国际治理创新中心	加拿大
17	Technology，Entertainment，Design (TED)，技术、娱乐、设计	美　国
18	International Institute for Applied Systems Analysis (IIASA)，国际应用系统分析研究所	澳大利亚
19	Institute for Science and International Security (ISIS)，科学和国际安全研究所	美　国
20	Energy and Resources Institute (TERI)，能源与资源研究所	印　度
21	Fondation Telecom，电信基金会	法　国
22	Technology Policy Institute (TPI)，技术政策研究所	美　国
23	Battelle Memorial Institute，巴特尔纪念研究所	美　国
24	Research ICT Africa (RIA)，非洲 ICT 研究所	南　非
25	Santa Fe Institute (SFI)，圣塔菲研究所	美　国
26	African Centre for Technology Studies (ACTS)，非洲技术研究中心	肯尼亚
27	Telecom Centres of Excellence (TCOE)，电信卓越中心	印　度
28	Jigsaw (FKA Google Ideas)，谷歌科技孵化器	美　国
29	Fundacion Innovacion Bankinter，国际银行创新基金会	西班牙
30	Belfer Center for Science and International Affairs，贝尔弗科学与国际事务中心	美　国
31	Keck Institute for Space Studies (KISS)，凯克空间研究所	美　国
32	Kansai Institute of Information Systems (KIIS)，关西信息研究所	日　本

序号	智　库　名　称	所属国家
33	Center for Global Communications (GLOCOM)，全球交流中心	日　本
34	Fundación Idea，创意基金会	墨西哥
35	National Institute of Advanced Industrial Science and Technology (AIST)，国立先进工业科技研究院	日　本
36	World Security Institute (WSI)，世界安全研究所	美　国
37	Tech Freedom，科技自由	美　国
38	Bertelsmann Foundation，贝塔斯曼基金会（北美）	美　国
39	Institute for the Encouragement of Scientific Research and Innovation of Brussels (ISRIB)，布鲁塞尔科学研究与创新研究所	比利时
40	Lowy Institute for International Policy，罗伊国际政策研究所	澳大利亚
41	Moscow State Institute of International Relations (MGIMO)，莫斯科国立国际关系学院	俄罗斯
42	Turkish Economic and Social Studies Foundation (TESEV)，经济和社会研究基金会	土耳其
43	Breakthrough Institute，突破研究所	美　国
44	Brookings Institution，布鲁金斯学会	美　国
45	Peterson Institute for International Economics (PIIE)，彼得森国际经济研究所	美　国
46	Tanzania Commission for Science and Technology (COSTECH)，坦桑尼亚科学技术委员会	坦桑尼亚
47	Evidence-Informed Policy Network (EVIPNet)，World Health Organization，世界卫生组织知证政策网络	瑞　士
48	Adam Smith Institute，亚当·斯密研究所	英　国
49	Centro depromocion de Tecnologías Sostenibles，技术促进发展中心	玻利维亚
50	Center for Economic and Social Development (CESD)，经济和社会发展中心	阿塞拜疆

序号	智　库　名　称	所属国家
51	Fraser Institute，弗雷泽研究所	加拿大
52	Center for Study of Science, Technology & Policy (CSTEP)，科学、技术和政策研究中心	印　度
53	Institute for Innovation and Development Strategy，国家创新与发展战略研究会	中　国
54	Centre for Science and Environment (CSE)，科学与环境中心	印　度
55	China Association for Science and Technology，中国科学技术协会	中　国
56	Consejo Internacional de Ciencias Sociales (ISSC)，国际社会科学理事会	法　国
57	BRICS Policy Center，金砖国家政策中心	巴　西
58	Consejo Latinoamericano de Ciencias Sociales (CLACSO)，拉丁美洲社会科学理事会	哥斯达黎加
59	Council on Energy, Environment And Water (CEEW)，能源、环境和水委员会	印　度
60	Development Alternatives，发展选择	印　度
61	Edge Foundation，边缘基金会	美　国
62	Africa Academy of Sciences，非洲科学院	肯尼亚
63	Manhattan Institute，曼哈顿研究所	美　国
64	Perimeter Institute，圆周理论物理研究所	加拿大
65	Yachay，亚查伊	厄瓜多尔

虽然科技智库暂时还没有精确的定义，也没有形成全球科技智库的共同体或者网络，但是已经有一定的趋势。比如美国信息技术与创新基金会于 2016 年发起的全球贸易和创新政策联盟（The Global Trade and Innovation Policy Alliance，GTIPA），上海市科学学研究所组织的一年一次的"浦江创新论坛——科技创新智库国际研讨会"。总体来看，全球科技智库有以下三大发展趋势。

（1）科技智库得到越来越多的重视。在国家科技发展的初期，经济类智库通常会代替执行科技智库的功能,这点从很多非洲国家的情况可以看出。而国家的科技水平越高,其高水准的科技智库就越多。随着创新驱动发展成为越来越多国家的共识,发展中国家对科技智库也越来越重视。可以看到,非洲、南亚等国家当前的科技实力虽然无法和发达国家相提并论,但是它们的一些科技智库在国家政策制定中发挥了越来越重要的作用。科技智库的发展是一个国家开始摆脱单纯依靠某些专家的意见,发挥科学决策支撑作用的制度体系逐渐成熟的标志。不过目前来看,科技可能还没有成为一些发展中国家的关键议题。这从侧面表明,这些国家还没有进入创新驱动发展阶段。

(2)科技智库共同体正在形成。"智库与市民社会项目"团队所发布的全球科技智库排名是目前全球唯一具有较大影响力的榜单,将科技智库划为同一属性的群体展现给世界,让科技智库彼此之间建立起身份认同。此前这些智库有的独立运营,有的从属于政府机构或者大学,统一的标识并不明显。尽管目前"智库与市民社会项目"认定的近70家全球科技智库其实是按照该项目组的评价标准和专家评议所得出的结果,在科技智库的定义和科技智库成果的统一评价标准等问题上有所规避,但这份榜单通过专家的集体评议,让看似无法比较却持有类似身份的机构得以建立起全球性的标签认同,从而提供了一个索引,描绘了全球科技智库的基本版图。

(3)关注新一轮科技革命和产业变革的新型科技智库正在孕育形成。随着新一轮科技革命和产业变革的孕育兴起,尤其是信息革命的持续爆发,决策者迫切需要应对之策。时势造英雄,关注科技革命的智库越来越成为决策者的"宠儿"。比如人工智能的兴起催生了一些围绕人工智能问题展开研究的智库,除去已经有一些历史积累的美国信息技术与创新基金会之外,日本未来工程研究所等专门研究这类问题的智库也迅速兴起。这类智库正在试图回答当前科技创新以及创新政策领域的热点问题,它们的排名会越来越靠前,未来会有更广阔的市场空间。宾大科技智库定义的几个方向,如气候、电信等,其实都是新兴的科技方向。

时代潮流浩浩荡荡,世界正在经历百年未有之大变局,新一轮科技革命和产业变革迅猛发展。智库是时代的产物,时代发展的科技特性推动了科技智库的兴起。科技智库是国家科技战略政策的"天气预报",是科技知识与政府决策的"桥梁",也是正式规则出台前思想竞争的"舞台"。我们期望通过针对科技智库研究内容的再观察、再研究,一方面对全球科技智库的研究内容进行总结提炼,另一方面也对全球科技战略的走向进行前瞻性预判。

附录：全球智库的科技议题词云图

不同智库的成长基因不同，对科技议题的关注焦点也有所不同。根据对全球前51家顶尖智库(含卓越智库)和全球前51家顶尖科技智库(含卓越智库)在官网上所列明的研究方向和研究领域，通过人工搜集、翻译和筛选，获得了词频分析结果(见图0-2)。词频分析显示，全球顶尖智库关注最多的词频分别是"技术""科学""政策""网络安全""创新"；而全球顶尖科技智库关注最多的词频分别是"技术""科技""创新""健康""环境"。通过图2的词云分布可见，全球顶尖智库更侧重于技术本身，在议题关注上更分散，其中一个原因可能是诸多全球顶尖智库对于科技议题的关注都建立在自身的研究优势和研究兴趣上。而与之相比，全球顶尖科技智库的研究领域则较为集中。如果综合考虑全球顶尖智库和全球顶尖科技智库的议题分布，可以发现技术虽然仍是核心关键词，但也出现了诸如"人工智能""知识产权""网络安全""生物技术""创新政策""气候变化"等重点，一定程度上反映了全球关注的趋势。

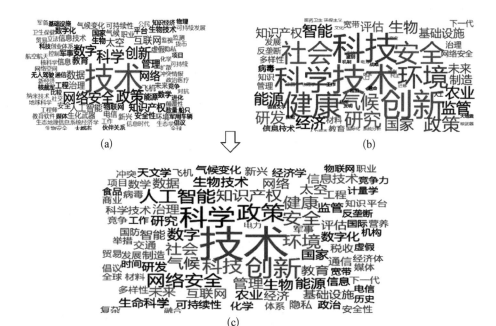

(a)

(b)

(c)

图0-2 全球智库对科技议题的焦点分布

(a) 全球顶尖智库的科技议题词云；(b) 全球顶尖科技智库的科技议题词云；(c) 全球顶尖智库和全球顶尖科技智库科技议题综合词云。

注：① 相关议题均来自各智库官网的科技议题和领域分类。

② 本图由新榜提供技术支持。

参考文献

［1］MCGANN JAMES G. 2016 global go to think tank index report［R］. https：//repository. upenn. edu/think_tanks/12.

［2］GULREZ SHAH AZHAR. Climate change will displace millions in coming decades. Nations should prepare now to help them［EB/OL］.（2017－12－18）［2022－01－22］. https：//apnews.com/article/0d6ef601ee1f20cf8f6dc254b97bbb5b.

［3］ARYN BAKER. How climate change is behind the surge of migrants to Europe［EB/OL］.（2015－09－07）［2022－01－11］. http：//time. com/4024210/climate-change-migrants/.

［4］SCHOT J，STEINMUELLER W E. Three frames for innovation policy：R&D，systems of innovation and transformative change［J］. Research Policy，2018，47（9）：1554－1567.

［5］KLAUS SCHWAB. The Fourth Industrial Revolution：what it means and how to respond［J/OL］.（2015－12－12）［2022－01－11］. https：//www. foreignaffairs. com/articles/2015-12-12/fourth-industrial-revolution.

［6］胡薇，吴田，王彦超.《全球智库报告》解析及评价［J］.中国社会科学评价,2018(3)：116－124,128.

［7］CENTRE FOR INTERNATIONAL GOVERNANCE INNOVATION. Strategic plan 2020－2025［R/OL］.［2021－12－29］. https：//www. cigionline. org/sites/default/files/documents/Strategic_Plan-2020-web-2.pdf.

作者简介 🎤

张聪慧	上海市科学学研究所
李 辉	上海市科学学研究所
辛艳艳	复旦大学发展研究院
王迎春	上海人工智能实验室

上篇　典型智库研究内容分析

在上篇中，我们选择了全球代表性的科技智库进行专题研究。本书定义的科技智库要比宾大定义的科技智库更为宽泛，我们认为只要是开展与科技有关的决策咨询研究的智库，都可以归为科技智库。如何选取合适的研究对象？首先我们会从宾大的科技智库榜单中选择比较有代表性的智库。其次，我们还会考虑智库所在国家的科技实力以及该智库在业界的影响力。比如俄罗斯的斯科尔科沃科学技术研究所虽然不是上榜的智库，但是考虑到其代表性和影响力，我们依然选择了它。本书编写组成员经讨论后，最终选择了12家智库展开案例研究，它们分别是：美国信息技术与创新基金会，美国布鲁金斯学会，美国兰德公司，新美国安全中心，美国联合生物防御委员会，德国弗劳恩霍夫学会系统与创新研究所，德国研究与创新专家委员会，英国苏塞克斯大学科学政策研究所，俄罗斯斯科尔科沃科学技术研究所，加拿大国际治理创新中心，韩国科学技术政策研究所，印度科学、技术和政策研究中心。

而如何研究科技智库的研究成果呢？科技智库最终都会以产品的形式来传达其思想。产品可以有很多种类，各个智库可能都有自己的产品体系，包括研究报告、博客、媒体文章等，以及针对政府需求以内参形式上报的非公开材料。这些产品都是为政府决策提供重要支撑作用的主要媒介。通过梳理各个地区、各种属性的智库对外公开的研究报告等产品，我们可以总结梳理出各个智库所关注的主题内容、提出的建议等，并由此分析全球科技智库的思想地图，观察科技智库如何因应世界之变。

第 1 章

世界头号科技智库
——美国信息技术与创新基金会

田贵超　龚　晨

美国信息技术与创新基金会(Information Technology and Innovation Foundation,简称 ITIF)成立于 2006 年,近年来通过出版专著、发布政策报告以及举办论坛和政策辩论等方式,在全球范围内取得了广泛的影响力。ITIF 近年来位列《全球智库报告》发布的全球科技智库榜单的首位。研究 ITIF 2017—2021 年的研究报告及在重点议题上的观点,对我国科技智库的发展和相关研究具有借鉴和启示意义。

1.1　机构简介

ITIF 是位于美国华盛顿特区的一家无党派科技智库,其创始人和主席是罗伯特·阿特金森(Robert D. Atkinson)。ITIF 于 2021 年被美国宾夕法尼亚大学的"智库与市民社会项目"(TTCSP)研究组发布的《全球智库报告》(*Global Go To Think Tank Index Report*)评为卓越智库。此前三年,它连续位列该榜单中的全球科技智库首位。该智库的使命是制订、评估和推动加速创新及提高生产力的政策解决方案,以促进增长和进步。其目标是为世界各地的决策者提供令人信服的高质量信息、分析结果和可执行的建议。ITIF 注重国际化发展,关注全球普遍关心的议题,并推动民间国际智库联盟建设[1]。

1.2　研究领域及主要观点

ITIF 的研究聚焦于技术创新和公共政策交叉的一系列关键问题,包括创新、生产力和竞争力相关的经济议题，信息技术和数据、宽带电信、先进制造、生命科学、农业生物技术和清洁能源领域的技术问题，以及与公共投资、监管、税收和贸易相关的总体政策工具。2017—2021 年，ITIF 发布了 300 余篇与创新有关的研究报告，涉及创新政策、高新技术产业和前沿科技发展治理、数字经济、能源与低碳经济、反垄断和知识产权、可持续发展等多个领域，还有少量报告关注医疗和制药产业。中国也是其十分关注的研究对象，ITIF 有多篇研究报告与中国有关，主要围绕中美之间在高科技领域的技术与产业竞争，以及地缘政治等主题。

1.2.1　中美科技竞争

总体而言，美国对被中国超越的警惕性和防范措施在不断加强。ITIF 作为一家美国主流科技智库，对中国的创新发展同样持有偏见。本章通过如实总结其研究报告的观点，在一定程度上揭示了美国对华遏制政策背后的美方思维逻辑。ITIF 研究报告的主要观点如下：

一是在重点产业领域，ITIF 认为中国在全球半导体行业抢占市场份额，在生物医药、人工智能等领域挑战美国的领导地位。ITIF 的报告武断地认为，数十年来，尖端研发一直在推动半导体创新，而中国政府主导的创新战略损害了美国和其他市场导向型经济体的优势，夺走了本应投资于尖端研发良性循环的资源[2]。已有数十个国家制定了国家人工智能战略，在人工智能开发和使用方面处于领先地位的国家将塑造该技术的未来，并显著提高本国经济竞争力，而那些落后的国家将面临在关键行业失去竞争力的风险。美国已经成为人工智能领域的领跑者，但中国正在挑战其领先地位[3]。ITIF2019 年的报告提出，中国正在生物技术领域向美国发起挑战，以争取其在高附加值、创新密集型行业中的市场份额和就业机会[4]。

二是在创新政策和产业政策层面，ITIF 对中国的创新政策提出质疑。ITIF 2017 年和 2018 年的研究报告主要从贸易的角度，以主观偏见的眼光，认为中国的创新政策是对美国经济的"威胁"，也是对全球贸易体系的"损害"。美国须组建一个国际联盟，实现公平竞争[5]。同时，ITIF 的报告还认为，除了通过谈判形成现代贸易壁垒的新规则外，美国还需要更多地使用现有的贸易执法工具——包括普惠制资格——来维护贸易体制[6]。ITIF 2020 年前后的研究报告进一步从创新角度分析，认为美国、欧盟和日本应联合起来形成更强大的三边合作伙伴关系[7]。随着中国的崛起，美国的经济和技术环境已经发生了根本的、不可阻挡的变化。美国需要先进的技术产业政策来有效地竞争,但这将需要对其长期以来的经济思维进行改造。建立一个专门的国家先进产业和技术机构,是美国国会和拜登政府可以采取的应对挑战的最重要步骤[8]。

三是在地缘政治因素层面,ITIF 认为印度在美国制衡中国的政策中具有重要地位。ITIF 的报告认为,美国在制造业上对中国的依赖和在 IT 服务上对印度的依赖具有惊人的相似之处。印度幅员辽阔,拥有大量高技能的专业技术人员,与美国有着紧密的政治和文化联系。在美国试图对抗崛起的中国之际,没有哪个国家比印度更重要[9]。美国及其盟友在许多重要领域的利益并不一致。与美国相比,欧洲、亚太地区和发展中国家对抗中国的动机要小得多。只有印度和美国在关键问题上保持着密切的一致[10]。

1.2.2 美国科技创新政策的发展

ITIF 的研究主张采取积极行动以完善美国的创新政策体系,增加财政资金对研发的投入,支持关键领域的技术创新和小企业发展。在 2020 美国大选年,ITIF 还对总统提名人在与技术创新进展相关的关键问题上的立场进行了比较。

一是重塑美国的创新政策框架。美国没有全国性的、协调一致的创新政策体系,而国家的经济未来和国家安全将取决于对这一问题的应对。国家创新和竞争力战略将是美国实施它所需要的先进产业战略的可行解决方案[11]。2019年,ITIF 的报告指出,中国在创新和先进技术产业方面的进步比美国更快,但为了确保继续保持领导地位,美国必须做的不仅仅是联合盟友,还必须制定自己强大的国家创新和竞争力战略[12]。2021 年,ITIF 的报告提出了重塑美国创新议程的 5 个步骤:① 讲述关于创新的"故事",创造对所有美国人都有效的包容性创新经济;② 通过召集一组有代表性的利益相关者来制定高级别议程的大纲,确定权力和责任;③ 制定一项具有"全社会"观点的连贯一致的国家战略;④ 美国新的创新战略必须具有可扩展性和广泛可及性;⑤ 美国创新体系必须最大限度地利用三个最重要的资本来源——人才、智力和金融资本[13]。同时,ITIF 的研究报告还提出,联邦政府需要制定并实施一项连贯的美国先进产业竞争力战略。动员政治意愿和确保行政能力来制定和执行这类基础广泛而强有力的国家先进技术竞争力战略并不容易,需要联邦政府创建一个由领导人和专家组成的国家竞争力委员会,制定和实施统一的政策并为政府提供建议。希望到 2022 年联邦政府将拥有比现在更多的竞争力工具[14]。

二是增加研发投入。ITIF 2017 年的研究报告从税收政策角度,提出减少或取消研发税收抵免而去"支付"较低的公司税率将会是一个严重的错误。为了提高生产率和竞争力,美国国会应该在降低企业税率的同时,将研究信贷的简化抵免从 14% 提高到 20%[15]。2018 年和 2019 年,ITIF 侧重于研究大学和企业的研究投入,提出为了保持美国在科技创新中的领先地位,政府应当加大对大学研究经费的投入[16]。而企业将更多的研发投入转向有可能在短期内产生回报的产品开发,并减少用于需要更长时间才能见效的基础和应用研究的投入。因此,政策制定者应为企业研发提供更强有力的税收激励,同时增加对联邦研发的支持[17]。2020 年以后,ITIF 的报告认为,当涉及联邦政府对科学的投入时,自由市场营销者认为私营部门能够并且将承担大部分重任,而让联邦政府收缩甚至停止对研发的支持的观点是错误的[18]。美国在大学研究和发展资金上的投入相对其他经合组织成员持续下降,要想成为经合组织成员中政府资助大学研究占 GDP 比重最高的国家,美国每年的投资额必须增加 900 亿美元[19]。

三是支持关键领域技术创新。ITIF 的报告认为,在技术和产业创新政策方面,如果华盛顿想要向选民表明,政府正在做的事情不仅仅是简单地说"不"或坚持意识形态,那么议员和政府应该努力推进一套可操作的技术政策措施,以促进美国经济增长。具体建议如下:① 支持突破性技术的研发,鼓励其在美国的产业化,如政策制定者可以而且应该采取更多措施来支持区块链技术的创新和应用,例如确保法规具有针对性和灵活性,以鼓励区块链实验;② 支持先进技术和重点产业领域企业的发展;③ 支持区域创新发展[20]。ITIF 2019 年的报告专门对数据驱动的创新医学领域进行了研究,认为该领域有望比许多其他领域更具变革性。鉴于数据驱动的药物开发具有独特的高风险以及挽救生命和提高生活质量的潜力,政策制定者需要推动数据技术的加速部署和开发,增强有价值的数据的可访问性——特别是通过开发国家卫生研究数据交换系统——围绕数据潜力实现监管流程现代化,并确保数据驱动的药物研发惠及所有人[21]。

四是扶持小企业发展。ITIF 的报告认为,低利润率使许多小企业无法投资于提高生产率的技术,这反过来又降低了员工工资。为了打破这种循环,应该建立一个联邦计划,通过在研发、投资、营销和购买医疗保险等领域的合作,帮助小企业形成规模经济和范围经济。美国国家科学基金会(National Science Foundation,NSF)的小企业创新研究计划(SBIR)侧重于支持高增长的初创企业,以及联邦资助的研发成果的商业化,其他联邦机构应该考虑效仿这种模式[22]。

五是政府换届后的政策延续与改变。2020 年是美国的大选年,ITIF 就总统候选人在与技术创新进展相关的关键问题上的立场进行了比较,认为宽泛定义的科技政策在每一次总统选举中都变得更加重要。美国新任总统拜登对技术和创新政策的总体方针是为了让政府成为推动创新的行业积极合作伙伴,同时也作为许多行业和技术的更严格的监管者[23]。

1.2.3　高新技术产业和前沿科技发展治理

高新技术产业和前沿科技发展治理是 ITIF 最主要的研究领域,其中既包括对集成电路、人工智能、生物医药、信息产业、工业自动化等高新技术产业发展的研究,也包括对量子计算、虚拟现实等前沿技术治理的研究。

1)高新技术产业发展方面

2017 年 ITIF 的报告主要关注先进制造产业,研究自动化、云计算等高科技在制造业转型中的作用,认为云计算代表了一种关键的平台技术,它在支持下一次产业革命中扮演着重要的基础性角色,政策制定者应该确保它的革新并提高美国制造业的竞争力[24]。从 2018 年起,ITIF 对高新技术产业发展的研究视野不断拓宽,信息和通信技术、人工智能、生命科学等都成为其重点研究的对象。ITIF 认为新兴的宽带创新浪潮尤其是 5G 等,将以市场化的方式带来更多的竞争,因此政策制定者应该在希望引入更多竞争来增加宽带接入的消费者福利与构建最有效的宽带行业结构之间取得平衡[25]。人工智能很可能成为刺激生产力和经济增长以及产生广泛社会效益的关键技术,这对制定积极的国家人工智能战略以支持该技术的开发和应用提出了新要求[26]。美国在生命科学研究方面具有竞争优势,但如果美国想保持在生命科学领域的世界领先地位,就需要通过研究、投资、培训和审批等各个环节改善其生态系统[27]。

从 2020 年起,ITIF 的研究报告进一步将高科技产业与全球经济、大国竞争相联系,认为全球经济目前正步履维艰,增长和投资都处于滞后状态,但下一次生产革命将是全球经济的福音。这波新技术浪潮应该会产生一个提高生产率、增加研发支出和增加投资的良性循环。人工智能有望帮助城市节省资金,满足基础设施需求并减少排放。但为了释放这些潜能,帮助智慧城市充分发挥潜力,联邦政府需要在资助研发和促进合作方面扮演重要角色[28]。为消除在线服务调节内容的法律障碍,应允许各种各样的商业模式在网上蓬勃发展。在集成电路领域,许多国家都在全球半导体产业中寻求最大化增值。"志同道合"的盟国也可以通过合作来提高它们的集体领导力,促进生态系统开发、知识产权保护及贸易自由化[29]。在生物医药领域,生物制药行业创新与制造业发展不平衡,如果美国真的想要保持其在生物制药领域的领导地位,那么政策制定者应提出并落实一个强有力的竞争力战略[30]。

2021 年,ITIF 着重研究了在新冠疫情暴发和全球经济疲软的背景下如何发挥高科技产业对经济的驱动作用。以人工智能产业为例,全球疫情的出现加速了经济的数字化转型,迫使许多企业转向远程办公,越来越多的雇主正在使用人工智能辅助有关劳动力的决策。人工智能工具可以帮助企业管理现有员工、招聘新员工,并提高雇主的工作效率,比如减少招聘新员工所需的时间、提高员工保留率、改善员工之间的沟通效果和增强团队活力。此外,人工智能工具还可以帮助雇主在招聘、决定薪酬和其他与雇佣相关的决策时减少偏见。为了充分发挥人工智能的优势,同时最大限度地减少这些工具造成的危害,ITIF 提出 8 项政策建议:① 让政府成为人工智能劳动力决策的早期采用者,并分享最佳实践案例;② 确保数据保护法律支持在劳动力决策中采用人工智能技术;③ 无论一个组织是否使用人工智能技术,都能确保其适用就业非歧视法律;④ 制定规则,防止员工数据出现新的隐私风险;⑤ 在国家层面解决对人工智能系统人力决策的担忧;⑥ 启用员工数据的自由流动机制;⑦ 不要监管用于人力决策的人工智能系统的输入;⑧ 将监管重点放在雇主身上,而不是人工智能供应商身上[31]。

2) 前沿科技发展治理方面

自 2020 年起,ITIF 的研究报告逐渐增加了对前沿技术治理的关注,其主要观点包括如下三方面。

一是要实现虚拟现实和增强现实(AR/VR)技术应用的公平性和包容性。为了最大化发挥 AR/VR 技术的功能,开发者、决策者和实施者应该从一开始就考虑各种用户的需求。政府应该率先成为包容性的 AR/VR 尝试者,并为跨部门沉浸式体验的公平性和包容性制定标准并分享最佳实践案例。行业领导者和政策制定者应该采取措施减少潜在的意外后果,重视用户隐私保护和促进创新之间的平衡问题。由于 AR/VR 设备收集信息的范围、规模和敏感性,带来了用户隐私保护方面的新问题。为了减轻危害,政策制定者应改革目前数据隐私的零散监管体制,在风险监管上不能失之偏颇[32]。

二是要充分发挥量子技术和云技术的战略价值。量子计算拥有超越目前算力边界的巨大潜力,将对经济和社会变革产生重大影响,成为这项技术的领导者对美国的经济和社会发展具有重大战略意义[33]。云计算则驱动着整个经济的创新和生产力的提高,就像一个世纪前的电网一样,但云计算更有潜力、更有活力,而且仍处于早期阶段,不仅在公司层面很重要,而且对经济增长和全球竞争力也很重要[34]。

三是尽力保证美国在全球 AR/VR 生态系统中的领导地位。AR/VR 技术的应用正在从娱乐、通信到劳动力发展、教育等社会生活的各个方面迅速延伸,在创新和全球竞争力方面占有越来越重要的地位。这些技术具有变革性的潜力,但也需注意隐私、安全和公平性等问题。尽管美国在 AR/VR 领域拥有许多领先的创新者,但在产业发展和内容创造方面已经放弃了很多权力。美国应在技术创新和规范制定方面走在世界前列,保持其在全球 AR/VR 生态系统中的持续领导地位[35]。

1.2.4　数字经济发展

数字经济是信息时代经济与科技相结合的重要发展方向。ITIF 的研究主要集中在数字基础设施和数字创新政策、数据流通共享与监管等方面。

一是强调数字基础设施建设的重要性。ITIF 近 5 年的研究均对数字基础设施建设较为关注。如研究海底电缆部署问题,它认为海底电缆在全球互联网络中发挥着关键作用,承载着约 99％的国际通信流量。由于视频等带宽密集型应用和云服务的激增,对数据的需求急剧增长,推动了全球海底电缆部署需求的大幅增加[36]。ITIF 的报告同时认为,任何国家的基础设施一揽子计划都应该包括 21 世纪的数字基础设施——不仅是对核心数字基础设施(如宽带和政府IT 系统)的投资,还要对现有的实体基础设施进行混合数字升级,以提高其性能。基础设施一揽子计划将为缩小数字鸿沟提供巨大的机会[37]。美国的宽带价格与国外网络收费相当,但一部分美国人仍然难以负担,近 1/5 的美国农村地区仍然没有宽带互联网服务,需要更好的补贴计划,通过鼓励大型供应商参与来实现规模化发展。但地方政府一般不适合直接提供宽带服务[38]。

二是重视数字创新战略的制定。ITIF 的研究报告从 2017 年起就关注到数据对创新的驱动作用,提出为了解锁数据驱动创新带来的优势,政策制定者应该支持政府公开已经收集到的数据,并收集更多有实用价值的数据,同时鼓励各行各业更好地利用数据[39]。ITIF 2019 年的报告提出,全球数字经济的基础正出现裂痕,各国需要就共同框架达成一致意见,以支持开放的、基于一定规则的全球贸易体系[40]。ITIF 2021 年的报告认为，为了保持美国在 IT 领域的全球领导地位，美国政府必须制定一个基于"数字现实政治"新原则的大战略。其首要任务是推广美国数字创新政策体系，这将需要与盟友合作，并在必要的时候向它们施压，推动跨大西洋的数据流动[41]。在反垄断执法的范式转变中，欧盟的特别监管提议将阻碍创新和中小型企业的发展，从而损害经济。欧盟和美国必须为数据传输建立明确、一致的法律机制，以便在全球数字经济的蓬勃发展中获益[42]。

三是升级数字管理体系，保护数据安全。促进数据流动和保护数据安全是发展数字经济必须解决的两个问题。ITIF 从 2018 年起加大了对此类问题的研究力度，提出了为了最大限度地发挥数据和数字技术的经济和社会效益，政策制定者应抵制"数据本地化"陷阱[43]。同时，要建立统一的数字经济规则，包括联邦数据隐私立法、算法问责制等。数字经济规则的国家框架将确保为所有美国居民提供相同的保护，最大限度地降低企业的交易成本，创造机会并提高决策效率[44]。2020 年以后，ITIF 进一步研究了跨境数据流动的范围和价值，指出重视开放、有竞争力的数字经济的国家应该利用调查来改进对跨境数据流动的定量分析，因为政策制定者除非能够衡量数字贸易，否则无法有效管理和解决数字贸易壁垒[45]。ITIF 的研究还强调为了支持数字贸易，各国必须消除阻止企业利用技术和互联网实现规模经济的监管障碍[46]。同时，ITIF 分析了欧盟—美国"隐私盾"消失的影响。欧盟—美国隐私保护盾的失效，影响了数千家依靠它传输数据的公司。政策制定者应该意识到这涉及巨大的双边和全球贸易及创新风险，应建立起一个更好的数据保护和数字贸易框架[47]。

四是构建开放的全球化数字经济发展环境。ITIF 在 2021 年的最新研究表明，数据驱动的创新和数字贸易将成为全球经济的核心，限制数据流动无助于改善社会或经济成果。最近 4 年来，全球范围内实施的数据本地化措施增加了 1 倍多。2017 年，35 个国家和地区实施了 67 项此类措施。到 2021 年，62 个国家和地区实施了 144 项限制措施，还有数十项措施正在酝酿中。限制数据流动对一个国家或地区的经济具有统计意义上的显著影响，这会急剧减少该国或地区的贸易总量，降低生产力，并提高越来越依赖数据驱动的下游产业的成本。从经合组织的市场监管数据看，一个国家或地区的数据限制每增加 1 个百分点，其贸易总产出将减少 7%，其生产率会降低 2.9%，并且下游产业成本会在 5 年内上涨 1.5%。ITIF 建议，政府需要更新法律以解决出现的与数据相关的合法性问题，以便公众、公司和政府能够最大限度地利用数据和数字技术的巨大社会和经济利益。

"志同道合"的国家可以做出跨法律体系运作的共享治理安排,创造互惠和非歧视的开放型数字经济发展环境,并建立独立的补救和监督机制。为了建立一个开放的、基于规则的、创新的数字经济,澳大利亚、加拿大、智利、日本、新加坡、新西兰、美国和英国等国家必须在数据本地化的建设性替代方案上进行合作[48]。

1.2.5　反垄断与知识产权保护

ITIF对反垄断与知识产权保护问题的研究,总体上是放在社会经济发展和技术进步的大背景下加以考察的。

一是反垄断的理念与政策应随互联网经济的发展与时俱进。ITIF在2017年的研究就已指明,拥有大量数据的公司对竞争而言并不是威胁,而是一个重要的创新来源。政策制定者应该对其进行鼓励,而不是限制[49]。ITIF此后的研究报告归纳了反垄断的4个原则:① 大公司并非天生就坏;② 市场力量可以增加经济福利;③ 反垄断应该保护竞争,而不是竞争者;④ 反垄断的目标是经济效率、创新和消费者福利。但当前所谓的"进步派"观点则宣称:① 大公司不好;② 市场力量损害了经济福利;③ 反垄断应保护竞争者,特别是小企业;④ 反垄断目标是促进"公共利益"。这种观点忽视"消费者福利",将减少创新、减缓增长,削弱美国的竞争力[50]。互联网时代的许多公司都是"超级巨星",在其行业中获得大量市场份额并迅速增长,但这并非反竞争行为。目前的商业流程和产品技术加上全球业务,仅仅是让一些公司超越其他公司,并创造更多的公共价值。当前应该鼓励这种发展模式,并找出帮助落后企业做得更好的方法。监管机构应确保充分的市场竞争,在担心市场集中度时,必须同时考虑对生产力和消费者福利的影响。反垄断政策是时候放弃过于依赖企业规模、行业结构和价格等简单指标的静态市场分析和执行模型了[51]。2021年,ITIF的研究报告进一步指出,应将创新提升为反垄断执法的核心关注点,以推进竞争政策的现代化为目标实施反垄断改革[52]。

二是对行业集中度的评价应全面客观。尽管某些行业的集中度有一定程度的上升,但在绝大多数市场,其集中度仍远低于通常会引发反垄断担忧的水平。通过分析大型公司对创新的影响,批评人士指责大型科技公司通过收购初创企业来扼杀它们,或者通过发挥主导地位的作用让竞争者不会进入相关业务领域,从而扼杀了创新。这两种说法都不符合逻辑[53]。过去30年,新企业的减少是由于垄断增加,但创业创新与产业集中度的变化之间没有统计学关系,高增长的创业活动是健康的,对互联网平台垄断的担忧是不必要的[54]。监管机构应该注意防止扼杀数据收集、分析和共享所创造的巨大社会价值。因为创新往往取决于它们。此外，如果监管机构开始阻止公司获取大量数据，就会延迟或阻止许多重要的技术进步。过于高估数据收集的威胁和忽视尚不存在的新产品的公共利益，很容易降低社会总福利[55]。

三是知识产权保护的方式和手段应进一步适应数字经济发展的需求。ITIF的报告指出，假冒商品侵犯了合法企业的知识产权，损害了消费者、企业的利益。解决在线市场上假货泛滥的问题，需要政府和行业的利益相关者更好地合作。为了实现这些目标，美国的决策者应该修改现有的法律法规，限制利益相关者共享数据，并建立数据共享伙伴关系，使用先进的分析技术来破坏伪造网络。如果成功，这些努力可以大幅减少假冒商品的进口，在美国创造 1.5 万到 2 万个制造业就业岗位[56]。同时，从疫苗和疗法到送货机器人，知识产权在促进一系列创新产品的开发方面发挥了不可或缺的作用，这些产品有助于应对疫情带来的卫生保健、工作和社会挑战[57]。

1.2.6　可持续发展

可持续发展作为一个世界性的发展主题，也是 ITIF 十分关注的重要研究领域，ITIF 主要聚焦能源创新和低碳减排等问题。

一是加大力度促进能源创新。ITIF 在 2017 年的报告中就已经提出，作为全面清洁能源创新政策的一部分，美国应该建立并维持一个强有力的、多样化的技术示范项目组合[58]。其 2018 年和 2019 年的研究报告对特朗普政府削减相关能源预算提出了批评，指出美国能源部的清洁能源研发组合对能源创新生态系统至关重要。国会应该将能源创新提升为国家优先事项，并继续扩大其规模，而不是像政府提议的那样大幅削减能源创新预算[59]。同时，ITIF 认为，税收激励措施可以在加速低碳未来所需的创新方面发挥重要作用。碳税将是一种有效的政策工具，可以通过为碳排放造成的环境破坏附加成本，来解决与全球变暖相关的排放市场失灵问题。合理水平的碳税，不仅可以减少碳排放，而且可以做到促进整体经济增长[60]。ITIF 2020 年以后的研究进一步指出，美国应该启动清洁能源的"登月计划"，调动其无与伦比的创新能力来应对气候变化和占领全球市场。2022 财政年度预算是国会推进美国能源创新的一个关键机会。在支持可再生能源技术政策的同时，也推动了能源存储、电网效率和快速燃烧等互补技术的创新，应该增加该领域的公共研发资金投入。国会和政府应加大对能源创新的支持，特别是增加相关预算,这对推进清洁、可再生、低成本的未来能源至关重要[61]。

二是探索新能源技术商业化。美国正在努力实现创新能源技术从发现、发展到规模化应用。这之间的差距可能会使气候环境和美国的投资面临风险,而一个与能源部合作的非营利基金会可以帮助缩小这一差距[62]。气候技术初创企业与政府之间的合作,比起与私营企业或大学之间的类似合作,更能促进初创企业的专利申请和后续融资,使它们的相关政策得到强化。例如,由于制造业对贸易和创新的影响以及巨大的乘数效应,它在美国经济的健康发展中发挥着巨大的作用。然而,美国制造业的竞争力在过去 15 年里下降了。美国能源部赞助美国制造业创新机构加速能源创新,加速能源工业生产和能源工业产品的创新,将促进美国制造业的发展,加速实现国家经济、劳动力、安全和环境方面的目标[63]。

三是制定国家战略促进低碳经济发展。ITIF 的报告认为,目前在能源研究和开发方面的投资水平不足以在 21 世纪中叶实现深度减排。像水泥和钢铁等产业,在很大程度上被忽视了。航空和其他难以脱碳的运输部门的大多数研究都集中在低排放生物燃料上,但要使这些部门完全脱碳,还需要对碳中性燃料进行突破性研究。要使美国能源系统脱碳,就需要大量廉价的长期能源储存。液流电池虽很有前景,但要实现减排承诺,政府必须在研究、开发、测试和应用方面进行大量和更有效的投资[64]。因此,美国需要一个综合的国家战略来应对支撑其制造业发展和避免气候变化的双重挑战。及时制定针对特定制造业的联邦研发和部署政策,可以创造比较优势,扩大国内投资和就业[65]。拜登政府的基础设施计划应包括在 5 年内投入 50 亿美元用于成本分担示范项目,以大幅减少钢铁、水泥和化工等重工业的温室气体排放[66]。

四是解决气候问题不能以严重损害产业创新为代价。ITIF 认为,没有哪个国家的领导人愿意以应对气候变化的名义,最终使本国产业在全球竞争中处于劣势,减少高薪工作,降低税基,并制造新的安全风险。基于《巴黎协定》(*The Paris Agreement*)的碳边界调整机制(CBAMs),旨在通过对不受碳价格约束的地区生产的进口产品加征关税,从而保护国内的气候收益。虽然碳边界调整机制在理论上很有吸引力,但在实践中是行不通的。一个实际问题是:计算进口产品的碳含量非常困难,会导致复杂博弈和价格扭曲。这些困难可能会促使生产商从实施碳边界调整机制的国家转移,或者导致全球经济的两极分化,低碳商品在一个地区自由交易,而碳密集型商品在另一个地区自由交易。这些结果可能会阻碍气候政策最重要的目标的实现:部署和开发能够减少温室气体排放的创新。这种影响对能源密集型、排放密集型贸易尤其严重，如钢铁和化工行业，它们受碳边界调整机制的影响最大，最迫切需要创新。一个拥有大型碳密集集团的两极分化的全球经济，将限制推广减排工业创新的机会，减少创新动力。要创造开放、创新友好、全球净零排放的经济，必须解决碳密集型生产者搭便车的问题，同时支持更强有力的国家气候目标的实现。一个可能的解决方案是建立"气候创新俱乐部"。该俱乐部既要足够灵活，以适应各国不同的气候政策，又要足够强大，以加速清洁能源创新和工业脱碳[67]。

1.2.7 新冠疫情对社会治理的影响

席卷全球的新冠疫情给社会治理带来了全方位的影响。ITIF 在 2020 年和 2021 年对此做了大量研究，主要涵盖对中小企业的支持政策、数字化社会治理、公共卫生服务、互联网基础设施建设等方面。

一是应加强中小企业支持政策。ITIF 研究了受到疫情冲击的小型企业的支持政策，认为小型风险投资支持企业未能获得工资保护贷款，2020 年将直接损失超过 27.5 万个就业岗位，包括间接损失在内，总计损失超过 100 万个就业岗位。在这场危机中，政府应该放弃小企业管理局的"从属规则"，以防止大规模裁员和强制休假[68]。

二是疫情促使数字化社会治理更快发展。社会治理更多采用数字化手段，既是数字技术发展的结果，也是疫情使然。ITIF 聚焦于应对疫情暴发需保持社交距离的数字化准备，研究发现，新冠疫情对保持社交距离的需求，暴露了全社会在数字化能力方面存在的差距。如果决策者抓住机会消除这些差距，他们就可以更容易地应对下一次疫情暴发，同时产生巨大的长期社会和经济利益。通过研究政府监控云系统服务改革，ITIF 认为改革联邦风险及授权管理计划可以显著改善政府项目监控云系统的安全性，否则它会阻碍机构采用云服务[69]。

三是建立公共卫生服务数字化框架。ITIF 关注疫情期间全球卫生数字化框架的建立，卫生数据和数字技术对于改善新冠疫情暴发之下的全球卫生结果至关重要。低收入和中等收入国家的数字卫生战略尚不成熟，需要克服许多障碍，因此会受益最大[70]。

四是互联网基础设施建设更加紧迫。疫情之下，社会生活更加依赖互联网。ITIF 调研了美国疫情之下网站和宽带基础设施情况，研究疫情之下宽带流量的需求与基础设施问题。美国的宽带网络比大多数同盟国家更好地经受住了新冠疫情高峰的冲击。疫情大暴发促使政策制定者确保宽带可以作为每个人必不可少的生命线，包括针对低收入和农村居民的服务。但研究者调研了各州政府失业网站，发现存在严重问题。他们使用公开的工具测试了 50 个州的失业网站的页面加载速度、移动友好性和可访问性，结果表明，这些网站不仅不适合处理显著增长的流量，而且设计也很糟糕[71]。

参考文献

［1］https：//itif.org/.

［2］STEPHEN EZELL. Moore's law under attack：the impact of China's policies on global semiconductor innovation［EB/OL］.（2021 - 02 - 18）［2022 - 07 - 01］. https：//itif.org/publications/2021/02/18/moores-law-under-attack-impact-chinas-policies-global-semiconductor/.

［3］DANIEL CASTRO，MICHAEL MCLAUGHLIN. Who is winning the AI race：China，the EU，or the United States?［EB/OL］.（2021 - 01 - 25）［2022 - 07 - 01］. https：//itif.org/publications/2021/01/25/who-winning-ai-race-china-eu-or-united-states-2021-update/.

［4］ROBERT D ATKINSON. China's biopharmaceutical strategy：challenge or complement to U.S. industry competitiveness?［EB/OL］.（2019 - 08 - 12）［2022 - 07 - 01］. https：//itif.org/publications/2019/08/12/chinas-biopharmaceutical-strategy-challenge-or-complement-us-industry/.

［5］ROBERT D ATKINSON，NIGEL CORY，STEPHEN EZELL. Stopping China's mercantilism：a doctrine of constructive，alliance-backed confrontation［EB/OL］.（2017 - 03 - 16）［2022 - 07 - 01］. https：//itif.org/publications/2017/03/16/stopping-chinas-mercantilism-doctrine-constructive-alliance-backed/.

［6］STEPHEN J EZELL，CALEB FOOTE. Why tariffs on Chinese ICT imports threaten U.S. cloud-computing leadership［EB/OL］.（2018 - 09 - 04）［2022 - 07 - 01］. https：//itif.org/publications/2018/09/04/why-tariffs-chinese-ict-imports-threaten-us-cloud-computing-leadership/.

［7］NIGEL CORYRO，BERT D ATKINSON. Why and how to mount a strong，trilateral response to china's innovation mercantilism［EB/OL］.（2020 - 01 - 13）［2022 - 07 - 01］. https：//itif.org/publications/2020/01/13/why-and-how-mount-strong-trilateral-response-chinas-innovation-mercantilism/.

［8］ROBERT D ATKINSON. The case for legislation to out-compete China［EB/OL］.（2021 - 03 - 29）［2022 - 07 - 01］. https：//itif.org/publications/2021/03/29/case-legislation-out-compete-china/.

［9］DAVID MOSCHELLA，ROBERT D ATKINSON. India is an essential counterweight to China-and the next great U.S. dependency［EB/OL］.（2021 - 04 - 12）［2022 - 07 - 01］.

https：//itif. org/publications/2021/04/12/india-essential-counterweight-china-and-next-great-us-dependency/.

[10] DAVID MOSCHELLA. Limits to alliances：in China，the United States and its allies are just not aligned［EB/OL］.（2021 - 09 - 07）［2022 - 07 - 01］. https：//itif.org/publications/2021/09/07/limits-alliances-china-united-states-and-its-allies-are-just-not-aligned/.

[11] ROBERT D ATKINSON. Understanding the U. S. national innovation system，2020 ［EB/OL］.（2020 - 11 - 02）［2022 - 07 - 01］. https：//itif.org/publications/2020/11/02/understanding-us-national-innovation-system-2020/.

[12] ROBERT D ATKINSON，CALEB FOOTE. Is China catching up to the United States in innovation?［EB/OL］.（2019 - 04 - 08）［2022 - 07 - 01］. https：//itif.org/publications/2019/04/08/china-catching-united-states-innovation/.

[13] STEPHEN EZELL，JOHN KAO. Five bold steps toward a reimagined American innovation agenda［EB/OL］.（2021 - 02 - 01）［2022 - 07 - 01］. https：//itif. org/publications/2021/02/01/five-bold-steps-toward-reimagined-american-innovation-agenda/.

[14] ROBERT D ATKINSON. Why America needs a national competitiveness council［EB/OL］.（2021 - 12 - 13）［2022 - 07 - 01］. https：//itif.org/publications/2021/12/13/why-america-needs-national-competitiveness-council/.

[15] JOE KENNEDY，ROBERT D ATKINSON. Why expanding the R&D tax credit is key to successful corporate tax reform［EB/OL］.（2017 - 07 - 05）［2022 - 07 - 01］. https：//itif. org/publications/2017/07/05/why-expanding-rd-tax-credit-key-%20successful-corporate-tax-reform/.

[16] ROBERT D ATKINSON，CALEB FOOT. U.S. funding for university research continues to slide［EB/OL］.（2019 - 10 - 21）［2022 - 07 - 01］. https：//itif.org/publications/2019/10/21/us-funding-university-research-continues-slide/.

[17] WU J JOHN. Why U.S. business R&D is not as strong as it appears［EB/OL］.（2018 - 06 - 04）［2022 - 07 - 01］. https：//itif.org/publications/2018/06/04/why-us-business-rd-not-strong-it-appears/.

[18] ROBERT D ATKINSON. Five free-market myths about increasing federal research funding［EB/OL］.（2021 - 01 - 25）［2022 - 07 - 01］. https：//itif.org/publications/2021/01/25/five-free-market-myths-about-increasing-federal-research-funding/.

[19] ROBERT D ATKINSON，KEVIN GAWORA. U. S. university R&D funding falls further behind OECD peers［EB/OL］.（2021 - 04 - 12）［2022 - 07 - 01］. https：//itif.org/publications/2021/04/12/us-university-rd-funding-falls-further-behind-oecd-peers/.

[20] ROBERT D ATKINSON，DANIEL CASTRO. The year ahead：twenty-four ways congress and the bidden administration can advance good tech policy in 2021［EB/OL］.（2021 - 01 - 04）［2022 - 07 - 01］. https：//itif.org/publications/2021/01/04/year-ahead-twenty-four-ways-congress-and-biden-administration-can-advance/.

[21] JOSHUA NEW. The promise of data-driven drug development［EB/OL］.（2019 - 09 - 18）［2022 - 07 - 01］. https：//itif.org/publications/2019/09/18/promise-data-driven-

drug-development/.

[22] ROBERT D ATKINSON, MICHAEL LIND. Small business boards: a proposal to raise productivity and wages in all 50 states and the district of Columbia [EB/OL]. (2021 - 04 - 05) [2022 - 07 - 01]. https://itif.org/publications/2021/04/05/small-business-boards-proposal-raise-productivity-and-wages-all-50-states/.

[23] ROBERT D ATKINSON, DOUG BRAKE, DANIEL CASTRO, et al. Trump vs. Biden: comparing the candidates' positions on technology and innovation [EB/OL]. (2020 - 09 - 28) [2022 - 07 - 01]. https://itif.org/publications/2020/09/28/trump-vs-biden-comparing-candidates-positions-technology-and-innovation/.

[24] STEPHEN EZELL, BRET SWANSON. How cloud computing enables modern manufacturing [EB/OL]. (2017 - 06 - 22) [2022 - 07 - 01]. https://itif.org/publications/2017/06/22/how-cloud-computing-enables-modern-manufacturing/.

[25] DOUG BRAKE, ROBERT D ATKINSON. A policymaker's guide to broadband competition [EB/OL]. (2019 - 09 - 03) [2022 - 07 - 01]. https://itif.org/publications/2019/09/03/policymakers-guide-broadband-competition/.

[26] JOSHUA NEW. Why the United States needs a national artificial intelligence strategy and what it should look like [EB/OL]. (2018 - 12 - 04) [2022 - 07 - 01]. https://itif.org/publications/2018/12/04/why-united-states-needs-national-artificial-intelligence-strategy-and-what/.

[27] JOE KENNEDY. How to ensure that America's life-sciences sector remains globally competitive [EB/OL]. (2018 - 03 - 26) [2022 - 07 - 01]. https://itif.org/publications/2018/03/26/how-ensure-americas-life-sciences-sector-remains-globally-competitive/.

[28] COLIN CUNLIFF, ASHLEY JOHNSON, HODAN OMAAR. How congress and the bidden administration could jumpstart smart cities with AI [EB/OL]. (2021 - 03 - 01) [2022 - 07 - 01]. https://itif.org/publications/2021/03/01/how-congress-and-biden-administration-could-jumpstart-smart-cities-ai/.

[29] STEPHEN EZELL. An allied approach to semiconductor leadership [EB/OL]. (2020 - 09 - 17) [2022 - 07 - 01]. https://itif.org/publications/2020/09/17/allied-approach-semiconductor-leadership/.

[30] STEPHEN EZELL. Ensuring U.S. biopharmaceutical competitiveness [EB/OL]. (2020 - 07 - 16) [2022 - 07 - 01]. https://itif.org/publications/2020/07/16/ensuring-us-biopharmaceutical-competitiveness/.

[31] HODAN OMAAR. Principles to promote responsible use of AI for workforce decisions [EB/OL]. (2021 - 08 - 09) [2022 - 07 - 01]. https://itif.org/publications/2021/08/09/principles-promote-responsible-use-ai-workforce-decisions/.

[32] ELLYSSE DICK. How to address privacy questions raised by the expansion of augmented reality in public spaces [EB/OL]. (2020 - 12 - 14) [2022 - 07 - 01]. https://itif.org/publications/2020/12/14/how-address-privacy-questions-raised-expansion-augmented-reality-public/.

［33］HODAN OMAAR. Why the United States needs to support near-term quantum computing applications［EB/OL］.（2021－04－27）［2022－07－01］. https：//itif. org/publications/2021/04/27/why-united-states-needs-support-near-term-quantum-computing-applications/.

［34］BILL WHYMAN. Secrets from cloud computing's first stage：an action agenda for government and industry［EB/OL］.（2021－06－01）［2022－07－01］. https：//itif. org/publications/2021/06/01/secrets-cloud-computings-first-stage-action-agenda-government-and-industry/.

［35］ELLYSSE DICK. Public policy for the metaverse：key takeaways from the 2021 AR/VR policy conference［EB/OL］.（2021－11－15）［2022－07－01］. https：//itif. org/publications/2021/11/15/public-policy-metaverse-key-takeaways-2021-arvr-policy-conference/.

［36］DOUG BRAKE. Submarine cables：critical infrastructure for global communications［EB/OL］.（2019－04－19）［2022－07－01］. https：//itif. org/publications/2019/04/19/submarine-cables-critical-infrastructure-global-communications/.

［37］ROBERT D ATKINSON. "Building back better" requires building in digital［EB/OL］.（2021－05－10）［2022－07－01］. https：//itif. org/publications/2021/05/10/building-back-better-requires-building-digital/.

［38］DOUG BRAKE，ALEXANDRA BRUER. Broadband myths：are high broadband prices holding back adoption?［EB/OL］.（2021－02－08）［2022－07－01］. https：//itif. org/publications/2021/02/08/broadband-myths-are-high-broadband-prices-holding-back-adoption/.

［39］DANIEL CASTRO，JOSHUA NEW，MATT BECKWITH. 10 steps congress can take to accelerate data innovation［EB/OL］.（2017－05－15）［2022－07－01］. https：//itif. org/publications/2017/05/15/10-steps-congress-can-take-accelerate-data-innovation/.

［40］NIGEL CORY，ROBERT D ATKINSON，DANIEL CASTRO. Principles and policies for "data free flow with trust"［EB/OL］.（2019－05－27）［2022－07－01］. https：//itif. org/publications/2019/05/27/principles-and-policies-data-free-flow-trust/.

［41］ROBERT D ATKINSON. A U.S. grand strategy for the global digital economy［EB/OL］.（2021－01－19）［2022－07－01］. https：//itif. org/publications/2021/01/19/us-grand-strategy-global-digital-economy/.

［42］AURELIEN PORTUESE. The digital markets act：European precautionary antitrust［EB/OL］.（2021－05－24）［2022－07－01］. https：//itif. org/publications/2021/05/24/digital-markets-act-european-precautionary-antitrust/.

［43］NIGEL CORY. The false appeal of data nationalism：why the value of data comes from how it's used，not where it's stored［EB/OL］.（2019－04－01）［2022－07－01］. https：//itif. org/publications/2019/04/01/false-appeal-data-nationalism-why-value-data-comes-how-its-used-not-where/.

［44］ALAN MCQUINN，DANIEL CASTRO. The case for a U.S. digital single market and why federal preemption is key［EB/OL］.（2019－10－07）［2022－07－01］. https：//itif. org/

publications/2019/10/07/case-us-digital-single-market-and-why-federal-preemption-key/.

［45］NIGEL CORY. Surveying the damage：why we must accurately measure cross-border data flows and digital trade barriers［EB/OL］.（2020 - 01 - 27）［2022 - 07 - 01］. https：// itif. org/publications/2020/01/27/surveying-damage-why-we-must-accurately-measure-cross-border-data-flows-and/.

［46］NIGEL CORY. Why countries should build an interoperable electronic invoicing system into WTO e-commerce negotiations［EB/OL］.（2020 - 03 - 23）［2022 - 07 - 01］. https：// itif. org/publications/2020/03/23/why-countries-should-build-interoperable-electronic-invoicing-system-wto-e/.

［47］NIGEL CORY，DANIEL CASTRO，ELLYSSE DICK. "Schrems II"：what invalidating the EU-U.S. privacy shield means for transatlantic trade and innovation［EB/OL］.（2020 - 12 - 03）［2022 - 07 - 01］. https：//itif. org/publications/2020/12/03/schrems-ii-what-invalidating-eu-us-privacy-shield-means-transatlantic/.

［48］NIGEL CORY，LUKE DASCOLI. How barriers to cross-border data flows are spreading globally，what they cost，and how to address them［EB/OL］.（2021 - 07 - 19）［2022 - 07 - 01］. https：//itif. org/publications/2021/07/19/how-barriers-cross-border-data-flows-are-spreading-globally-what-they-cost/.

［49］JOE KENNEDY. The myth of data monopoly：why antitrust concerns about data are overblown［EB/OL］.（2017 - 03 - 06）［2022 - 07 - 01］. https：//itif. org/publications/2017/03/06/myth-data-monopoly-why-antitrust-concerns-about-data-are-overblown/.

［50］JOE KENNEDY. Monopoly myths：are markets becoming more concentrated?［EB/OL］.（2020 - 06 - 29）［2022 - 07 - 01］. https：//itif. org/publications/2020/06/29/monopoly-myths-are-markets-becoming-more-concentrated/.

［51］JOE KENNEDY. Monopoly myths：do internet platforms threaten competition?［EB/OL］.（2020 - 07 - 23）［2022 - 07 - 01］. https：//itif. org/publications/2020/07/23/monopoly-myths-do-internet-platforms-threaten-competition/.

［52］AURELIEN PORTUESE. The house's antitrust legislative package：an innovation perspective［EB/OL］.（2021 - 08 - 02）［2022 - 07 - 01］. https：//itif. org/publications/2021/08/02/houses-antitrust-legislative-package-innovation-perspective/.

［53］JOE KENNEDY. Monopoly myths：is big tech creating "kill zones"?［EB/OL］.（2020 - 11 - 09）［2022 - 07 - 01］. https：//itif. org/publications/2020/11/09/monopoly-myths-big-tech-creating-kill-zones/.

［54］ROBERT D ATKINSON，CALEB FOOTE. Monopoly myths：is concentration leading to fewer start-ups?［EB/OL］.（2020 - 08 - 03）［2022 - 07 - 01］. https：//itif. org/publications/2020/08/03/monopoly-myths-concentration-leading-fewer-start-ups/.

［55］ROBERT D ATKINSON. Seventeen flaws in the cicilline antitrust report on competition in digital markets cicilline［EB/OL］.（2020 - 10 - 23）［2022 - 07 - 01］. https：//itif. org/publications/2020/10/23/seventeen-flaws-cicilline-antitrust-report-competition-digital-markets/.

[56] SUJAI SHIVAKUMAR. How data-sharing partnerships can thwart counterfeits on online marketplaces [EB/OL]. (2021 - 03 - 03) [2022 - 07 - 01]. https://itif. org/ publications/2021/03/03/how-data-sharing-partnerships-can-thwart-counterfeits-online-marketplaces/.

[57] JACI MCDOLE, STEPHEN EZELL. Ten ways IP has enabled innovations that have helped sustain the world through the pandemic [EB/OL]. (2021 - 04 - 29) [2022 - 07 - 01]. https://itif. org/publications/2021/04/29/ten-ways-ip-has-enabled-innovations-have-helped-sustain-world-through/.

[58] DAVID M HART. Across the "second valley of death": designing successful energy demonstration projects [EB/OL]. (2017 - 07 - 26) [2022 - 07 - 01]. https://itif. org/ publications/2017/07/26/across-second-valley-death-designing-successful-energy-demonstration/.

[59] COLIN CUNLIFF. FY 2020 energy innovation funding: congress should push the pedal to the metal [EB/OL]. (2019 - 04 - 02) [2022 - 07 - 01]. https://itif. org/publications/ 2019/04/02/fy-2020-energy-innovation-funding-congress-should-push-pedal-metal/.

[60] JOE KENNEDY. How induced innovation lowers the cost of a carbon tax [EB/OL]. (2018 - 06 - 25) [2022 - 07 - 01]. https://itif. org/publications/2018/06/25/how-induced-innovation-lowers-cost-carbon-tax/.

[61] COLIN CUNLIFF, LINH NGUYEN. Energizing innovation: raising the ambition for federal energy R&D in fiscal year 2022 [EB/OL]. (2021 - 05 - 17) [2022 - 07 - 01]. https://itif. org/publications/2021/05/17/energizing-innovation-raising-ambition-federal-energy-rdd-fiscal-year-2022/.

[62] JETTA L WONG, DAVID M HART. Mind the gap: a design for a new energy technology commercialization foundation [EB/OL]. (2020 - 05 - 11) [2022 - 07 - 01]. https://itif. org/publications/2020/05/11/mind-gap-design-new-energy-technology-commercialization-foundation/.

[63] KAVITA SURANA, CLAUDIA DOBLINGER, LAURA DIAZ ANADON. Collaboration between start-ups and federal agencies: a surprising solution for energy innovation [EB/ OL]. (2020 - 08 - 24) [2022 - 07 - 01]. https://itif. org/publications/2020/08/24/ collaboration-between-start-ups-and-federal-agencies-surprising-solution/.

[64] ANNA P GOLDSTEIN. Federal policy to accelerate innovation in long-duration energy storage: the case for flow batteries [EB/OL]. (2021 - 04 - 07) [2022 - 07 - 01]. https:// itif. org/publications/2021/04/07/federal-policy-accelerate-innovation-long-duration-energy-storage-case-flow/.

[65] PETER FOX-PENNER, DAVID M HART, HENRY KELLY, et al. Clean and competitive: opportunities for U.S. manufacturing leadership in the global low-carbon economy [EB/OL]. (2021 - 06 - 21) [2022 - 07 - 01]. https://itif. org/publications/ 2021/06/21/clean-and-competitive-opportunities-us-manufacturing-leadership-global-low/.

[66] DAVID M HART. Building back cleaner with industrial decarbonization demonstration

projects［EB/OL］.（2021 - 03 - 08）［2022 - 07 - 01］. https：//itif. org/publications/
2021/03/08/building-back-cleaner-industrial-decarbonization-demonstration-projects/.

［67］ STEFAN KOESTER,DAVID M HART, GRACE SLY. Unworkable solution：carbon
border adjustment mechanisms and global climate innovation［EB/OL］.（2021 - 09 - 20）
［2022 - 07 - 01］. https：//itif.org/publications/2021/09/20/unworkable-solution-carbon-
border-adjustment-mechanisms-and-global-climate/.

［68］ ROBERT D ATKINSON. How SBA's affiliation rules for venture-backed firms will limit
the effectiveness of the paycheck protection program［EB/OL］.（2020 - 03 - 31）［2022 -
07 - 01］. https：//itif. org/publications/2020/03/31/how-sbas-affiliation-rules-venture-
backed-firms-will-limit-effectiveness/.

［69］ ROBERT D ATKINSON, DOUG BRAKE, DANIEL CASTRO, et al. Digital policy for
physical distancing：28 stimulus proposals that will pay long-term dividends［EB/OL］.
（2020 - 05 - 26）［2022 - 07 - 01］. https：//itif.org/publications/2020/05/26/building-
global-framework-digital-health-services-era-covid-19/.

［70］ NIGEL CORY, PHILIP STEVENS. Building a global framework for digital health
services in the era of COVID-19［EB/OL］.（2020 - 05 - 26）［2022 - 07 - 01］. https：//
itif. org/publications/2020/05/26/building-global-framework-digital-health-services-era-
covid-19/.

［71］ DOUG BRAKE. Lessons from the pandemic：broadband policy after COVID-19［EB/OL］.
（2020 - 07 - 13）［2022 - 07 - 01］. https：//itif.org/publications/2020/07/13/lessons-
pandemic-broadband-policy-after-covid-19/.

| 田贵超 | 上海科技管理干部学院 |
| 龚　晨 | 上海科技管理干部学院 |

第 2 章

百年思想库

——美国布鲁金斯学会

陈秋萍　徐　诺

　　布鲁金斯学会(Brookings Institution)创建于 1916 年,是一个非营利的公共政策组织,总部设在美国华盛顿特区,其使命为"进行深入的研究,为解决地方、国家和全球层面的社会问题提供新的思路",被业界称为"世界第一智库"[1]。成立百余年的布鲁金斯学会见证了美国近现代发展的重要时刻,其重要性不言而喻。本章基于 2017 年至 2021 年间布鲁金斯学会官网上的公开研究成果,梳理了布鲁金斯学会 5 年间聚焦的科技创新相关议题及主要观点。

2.1　机构简介

　　布鲁金斯学会作为全球知名的专业型科技智库,已经形成成熟的组织架构,在全球范围内吸引了 600 余位政府专家和学术专家为其效力。现任学会主席是约翰·艾伦(John R Allen),他将"高品质、独立性以及影响力"确定为学会研究成果的 3 个关键词,并着重将研究资金导向 3 个方面的政策研究:全球中产阶层的未来、人工智能与新兴技术以及美国在 21 世纪的领导作用。布鲁金斯学会受使命驱动,现设有 15 个研究中心,共围绕 5 个领域展开研究,包括经济研究、外交政策、全球经济与发展、治理研究和大都市政策规划。其中,治理研究聚焦于科技创新政策,致力于分析政策问题、政治机构和流程以及当代治理挑战。

　　在战略规划上,为了更好地为应对 21 世纪全球治理的挑战做好一系列决策咨询准备,布鲁金斯学会于 2016 年提出"布鲁金斯 2.0"战略计划并延续至今。"布鲁金斯 2.0"主要有 5 个核心要点:① 专注机构使命,加强关于国内和国际的治理研究;② 增强智库成果的传播影响力;③ 推进跨领域合作与研究;④ 发展更包容、更多元的文化研究环境;⑤ 为未来世界的可持续发展做出努力。关于加强国内和国际治理的研究,布鲁金斯学会认为世界所面临的主要治理挑战包括:包容性增长与相关机遇、国际系统秩序的混乱、数字变革、能源与气候变化、城市化等问题。布鲁金斯学会认为,当前世界所面临的挑战是复杂的、多面的,通过跨部门、跨领域和跨国家的学者的合作研究,布鲁金斯学会能够为全球治理所面临的挑战提供更加全面的、多视角的解决方案[2]。例如,布鲁金斯学会于 2020 年 12 月推出"美国复兴与繁荣蓝图"(Blueprints for American Renewal & Prosperity)专题研究,为国会和新一届政府提供创新理念,以应对美国面临的诸多挑战。迄今为止,该研究发布了 40 多份关于经济增长和活力、种族正义和工人流动性、国内和国际治理、国际安全、气候的政策简报,专注于详细说明美国政府如何更好地实施创新想法,这些蓝图为如何建设更好的政府指明了前进方向。

在组织架构上,布鲁金斯学会设置主席、执行副主席、董事会、各研究部门以及综合办公室。学会的董事会由杰出的企业高管、学者、前政府官员和社区领袖组成,任期 4 年,每年开 3 次会。董事会的职责是管理学会的业务和事务,以维护学会的独立性。此外,在专家组织方面,布鲁金斯学会支持专家的开放性研究,集合了来自世界各地的 300 多位政府专家和 300 多位学术界顶尖专家,致力于全方位为公共政策问题提供最高质量的研究、分析和政策建议[3]。

在资金来源上,布鲁金斯学会在其 1970 年的年报中提到,学会资金来源为慈善基金、公司和个人的捐赠,同时也接受少量的政府临时性的签单项目。布鲁金斯学会 2021 年的财报数据显示,目前学会已不再公开捐赠来源。最新的财报信息显示,布鲁金斯学会的主要收入来源为捐赠和基金支持;在支出方面,研究经费占比较多的研究领域有经济学、外交政策、全球经济与发展、治理研究等。在研究成果及其传播上,布鲁金斯学会除了发布研究报告及每年一份的年度报告(重点介绍学会的工作及其对世界的影响)外,还在早期就确立了"精神收入"的概念,以保证学会研究成果的公共影响力[4]。"精神收入"的核心要求是通过将研究成果分发给上万个决策者、意见领袖与机构学会,从而确保思想研究与政治实践之间具有转换的可能性。

2.2　研究领域及主要观点

自 2017 年 11 月起,布鲁金斯学会主席一直是约翰·艾伦,因此学会的研究重点未发生较大的变动。在经济研究、外交政策、全球经济与发展、治理研究和大都市政策规划五大研究方向下，约翰·艾伦强调"全球中产阶层的未来、人工智能与新兴技术、美国在 21 世纪的领导作用"是布鲁金斯学会的 3 个重点政策研究领域。由此可见，人工智能与新兴技术等相关科技政策研究受到了学会高层的高度重视。

布鲁金斯学会为了跟踪研究影响美国和全球技术创新领域的公共辩论和决策，特别在"治理研究"板块中成立了技术创新中心（Center for Technology Innovation，CTI），现任主任是妮可·莉（Nicol Turner Lee），专注于研究影响美国公共辩论和政策制定以及全球科技创新的新情况。该中心的研究内容聚焦于识别和分析推进创新的关键发展问题，并向利益相关者宣传最佳实践案例，向决策者介绍改进创新的行动，增强公众对技术创新的理解。因此，研判布鲁金斯学会 2017 年至 2021 年间在科技创新战略和政策方面的研究轨迹，必须重点梳理和分析技术创新中心近 5 年的研究成果（见表 2-1）。

表 2-1　布鲁金斯学会技术创新中心的研究内容[5]

序号	重点研究领域	重点研究议题
1	数字基础设施	① 宽带投资和采用；② 云计算
2	数字经济	① 对于企业与经济发展的影响；② 移动通信；③ 移动健康和学习
3	电子政务	① 公共部门创新；② 技术与政府效率
4	数字媒体、新闻和娱乐	① 通信；② 新闻聚集；③ 社交和新闻媒体
5	技术转移	① 专利政策；② 高校对经济的贡献；③ 校园创业
6	研究与发展	① 科学资助：管理的权衡与结果、研发；② 联邦机构：R&D 投资组合的管理；③ 将 R&D 与国家目标相联系
7	负责任的创新	① 新兴技术监管；② 新型商业创新模式：盈利和可持续的；③ 政府改革：技术促进民主
8	数字医疗	① 医疗信息技术；② 远程医疗；③ 病患隐私保护
9	包容性金融	① 数字金融服务：监管与创新；② 金融领域的移动技术：基础设施和应用
10	联通学习	① 远程学习；② 电子教科书；③ 个性化教育

如表 1 所示,在科技创新政策研究领域,布鲁金斯学会的研究课题包含 10 个重点研究领域,并覆盖 27 个二级研究议题。梳理布鲁金斯学会技术创新中心在官网上发布的百余篇报告可发现,布鲁金斯学会近 5 年与科技创新高度相关的报告除了重点聚焦于表 1 中的数字基础设施、数字经济、负责任的创新、数字医疗 4 个议题外,还开发了人工智能治理与发展、评估中国 2 个专题研究。

2.2.1　数字基础设施

在宽带投资和采用方面,一是加强宽带接入以消除技术鸿沟。布鲁金斯学会的报告《达成协议以促进所有人的宽带接入》认为,需要达成"促进所有人的宽带接入"这一共识以消除技术鸿沟。其具体要求包括:① 优先考虑宽带未覆盖的区域,尤其是美国的农村地区;② 确保能够通过网络响应持续增长的需求;③ 考虑联邦资金管理问题。因此,拜登的宽带提案鼓励合作社和地方政府等非营利实体申请相关支持[6]。二是后疫情时代,美国对互联网的依赖遭遇数字鸿沟和经济问题等障碍。布鲁金斯学会的报告《让所有美国人享受互联网的 5 个步骤》认为,美国公众在新冠疫情期间对互联网的依赖已经改变了他们在疫情后的行为方式,目前遇到的问题主要是数字鸿沟和经济问题。该报告提出了 5 个解决方案:① 提高宽带速度;② 直接支付宽带费用,将资金直接用于支付光纤基础设施的成本;③ 为合格的宽带建设者买单,更加关注宽带建设的结果;④ 支持想要加强宽带建设的州和地方政府;⑤ 降低低收入美国人的宽带费用,实行互联网接入低收入者补贴[7]。

在 5G 通信技术方面,一是美国获取 5G 竞争优势的关键分别关涉企业和政府。布鲁金斯学会的报告《为什么 5G 需要新的网络安全方法》认为,美国赢得"5G 竞赛"有两个关键:① 公司必须意识到新的网络责任和义务;② 政府必须依据现实问题建立新的网络监管模式,比如与受监管者建立更有效的监管网络关系、增加消费透明度、连接设备的检查和认证、弥合 5G 供应链缺口、重新与国际机构接触[8]。二是 5G 网络的发展应当是广泛有益的。布鲁金斯学会的报告《赋能机会:5G、物联网和有色人种社区》探讨了 5G 网络和物联网之间的关系,强调了随着移动网络的发展,物联网能够实现更多的功能,并认为 5G 网络必须是全国性的、可负担的、有弹性的,确保民众可从新兴技术中受益[9]。

2.2.2　数字经济

在数字经济发展方面,一是指出数字创新是第四次工业革命的驱动力并提出相应的举措。布鲁金斯学会的报告《弥合全球数字鸿沟：促进中低收入国家数字发展的平台》认为，第四次工业革命的驱动力是数据、信息和技术的数字创新，并提出了相应的举措推动美国与一系列公共和私人合作伙伴抓住机会，以有利于中低收入国家包容性经济发展的方式缩小数字鸿沟，同时也提升美国及其伙伴国家的经济和战略利益[10]。二是讨论了在数字时代，信息和通信技术如何增强美国的竞争优势。布鲁金斯学会的报告《信息技术领域的发展趋势》认为，信息和通信技术对经济增长作出了重要贡献。该报告评估了信息和通信技术对经济增长、创造就业机会的贡献，并以此为基准来衡量信息和通信技术在美国经济中的重要性[11]。三是明确了美国在创新经济增长方面保持领先的 6 个步骤。布鲁金斯报告《创新经济如何促进增长》认为，美国应该采取 6 个步骤来增加机会并确保自身不落后于其他领先国家。这些行动包括：① 增加联邦研发投入；② 解决人工智能和数据分析的关键需求；③ 制定国家数据战略；④ 促进 STEM（科学、技术、工程和数学）教育发展；⑤ 投资物理和数字基础设施；⑥ 改进数字访问途径[12]。

在数字经济监管方面，一是强调了数据科学知识对于公共政策的重要意义。布鲁金斯学会的报告《所有政策分析家需要了解的数据科学知识》将"数据科学"定义为比政策分析领域的传统方法和数据类型更广泛的一套方法和数据类型。即使对于不需要编写代码的公务员来说，拥有足够的数据科学素养以有力地解释实证研究也至关重要。数据科学对公共政策和治理越来越重要[13]。二是讨论了数字技术未能推动总生产率增长，反而加剧了不平等。布鲁金斯学会的报告《技术、增长和不平等：数字时代的动态变化》认为，数字技术还没有在更高的总生产率增长中带来预期的红利，不平等一直在加剧。为了捕捉生产力和经济增长的潜在收益并解决日益加剧的不平等问题，应对策略包括：政策需要对随着技术重塑市场而发生的变化更加敏感；随着技术改变市场的动态发展，政策必须确保市场保持包容性，并支持企业和工人广泛获得新机会[14]。三是讨论了政策等监管措施能够减轻新技术在隐私保护方面的潜在危害。布鲁金斯学会的报告《打破隐私立法的建议：如何监管》认为，新技术是典型的双刃剑，带来帮助的同时也产生了风险。政策和监管措施是减轻潜在危害、抵消新技术负面影响的一个关键变量。当考虑人工智能的发展时，明智的做法是记住早期技术革命的教训，把重点放在技术的效果上，而不是对技术本身产生恐惧[15]。为了促进新兴交通技术的负责任创新，布鲁金斯学会认为需要采取一系列举措澄清相关规则和责任,以增强公众的信心。布鲁金斯学会的报告《重塑城市交通和服务提供》建议投资数字基础设施,提供技术标准,对拼车服务进行监管,改善美国国家公路交通安全管理局(National Highway Traffic Safety Administration,NHTSA)和联邦航空局(Federal Aviation Administration,FAA)的监督,增强联邦机构之间的一致性,澄清数据使用和保留规则以及法律责任,建议采取一些与治理、政策和监管相关的不同措施,增强公众对城市交通未来的信心[16]。

2.2.3　数字医疗

在医疗研发方面,研究全球健康研发的情况并提出系列建议。布鲁金斯学会的报告《私人部门对全球健康研发的投资》关注制药公司、风险投资基金和有影响力的投资者在全球健康研发方面的支出,重点研究了三种类型的研发支出:① 整体研发集中于发达国家和发展中国家的药物、疫苗和疗法;② 强调发展中国家医疗的全球健康研发;③ 被忽视的疾病研发,专注于药物、疫苗和疗法。为了改善全球卫生研发的私人投资,布鲁金斯学会建议创建可行的市场,响应对系统数据的需求,优先考虑资金缺口,加强卫生治理、医疗基础设施建设和供应链管理,加快对新药和疫苗的监管审查,鼓励研发税收激励,鼓励风险基金投资,重新设计优先审查材料,建立世界卫生组织疫苗平台,提供基于结果的融资,并在中国和印度寻求投资机会[17]。

在远程医疗方面,远程医疗的价值和必要性在新冠疫情中得到充分显现,后疫情时代对远程医疗的治理尤为重要。布鲁金斯学会的报告《消除新冠肺炎暴发前后对远程医疗的监管障碍》认为,应当采取五项举措以避免医院系统和医疗专业人员以及失业者出现更大程度的崩溃:① 必须搜集和分析关于新冠肺炎远程医疗管理和方案的数据;② 应在远程保健中建立监管的灵活性,以适应一系列的使用场景;③ 远程医疗服务应被用于初级保健,以减少服务冗余;④ 应授权各州降低远程医疗服务的成本;⑤ 远程医疗服务应提供给医疗服务不足的人。世界可能不会恢复到新冠疫情暴发之前的正常状态,医疗卫生也不应该如此。联邦立法者和各州需要重新考虑取消对远程医疗服务的限制,以增强病人和医生适应变化的能力[18]。

在病患隐私保护方面,美国医疗保健系统的数字化给患者隐私保护带来了前所未有的挑战。《健康保险携带和责任法案》(*The Health Insurance Portability and Accountability Act*,HIPAA)有利于保护患者的隐私。布鲁金斯学会的报告《病人隐私保护的概况》认为，越来越多的个人医疗信息正在多方之间以电子方式被收集、存档和传输，存在患者隐私泄露隐患。对此，美国卫生与公众服务部（The U.S. Department of Health and Human Services，HHS）的民权办公室（Office of Civil Rights，OCR）发布了 HIPAA 综合规则。这是医疗隐私法实施十年来最重大的变化。有证据表明，HIPAA 综合规则的实施，使业务伙伴中隐私泄露事件的数量显著减少，这显现了隐私保护法规的好处，并告知政府如何设计、实施政策和法规以加强医疗保健系统中的隐私保护[19]。

2.2.4 人工智能应用和治理

布鲁金斯学会指出，人工智能作为一种广泛的工具能够支撑人类重新思考如何整合信息、分析数据，进而改进决策制定的方法。布鲁金斯学会的报告《人工智能如何改变世界》提出了九个步骤以最大限度地发挥人工智能的优势：① 鼓励研究人员在不损害用户个人隐私的情况下更多地访问数据；② 将更多政府资金投入非机密的人工智能研究；③ 推进数字化教育和人工智能劳动力开发的新框架，以便劳动力拥有 21 世纪所需要的技能；④ 创建联邦人工智能咨询委员会以提出政策建议；⑤ 与州和地方官员接触，以便他们制定有效的政策；⑥ 规范广泛的人工智能原则，而不是特定的算法；⑦ 认真对待偏见投诉，以便人工智能不会在数据或算法中复制历史上的不公正、不公平或歧视；⑧ 维持人工监督和控制机制；⑨ 惩罚恶意人工智能行为，增强网络安全[20]。

1）在人工智能技术应用方面

一是在执法方面，人工智能可预测法律案例的结果。布鲁金斯学会的报告《如何帮助处在人工智能相关仲裁中的法官提升专业技术知识》认为，人工智能正在开创定量法律决策预测的新时代，人们使用机器学习来改进判例法的搜索、文件制作和技术辅助审查，使用人工智能搜索相关文件，一些学者和从业者已经使用基于成千上万案例的算法来预测案例的结果。最近的研究表明，这种方法的结果预测准确率在 70% 左右。

二是在教育方面，应当重点推进四个领域的教育创新，以解决教育资源分布不均问题。布鲁金斯学会的报告《创新和科技加速教育进步》认为，除了学术知识外，年轻人还需要具备信息素养、灵活性、批判性思维和协作能力等技能，并指出世界各地最有希望促进儿童进步的创新可以分为四大领域：① 动手实践、用心学习，从高科技学校到贫民窟课程的创新正在融入一种积极的、以学生为中心的方法来改变教学环境;② 提升教育劳动力,将教师彼此联系起来并利用技术或社区成员的模式减轻教师的负担,而其他创新则有助于让更多人参与教学;③ 简化沟通过程,学校利用技术来提高后台效率,以收集更好的数据,并简化学校内部以及与家长的沟通过程;④ 激活社区的问责和兑现功能,让世界各地的社区表达对教育的需求并就此进行兑现,依托数据,新的方法正被社区用于提升对学校的可问责性[21]。

三是在城市安防方面,布鲁金斯学会认为数字技术的应用现状使其在公共安全方面的实践面临一系列挑战。布鲁金斯学会的报告《安全城市创新的好处和最佳实践》认为,不同城市运用数字技术实施公共安全解决方案面临 13 项挑战:① 增加对数字基础设施的预算投资;② 克服资金困难;③ 建立综合指挥中心;④ 提高政府运行效率和透明度;⑤ 获取公众的支持;⑥ 利用众包平台鼓励公民参与;⑦ 通过技术打破组织束缚;⑧ 克服组织阻力;⑨ 使用警察的随身摄像机和闭路电视摄像机提高可问责性;⑩ 使数据公开可用并进行数据分析;⑪ 集成解决方案;⑫ 平衡隐私和安全问题;⑬ 识别改进机会[22]。

四是在军事方面,布鲁金斯学会的报告《战争中的人工智能:人类的判断力是一种组织优势和战略责任》提出,"机器预测和人类判断的互补性对军事组织和战略有重要影响",人工智能的有效性不仅取决于技术的先进性,还取决于组织将其用于特定任务的方式,军事力量对人工智能的更大依赖将使战争中的人类因素变得更加重要[23]。

2)在人工智能治理方面

一是认为 2021 年是人工智能治理的转折点。布鲁金斯学会的报告《六项发展将定义 2021 年人工智能治理》认为,在获得多年关注和发展后,人工智能政策可能会在 2021 年发生重大变化。人工智能全球伙伴关系可能会推动全球更加有原则地使用人工智能——负责人工智能和数据治理的工作尤其值得关注[24]。

二是讨论了人工智能的风险。布鲁金斯学会的报告《风险感知、侵权责任和新兴技术》提出了人工智能、物联网和机器人技术等新技术早期开发和商业化阶段的一些关键特征:① 许多风险因素与人类和机器的互动方式、不同组件和不同产品之间的互动方式、消费者受到伤害的方式有关,可能很难预测;② 供应链和分销链中涉及众多参与者;③ 许多终端产品生产商是小型创业者,可能无法承受意外伤害的事故成本。当用户清楚风险时,市场对安全的需求可能会推动风险缓解技术的发展,这表明旨在减轻这种不确定性的政策对于保持创新激励至关重要[25]。布鲁金斯学会的报告《令人不安的基本事实：预测分析与国家安全》提出了必须对试图利用人工智能系统预测社会现象和社会行为保持谨慎，尤其是在国家安全领域，在不了解其局限性的情况下过于依赖人工智能有较大风险[26]。

三是分析了算法偏见的问题。布鲁金斯学会的报告《算法偏见的检测和缓解：减少消费者伤害的最佳实践和政策》认为，算法决策的实际结果没有达到简单决策的预期，并提出了相应的公共政策建议：① 更新相关法律以适用于数字实践；② 使用监管沙盒以完成反偏见实验；③ 在安全港中，使用敏感信息来检测和减少偏见；④ 概述一套自我监管的最佳实践；⑤ 提出额外解决方案的重点是用户的算法素养和民间社会团体的正式反馈机制[27]。布鲁金斯学会的报告《审计就业算法的歧视问题》提出，算法审计已被提议作为确保算法符合标准的方法之一，并且报告提供了确保算法审计符合标准的步骤和监管路径[28]。

四是分析了人工智能的监管。布鲁金斯学会认为有必要建立一个新的人工智能监管机构或者扩大已有的相关机构（如联邦贸易委员会）的权力。布鲁金斯学会的报告《拜登政府应如何处理人工智能监督问题》认为，拜登政府应该比特朗普政府更积极主动，通过立法遏制一些特别有害的科技做法，同时应该支持技术评估办公室的复兴[29]。

五是布鲁金斯学会强调了加强人工智能领域国际合作的重要性。布鲁金斯学会的报告《加强人工智能国际合作》揭示了需要关注"加强人工智能国际合作"这一议题的原因，探索了目前存在的瓶颈，最终提出了推出国际人工智能标准、监管合作和联合研发项目等 15 条建议，以应对全球人工智能领域的挑战[30]。布鲁金斯学会的报告《开源软件塑造人工智能政策的五种方式》认为开源软件（open source software，OSS）影响人工智能政策的五种方式如下：① OSS 加速了人工智能的使用；② OSS 有利于对抗人工智能偏见；③ OSS 能够推进科学发展；④ OSS 有助于限制科技行业的竞争；⑤ OSS 创建有关人工智能的一系列标准，最终追求人工智能的公正和公平发展[31]。

2.2.5　人工智能治理与发展的三个系列报告

人工智能治理与发展专题是布鲁金斯学会近些年研究的重点。该专题覆盖"人工智能治理""人工智能偏见""人工智能未来蓝图（2018—2019）"三个系列。

"人工智能治理"系列由布鲁金斯学会治理研究板块副总裁达雷尔·韦斯特

(Darrell West)领导,旨在确定与人工智能相关的关键治理和规范问题,并提出政策补救措施以应对与新兴技术相关的复杂挑战。该系列报告的主要观点包括:① 在人工智能与人脸识别软件集成方面,提出 10 项行动以保护人们免受人脸识别软件的负面影响[32]。② 在人工智能应用于医疗保健领域方面,提出了一系列医疗保健风险应对和补救的方法[33]。③ 在人工智能应用于金融服务提供方面,提出要减少对基于人工智能金融服务的偏见,创建更公平、更具包容性的系统[34]。④ 提出人工智能带来的虚假信息风险是数字生态系统中的重大挑战之一,一方面可以使用人工智能和机器学习来检测,以减少欺诈,帮助公共和私营部门进行预算监督[35];另一方面,算法应用于报名中引发了高等教育的危机,可能对学生造成伤害[36]。⑤ 只要拒绝引入有偏见、缺乏透明度以及未能维护联邦隐私和安全的机器人流程及智能自动化系统,政府就能够应用相关自动化技术来节省工作人员的时间,并降低数据的错误率,以提升政府绩效[37]。

"人工智能偏见"系列由布鲁金斯学会治理研究领域的研究员、技术创新中心主任妮可·莉领导,致力于探索可能减轻人工智能偏见的方法,并为实现人工智能和其他新兴技术的公平性创造条件。该系列报告的主要观点包括:① 强调了自动化决策系统的目的是大大提高各种私营部门和公共部门确定福利资格的准确性和公平性[38];② 因为自然语言处理(natural language processing, NLP)有可能导致决策偏差,所以迫切需要监管机制[39];③ 强调自动化可以提升决策的速度和扩大应用规模,但前提是必须构建起整个人工智能系统和社会技术控制的结构,仅要求技术开发人员遵循相关规则是不够的[40]。

"人工智能未来蓝图(2018—2019)"系列分析了人工智能和其他新兴技术带来的新挑战及其政策解决方案。该系列报告包括 7 个方面的内容:一是强调政府是塑造人工智能未来的重要角色,通过面部识别系统、自动驾驶汽车和致命的自主武器 3 个案例说明了人工智能的伦理挑战以及对其进行治理的必要性[41],大数据和人工智能可以促进全球发展,这场数据革命的关键是信任[42];二是在中美关系方面,主张美国要确定竞争与合作领域,比如美国和中国应当就在哪些领域实现互惠互利达成合作共识,同时提高美国与中国在人工智能发展方面合作的能力,比如相互安慰、保持自己的立场、利用美国的投资优势、找到盟友[43];三是在国家安全领域,人工智能可以通过"谁制定国家安全战略"和"如何制定国家安全战略"两个关键问题,以多种方式影响国家安全战略的制定[44],到 2040年,机器人技术和人工智能可以在战争中扮演核心角色[45];四是在贸易领域,人工智能将对国际贸易产生变革性影响,贸易规则可通过以下关键领域对全球人工智能开发和部署产生重要影响,如数据对人工智能的重要性,隐私和人工智能,标准和人工智能,源代码保护、知识产权保护和人工智能,人工智能和货物贸易[46];五是在能源和气候领域,人工智能有助于提高市场效率,使分析师和市场参与者更容易理解从电力系统网络到气候变化这一高度复杂的现象[47];六是在教育领域,强调为青年和工人提供教育及培训机会,这将推动未来人工智能的发展,对下一代的教育和培养方式将直接决定美国能否在新兴数字环境中保持其在关键领域的领导地位[48];七是在医疗领域,布鲁金斯学会认为数据分析可能以多种不同的方式改变医疗保健领域,然而医疗保健领域的变革障碍可能比其他领域更大,创新步伐缓慢反映了医疗保健在实施和应用大数据工具方面所面临的独特挑战[49]。

2.2.6　评估中国

美国政府近年来对中国的评价发生了巨大变化:从潜在的"负责任的利益相关者"到"战略竞争对手"。中国已经成为一个真正的全球参与者,会对全球主要地区和重大问题产生重要影响。为了更好地研究中国对美国政策和多边秩序的影响,布鲁金斯学会的学者正在进行《全球中国:评估中国在世界上日益重要的角色》系列研究。这是布鲁金斯学会外交政策领域的项目,为期2年。该项目下设7个二级议题,其中《全球中国:技术》作为二级议题之一,致力于评估中国在世界上不断增强的技术影响力。

布鲁金斯学会该系列报告的主要内容如下:一是提出了加快实现美国在5G领域的全球领先地位的3个计划[50]。二是描述了中国对科技人才竞争的态度,强调了中国将人才视为技术进步的核心,并制定了一系列人才战略来壮大科技人才队伍[51]。三是对于中国监控技术的出口,美国必须应对中国科技公司正在进行的塑造全球监管环境的挑战。为此,该系列报告指出政策制定者将需要提出并执行一项全面的战略,以形成符合美国价值观和利益的标准[52]。

参考文献

[1] BROOKINGS INSTITUTION. About us [EB/OL]. [2022 - 01 - 29]. https://www.brookings.edu/about-us/.

［2］Brookings 2018 annual report［EB/OL］.（2018-11-01）［2022-01-29］. https：// www.brookings.edu/wp-content/uploads/2018/11/2018-annual-report.pdf.

［3］BROOKINGS INSTITUTION. About us［EB/OL］.［2022-01-29］. https：//www. brookings.edu/about-us/./

［4］徐诺.美国布鲁金斯学会的运营和科技创新研究［J］.竞争情报,2019,15(6)：36-41.

［5］Center for technology innovation［EB/OL］.［2022-01-29］. https：//www.brookings. edu/center/center-for-technology-innovation/.

［6］TOM WHEELER. Striking a deal to strengthen broadband access for all［EB/OL］. ［2022-01-29］. https：//www.brookings.edu/research/striking-a-deal-to-strengthen-broadband-access-for-all/.

［7］TOM WHEELER. 5 steps to get the internet to all Americans［EB/OL］.［2022-01-29］. https：//www.brookings.edu/research/5-steps-to-get-the-internet-to-all-americans/.

［8］TOM WHEELER. Why 5G requires new approaches to cybersecurity［EB/OL］.［2022-01-29］. https：//www.brookings.edu/research/why-5g-requires-new-approaches-to-cybersecurity/.

［9］NICOL TURNER LEE. Enabling opportunities：5G, the internet of things and communities of color［EB/OL］.［2019-01-09］. https：//www.brookings.edu/research/enabling-opportunities-5g-the-internet-of-things-and-communities-of-color/.

［10］GEORGE INGRAM. Bridging the global digital divide：a platform to advance digital development in low- and middle-income countries［EB/OL］.［2022-01-29］. https：// www.brookings.edu/research/bridging-the-global-digital-divide-a-platform-to-advance-digital-development-in-low-and-middle-income-countries/.

［11］MAKADA HENRY-NICKIE, KWADWO FRIMPONG, HAO SUN. Trends in the information technology sector［EB/OL］.［2022-01-29］. https：//www.brookings.edu/research/trends-in-the-information-technology-sector/.

［12］DARRELL M WEST. How the innovation economy leads to growth［EB/OL］.［2022-01-29］. https：//www.brookings.edu/testimonies/how-the-innovation-economy-leads-to-growth/.

［13］ALEX ENGLER. What all policy analysts need to know about data science［EB/OL］. ［2022-01-29］. https：//www.brookings.edu/research/what-all-policy-analysts-need-to-know-about-data-science/.

［14］ZIA QURESHI. Technology, growth, and inequality：changing dynamics in the digital era［EB/OL］.［2022-01-29］ https：//www.brookings.edu/research/technology-growth-and-inequality-changing-dynamics-in-the-digital-era/.

［15］CAMERON F KERRY. Breaking down proposals for privacy legislation：how do they regulate?［EB/OL］.［2019-03-08］. https：//www.brookings.edu/research/breaking-down-proposals-for-privacy-legislation-how-do-they-regulate/.

［16］DARRELL M WEST. Remaking urban transportation and service delivery［EB/OL］. ［2022-01-29］. https：//www.brookings.edu/research/remaking-urban-transportation-

and-service-delivery/.

[17] DARRELL M WEST. Private sector investment in global health R&D [EB/OL]. [2022 - 01 - 29]. https://www. brookings. edu/research/private-sector-investment-in-global-health-rd/.

[18] NICOL TURNER LEE. Removing regulatory barriers to telehealth before and after COVID-19 [EB/OL]. [2022 - 01 - 29]. https://www. brookings. edu/research/removing-regulatory-barriers-to-telehealth-before-and-after-covid-19/.

[19] NIAM YARAGHI. Profiles in patient privacy protection [EB/OL]. [2022 - 01 - 29]. https://www. brookings. edu/research/profiles-in-patient-privacy-protection/.

[20] DARRELL M WEST. How artificial intelligence is transforming the world [EB/OL]. [2022 - 01 - 29]. https://www. brookings. edu/research/how-artificial-intelligence-is-transforming-the-world/.

[21] REBECCA WINTHROP, EILEEN MCGIVNEY, TIMOTHY P WILLIAMS, et al. Innovation and technology to accelerate progress in education [EB/OL]. [2022 - 01 - 29]. https://www. brookings. edu/research/innovation-and-technology-to-accelerate-progress-in-education/.

[22] DARRELL M WEST, DAN BERNSTEIN. Benefits and best practices of safe city innovation [EB/OL]. [2022 - 01 - 29]. https://www. brookings. edu/research/benefits-and-best-practices-of-safe-city-innovation/.

[23] AVI GOLDFARB, JON LINDSAY. Artificial intelligence in war: human judgment as an organizational strength and a strategic liability [EB/OL]. [2022 - 01 - 29]. https://www. brookings. edu/research/artificial-intelligence-in-war-human-judgment-as-an-organizational-strength-and-a-strategic-liability/.

[24] ALEX ENGLER. 6 developments that will define AI governance in 2021 [EB/OL]. [2022 - 01 - 29]. https://www. brookings. edu/research/6-developments-that-will-define-ai-governance-in-2021/.

[25] ALBERTO GALASSO, HONG LUO. Risk perception, tort liability, and emerging technologies [EB/OL]. [2022 - 01 - 29]. https://www. brookings. edu/research/risk-perception-tort-liability-and-emerging-technologies/.

[26] HEATHER M ROFF. Uncomfortable ground truths: predictive analytics and national security[EB/OL].[2020 - 11 - 01]. https://www. brookings. edu/research/uncomfortable-ground-truths/.

[27] NICOL TURNER LEE. Algorithmic bias detection and mitigation: best practices and policies to reduce consumer harms [EB/OL]. [2022 - 01 - 29]. https://www.brookings. edu/research/algorithmic-bias-detection-and-mitigation-best-practices-and-policies-to-reduce-consumer-harms/.

[28] ALEX ENGLER. Auditing employment algorithms for discrimination [EB/OL]. [2022 - 01 - 29]. https://www. brookings. edu/research/auditing-employment-algorithms-for-discrimination/.

［29］ ALEX ENGLER. How the Biden administration should tackle AI oversight ［EB/OL］. ［2022－01－29］. https：//www. brookings. edu/research/how-the-biden-administration-should-tackle-ai-oversight/.

［30］ CAMERON F KERRY, JOSHUA P MELTZER, ANDREA RENDA, et al. Strengthening international cooperation on AI ［EB/OL］. ［2022－01－29］. https：//www. brookings. edu/research/strengthening-international-cooperation-on-ai/.

［31］ ALEX ENGLER. Five ways that open source software shapes AI policy ［EB/OL］. ［2022－01－29］. https：//www. brookings. edu/blog/techtank/2021/08/18/five-ways-that-open-source-software-shapes-ai-policy/.

［32］ DARRELL M WEST. 10 actions that will protect people from facial recognition software ［EB/OL］. ［2022－01－29］. https：//www. brookings. edu/research/10-actions-that-will-protect-people-from-facial-recognition-software/.

［33］ NICHOLSON W PRICE II. Risks and remedies for artificial intelligence in health care ［EB/OL］. ［2022－01－29］. https：//www. brookings. edu/research/risks-and-remedies-for-artificial-intelligence-in-health-care/.

［34］ AARON KLEIN. Reducing bias in AI-based financial services ［EB/OL］. ［2022－01－29］. https：//www. brookings. edu/research/reducing-bias-in-ai-based-financial-services/.

［35］ DARRELL M WEST. Using AI and machine learning to reduce government fraud ［EB/OL］. ［2022－01－29］. https：//www. brookings. edu/research/using-ai-and-machine-learning-to-reduce-government-fraud/.

［36］ ALEX ENGLER. Enrollment algorithms are contributing to the crises of higher education ［EB/OL］. ［2022－01－29］. https：//www. brookings. edu/research/enrollment-algorithms-are-contributing-to-the-crises-of-higher-education/.

［37］ DARRELL M WEST. How robotic process and intelligent automation are altering government performance ［EB/OL］. ［2022－01－29］. https：//www. brookings. edu/research/how-robotic-process-and-intelligent-automation-are-altering-government-performance/.

［38］ MARK MACCARTHY. Fairness in algorithmic decision-making ［EB/OL］. ［2022－01－29］. https：//www. brookings. edu/research/fairness-in-algorithmic-decision-making/.

［39］ AYLIN CALISKAN.Detecting and mitigating bias in natural language processing ［EB/OL］. ［2022－01－29］. https：//www. brookings. edu/research/detecting-and-mitigating-bias-in-natural-language-processing/.

［40］ JOSHUA A KROLL. Why AI is just automation ［EB/OL］. ［2022－01－29］. https：//www. brookings. edu/research/why-ai-is-just-automation/.

［41］ WILLIAM A GALSTON. Why the government must help shape the future of AI ［EB/OL］. ［2022－01－29］. https：//www. brookings. edu/research/why-the-government-must-help-shape-the-future-of-ai/.

［42］ JENNIFER L COHEN, HOMIKHARAS. Using big data and artificial intelligence to accelerate global development ［EB/OL］. ［2022－01－29］. https：//www. brookings. edu/research/using-big-data-and-artificial-intelligence-to-accelerate-global-development/.

［43］RYAN HASS. US-China relations in the age of artificial intelligence［EB/OL］.［2022 - 01 - 29］. https：//www. brookings. edu/research/us-china-relations-in-the-age-of-artificial-intelligence/.

［44］MARA KARLIN. The implications of artificial intelligence for national security strategy［EB/OL］.［2022 - 01 - 29］. https：//www. brookings. edu/research/the-implications-of-artificial-intelligence-for-national-security-strategy/.

［45］MICHAEL E O'HANLON. The role of AI in future warfare［EB/OL］.［2022 - 01 - 29］. https：//www. brookings. edu/research/ai-and-future-warfare/.

［46］JOSHUA P MELTZER. The impact of artificial intelligence on international trade［EB/OL］.［2022 - 01 - 29］. https：//www. brookings. edu/research/the-impact-of-artificial-intelligence-on-international-trade/.

［47］DAVID G VICTOR. How artificial intelligence will affect the future of energy and climate［EB/OL］.［2022 - 01 - 29］. https：//www. brookings. edu/research/how-artificial-intelligence-will-affect-the-future-of-energy-and-climate/.

［48］JOHN R ALLEN. Why we need to rethink education in the artificial intelligence age［EB/OL］.［2022 - 01 - 29］. https：//www. brookings. edu/research/why-we-need-to-rethink-education-in-the-artificial-intelligence-age/.

［49］PAUL B GINSBURG. The opportunities and challenges of data analytics in health care［EB/OL］.［2022 - 01 - 29］. https：//www. brookings. edu/research/the-opportunities-and-challenges-of-data-analytics-in-health-care/.

［50］NICOL TURNER LEE. Navigating the US-China 5G competition［EB/OL］.［2022 - 01 - 29］. https：//www. brookings. edu/research/navigating-the-us-china-5g-competition/.

［51］REMCO ZWETSLOOT. China's approach to tech talent competition［EB/OL］.［2022 - 01 - 29］. https：//www. brookings. edu/research/chinas-approach-to-tech-talent-competition/.

［52］SHEENA CHESTNUT GREITENS. Dealing with demand for China's global surveillance exports［EB/OL］.［2022 - 01 - 29］. https：//www. brookings. edu/research/dealing-with-demand-for-chinas-global-surveillance-exports/.

作者简介 🎤

陈秋萍　上海市科学学研究所
徐　诺　上海市科学学研究所

第 3 章

智库模式先行者

——美国兰德公司

徐　诺

美国兰德公司(RAND Corporation,以下简称兰德)是一家专门针对公共政策相关挑战制订解决方案的研究机构,其使命是帮助世界各地的社会团体变得更安全、更有保障、更健康、更繁荣[1]。作为美国最早成立的一批智库之一,兰德已积累了雄厚的研究实力、丰富的机构运营经验和较强传播影响力。兰德在宾夕法尼亚大学《2020 年全球智库报告》的综合性排名中位居第七名,在科技创新政策研究分类中的排名尤为出彩,位列第五。自成立以来,兰德完成了大量有关国际局势和国防战略的研究报告,对美国政府的决策产生了巨大影响。兰德对于科技创新的研究主要聚焦于科技创新政策、新兴技术、通信技术、公共健康保健和空间科技五个主题。本章通过研究兰德近五年(2017—2021 年)在官网发布的成果报告,梳理兰德公司在该时间框架内的科技创新相关的议题主线和主要观点。

3.1　机构背景

作为全球最著名的国家战略咨询机构之一,兰德公司于 1948 年成立,由美国道格拉斯飞机公司下设的"兰德计划"(Project RAND)发展而来。该计划的原初目的是搭建军事活动筹划和研发决策的桥梁,促进军方和其他政府部门、企业、大学间的合作[2]。兰德(RAND)源于英文单词"research(研究)"和"development(发展)"。兰德对自身的评价是高度自治的、非营利性、无党派的公共政策研究机构。

兰德的研究工作具有极强的官方关联性,受到美国政府公共部门和美国军方的重视。兰德的项目研究经费来源包括美国政府和其他各国政府、机构以及部委、国际组织、高校、基金会、专业协会、非营利组织等。

除去分包合同和兰德自身发起的研究之外，截至 2020 年，兰德的总收入为 3.49 亿美元[3]。其中一半以上的收入来源于美国卫生和公众服务部及其相关机构、美国国防部部长办公室和其他国家安全机构以及美国国土安全部，另有四分之一的收入来源于美国空军和陆军。

3.2　研究领域及主要观点

兰德对于科技创新的研究主要聚焦于科技创新政策、新兴技术、通信技术、公共健康保健和空间科技 5 个主题[4]，其发布于 2017 年至 2021 年间的研究文章有 300 余篇，其中有相当数量的报告横跨多个议题，因此在不同的研究版块中重复出现。这些研究中不乏美国和世界其他国家政府直接出资委托的政策咨询项目，因此其研究报告普遍具有全球视野，注重文化和地域的多样性。下文将对兰德近 5 年发布的主要成果中涉及科技创新议题的部分进行综述。

3.2.1　科技创新政策

在与科技创新相关的主要研究中，兰德采用跨文化视角，对各地区科技创新的监管经验和伦理准则进行比较，并对有效措施的共性进行总结，提出评估国家技术地位的开源方法。此外，中国作为美国在科技领域的重要竞争对手，兰德对中国的创新体系和发展趋势进行了深入研究，并在加深对相关问题的了解后，提出了新的动态跟踪中国创新情况的方法。

有关科技发展监管的注意事项，兰德报告《监管新兴科学技术：从世界各地过去和现在的努力中学习》通过案例分析，总结了扶持新兴科学和技术发展方面的监管经验。其中，相关措施的共性包括平衡性、多样化和情境性、能动性、预见性、适应性、合作性、信息互通性和公众互动性。监管工作还应采取主动措施，鼓励沟通并与公众接触。兰德的研究团队认为，更好地了解过去发生了什么，有助于为未来科学和技术监管的决策提供信息[5]。通过开展 10 个案例研究，该研究团队对世界各地具有代表性的新兴科学和技术监管手段进行了研究，总结了其中的共性特点，为希望扶持新兴科学和技术的决策者及其他利益攸关方提供了可借鉴的经验。第一，平衡性。监管的目标是平衡新兴科技与不同利益相关者的利益冲突，顾及不同利益相关者的需求。第二，多样化和情境性。对于新兴的科学技术监管来说，没有"一刀切"的方法，监管中应该深刻考虑到科技发展所处不同的情境。第三，能动性。主动并及时建立监管机制，可以在识别风险中占据先机并及时采取行动来应对相关挑战。第四，预见性。能够探索不同的潜在路径以开发新兴技术并预见可能的技术影响。第五，适应性。监管机制需在动态发展的环境中灵活适应新的变化，以发挥其有效作用。第六，合作性。多元包容的技术监管机制有助于建立有效的问责制度，并增强利益相关者对于该机制的信心。第七，信息互通性。监管过程中的主要参与者之间的有效沟通，有助于保持监管机制的透明度和明确问责对象的职责。第八，公众互动性。加强公众的参与，有助于增强大众对于技术监管系统的信任度。同时，该研究也发现，不同的设计和监管方法虽然有诸多共性，但是在很大程度上也依赖于环境因素。

此外，兰德的研究团队关注到科技监管和伦理准则因为地域文化的不同而产生的多样性，也针对全球科研伦理准则的几个共性进行了总结。作为2019年科技创新主题研究的重要成果，兰德发起相关研究并发布了题为《科学研究伦理：审视道德准则和新兴议题》的报告。该报告旨在为从事新兴科学研究并可能面临新的伦理挑战的研究人员和投资者提供信息支持，以及为希望吸引研究人员留在本地司法管辖区进行研究的赞助者或政府官员提供政策知识支撑。为此，该报告回顾了不同科学领域的相关文献，并对美国、欧洲和中国的专家进行了访谈，研究了不同地域、科学领域的科研道德准则的共性和差异，总结出横跨所有科学学科的10条科研伦理原则：社会责任（研究是否有益于社会）、心怀善念、重视利益冲突、研究对象知情同意权、正直诚实原则、非歧视原则、非剥削原则、隐私与保密、高专业水准和职业纪律的约束。这些伦理原则适用于科学探究行为、研究人员的研究倾向和行为或对待研究对象的方式等方面。此外，上述报告认为，造成不同国家之间伦理原则差异的原因通常是当地法律、监督和执行的差异，不同的文化范式，研究人员是在国内还是国外从事研究等环境因素。

兰德公司提出评估国家科学技术地位的开源方法，并应用于评估9个国家在人工智能领域的科学技术地位。在《一种评估国家科学技术地位的开源方法：在人工智能和机器学习的应用》中，兰德学者开发了一种快速、开放源代码的方法,用于评估某一特定领域的国家科学技术地位[6]。该方法需要计算 4 个指标：高影响力的出版物、协作网络密度、专利授权的发明产出,以及分析师定义的科技领域的科技组织能力。在报告发布之后,该方法被应用于德国、法国、英国、韩国、日本、印度、俄罗斯、中国和美国 9 个国家的人工智能和机器学习领域。采用这种方法进行研究后,兰德学者发现美国在 3 个指标(高影响力的出版物、协作网络密度和科技组织能力)上排名第一,美国在质量调整专利(quality-adjusted patent)方面仅次于中国。兰德学者在总结报告时,使用了收集到的数据来实施该方法,并探讨了国际合作模式、特定组织的角色和研究重点,以及将开源方法应用于人工智能和网络安全技术的交叉领域的前景。

兰德对中国独特的创新体系进行了深入研究和动态追踪。兰德的相关研究显示,作为美国在全球科技创新进程中强有力的竞争对手,中国的创新治理体系具有独特性和复杂性的特点,美国需要一个动态的可观测框架来研究快速发展的中国创新体系。兰德对中国的创新体系进行了深入的研究,其中《中国在 21世纪的创新倾向》[7]由兰德国家安全研究部(NSRD)主导。该部运营着兰德国防研究所——一个由国防部部长办公室、联合参谋部、统一作战司令部、美国海军、美国海军陆战队以及其他国防机构和国防情报企业赞助、联邦资助的研究和发展中心。该报告描绘了作为创新领先者和竞争国家的中美两国在未来的相对战略地位和前景,认为其他技术强国对于创新的评价方式不适用于"中国特色"发展道路系统,提出了研究中国创新体系的计划书。该报告认为研究中国的创新体系是一个动态的过程,应该采用非西方科技强国的视角来看待中国未来的科技创新发展。通过研究创新潜力和创新倾向之间的关系,该报告明确了早期可观察的创新潜力和倾向测量指标,从预见的角度分析中国未来数十年的创新倾向和发展轨迹。兰德学者判断,中国拥有成为一个主要的且可能是领先的创新国家所需的许多要素。如果没有重大的破坏,未来几十年中国可能会处于低创新倾向性(propensity for innovation)、高潜力,或高创新倾向性、高潜力两个区间之一。而中国系统内部产生的动力,也就是报告所说的创新倾向,将决定中国具体处于哪一种区间。

3.2.2 新兴技术

兰德对于新兴技术的主要研究,聚焦于技术的快速发展带来的风险可控性问题。作为兰德一项横跨数年的重要研究规划,"安全 2040 倡议"(*Security*

2040）着眼于探索正在塑造全球未来安全的新技术和新趋势，衍生的相关研究主要聚焦在脑机接口、全球气候变化、量子计算、3D 打印、人工智能、科技发展速度与安全等科技相关议题上[8]。

兰德相关研究团队认为，脑机接口作为一项重要的新兴技术正在实现突破性进展，且对人类社会将会产生非常显著的影响。通过创造人类与机器直接沟通的能力，脑机接口有可能影响人类生活的各个方面，尤其是对未来的军事行动有非常重要的影响。兰德公司的高级研究工程师蒂莫西·马勒（Timothy Marler）表示，从军事角度研究脑机接口这样的新兴技术具有重要意义："如果我能在战争中使用它，我或许也能在海啸或地震等自然灾害中使用它。"但马勒随后又提出，在测试使用可行性之前，不提倡对该技术进行广泛应用。大多数脑机接口技术仍处于发展的早期阶段，美国国防高级研究计划局（DARPA）、陆军研究实验室、空军研究实验室和其他组织正在积极研究和资助脑机接口技术。脑机接口的应用将支持正在进行的国防部技术计划，包括改进决策的人机协作、辅助人类操作以及组建先进的载人和无人战斗团队。军方还有可能利用脑机接口技术提高军人的身体和认知能力。脑机接口还可以在军事和民用领域提供医疗效益。例如，截肢者可以直接控制复杂的假肢，植入电极可以改善阿尔茨海默病、中风或头部受伤患者的记忆。兰德研究团队基于对当前脑机接口的发展和未来战术军事机构可能面临的任务类型的分析，创建了一个已应用于其他新兴技术的工具箱，来确定脑机接口技术的发展现状和潜在发展方向，对脑机接口在未来几年可能如何发挥作用进行了分类。兰德研究团队认为，脑机接口的一些功能可能在相对较短的时间内可用（几十年左右）。但其他技术，尤其是那些传输更复杂数据的技术，可能需要更长的时间才能成熟。同时，脑机接口受制于能力—脆弱性悖论（capability-vulnerability paradox），存在一定的风险，需要采取预防措施，以减少国防部操作和机构层面的脆弱性，并减少与国防部开发和采用脑机接口技术相关的潜在道德和法律风险[9]。

在面对全球气候问题方面，兰德的研究提出军方和地方政府之间的合作将提高双方应对气候变化的能力。作为兰德公司"安全 2040 倡议"的一部分，兰德的研究团队探讨了一个将塑造全球未来 20 年安全格局的关键挑战：应对气候变化的影响并为之做好准备。为了探索这一挑战，兰德学者回顾和分析了相关文献，评估了其他政府间合作的实例，考察了军事和地方政府在应对气候变化及恢复能力的有关规划中合作的作用。兰德研究团队认为，跨团体、跨区域和跨政府的合作对于应对气候变化具有若干优势，但是有效的合作需要参与者的坚定承诺、强有力的沟通渠道和专门的资金支持[10]。

有关量子计算问题，兰德强调需要正视量子计算带来的安全风险，政府需要尽早开始考虑制定相关的保护性措施和政策。尽管量子计算带来的前所未有的计算能力可以用于好的方面，但兰德的研究人员担心它对现代通信基础设施存在潜在威胁。因为量子计算机能够非常迅速地对大数进行因子分解，它们可以破解目前保护我们的数据的密码。兰德的研究人员采访了一批来自私营企业与学术界的量子计算和密码专家，包括谷歌的量子硬件主管和来自金融服务部门的信息安全官员，并请他们评估 3 个问题：什么时候可能会开发出先进的量子计算机？什么时候可能会实施标准化的量子计算的安全套件？以上两个时间线是否会重叠？专家们对量子计算机问世时间的预测大相径庭，但平均而言，专家们认为 2033 年最有可能发明出能够破解公钥密码的量子计算机[11]。相关项目的研究小组也对普通消费者进行了调查，结果显示，公众对量子计算及其潜在风险的认识不足[12]。兰德的研究团队认为，人类的拖延天性加上量子计算机问世时间的不确定，意味着政策制定者尤其需要发挥带头作用来让人们了解潜在的威胁，并克服这种拖延天性。黑客们可能很快就能通过先进的量子计算机来暴露所有的数字通信信息。一种新形式的密码可能可以阻止他们，但需要即刻被付诸实施。

兰德就 3D 打印的非法使用带来的安全风险发出警告。兰德的相关研究团队认为，在未来几十年里，3D 打印机将可能被犯罪分子利用来打造新的作案工具，造成新的安全威胁，挑战世界的经济秩序。作为"安全 2040 倡议"的一部分，兰德 2018 年的报告《2040 年的增材制造：强大的赋能者、破坏性的威胁》探讨了 3D 打印机将如何影响个人、国家和全球安全。该研究团队提出，未来定制打印心脏瓣膜的技术也有可能被轻而易举地用于生产枪支零件[13]。随着 3D 打印技术从高科技向家用科技发展，兰德的研究团队认为以下 4 个全球安全议题值得决策层特别注意：① 3D 打印技术带来的网络攻击；② 3D 打印技术落入恐怖分子之手将带来的安全隐患；③ 3D 打印技术带来的新的制造业会威胁现有的就业机会；④ 制造方式的改变带来国际事务规则的变化[14]。

关于人工智能，兰德就该技术的军事应用带来的潜在风险做出研究，提出人工智能技术可能会加剧核大国之间的军备竞赛、挑战核威慑的基本规则并导致人类做出毁灭性的决定。兰德公司的副政策研究员、核安全专家、《人工智能如何影响核战争的风险》的合著者之一爱德华·盖斯特(Edward Geist)表示，"新的人工智能可能会让人们觉得，如果他们犹豫不决，他们就会输。这会让他们扣着扳机的手更痒。到那时，尽管人类仍在所谓的控制中，但是人工智能将使战争更有可能发生"[15]。因此，兰德相关研究团队认为，在未来几年，人工智能在追踪和瞄准敌方核武器方面取得的进展可能会破坏核稳定的基础，也就是说各国可能会怀疑他们的导弹和潜艇是否容易受到先发制人的打击。目前，人工智能还不具备这种能力，但随着技术的发展，人工智能很可能具备该能力。因此，现在有必要探索在人工智能影响下重塑世界核稳定的方法[16]。

飞速发展的科学技术本身将会给社会带来安全挑战，社会将不得不以从未有过的方式迅速适应。随着信息流动速度和其他一切速度的加快，领导者面临着要快速行动或做出反应的巨大压力。为了帮助决策者更好地适应这样的变化，兰德公司的研究人员正在评估未来快速发展的科技带来的宏观挑战。我们生活的每个方面几乎都在加速发展，如通信、旅行、金融交易和文化等，甚至通过新的基因编辑技术，人类本身也可以进化。这些变化会带来一定的好处，但在很多情况下，进步也伴随着风险。兰德的运营副研究员、《速度与安全：万物加速的承诺、危险和悖论》的主要作者之一赛孚·崇德(Seifu Chonde)和其研究伙伴、兰德的社会科学家凯瑟琳·布斯基尔(Kathryn Bouskill)预测，这种加速发展将持续到2040年甚至更久。他们认为，如果政府、私营部门领导人和公众现在开始着手准备，就有办法减轻加速发展带来的负面影响。布斯基尔补充说："目前，民主国家需要批判性地思考发展速度，以及新兴技术如何从根本上改变治理结构。"在未来，新技术的诞生速度将带来前所未有的社会和伦理困境。发展速度将如何影响国际权力关系？谁将获得新技术？谁可能会落后？为了试图回答类似的问题，兰德相关研究小组推荐了一种基于技术、历史和社会科学文献综述的跨学科方法。在设计解决方案时，他们还强调创造力和社会意识的重要性[17]。

此外，作为科技政策和新兴科技领域的交叉研究议题，2020年，兰德的学者针对由美国国会授权建立的人工智能国家安全委员会2019年公开发布的关于"新兴技术在全球秩序中的作用"的征集意见发表了近10篇论文，相关议题涉及人工智能与军备竞赛、人工智能和机器学习带来的虚假信息风险、人工智能人才的集聚等。

3.2.3　通信技术

兰德公司对于通信技术方面的研究议题主要涉及各国在量子通信和 5G 技术方面的创新发展和应用情况、可能引发的网络安全风险和伦理治理挑战等，呼吁通信技术在社会边缘化群体中的公益性应用。

目前，虽然量子通信技术已经开始有了商业应用，但最有用的军事应用还需要许多年的时间。2021 年 10 月，兰德发布了《量子技术的商业和军事应用时间表》，报告概述了量子技术的现状及潜在的商业和军事应用。该报告讨论了量子技术的 3 个主要类别——量子传感、量子通信和量子计算，也考量了量子技术未来几年可能的商业前景、主要的国际参与者以及这些新兴技术对国家安全的潜在影响。该报告认为，美国、中国、欧盟、英国和加拿大都有具体的国家计划来鼓励量子相关的研究。其中，美国和中国在总体支出和最重要的技术方面占据主导地位，加拿大、英国和欧盟在某些子领域也处于领先地位。中国是量子通信的世界领先者，美国是量子计算的世界领先者。该报告认为，在接下来的几年里，量子计算机可能会有一些小众应用，但目前已知的所有应用都可能需要至少 10 年的时间[18]。

兰德认为，5G 通信技术是全球通信技术领域讨论的热点，5G 通信技术在全球的发展将会是持久的"竞争"，而不是"竞赛"。白宫方面曾表示，在无线技术方面的领先地位有助于各国在信息时代"取胜"。这一观点是 5G 时代的政策启蒙，启发了兰德发起研究项目《美国的 5G 时代：确保国家和人民安全的同时获得竞争优势》。兰德的研究者们强调过去的技术或市场领先地位并不能保证持久的优势，5G 时代的设备、网络和服务将对数据的保护和个人隐私产生重要的影响[19]。

兰德从内在伦理、安全和隐私等方面呼吁通信技术的公益性应用，如对难民的人道主义援助。在过去 20 年里，全球被迫流离失所的人口增加了 1 倍多，从 1997 年的 3 400 万人增至 2018 年的 7 100 万人。在这场日益严重的危机中，难民和援助他们的组织将技术作为一种重要的资源。而兰德的研究者认为技术能够也应该在解决人道主义问题方面发挥重要作用。兰德在 2019 年发布题为《跨越数字鸿沟：将技术应用于解决全球难民危机》[20] 的报告，其中包含了兰德研究人员对哥伦比亚、希腊、约旦和美国的流离失所者进行的焦点小组调查结果。研究者们除了分析了技术的使用、需求和差距，以及更好地利用技术帮助流离失所者之外,还研究了内在伦理、安全和隐私方面的顾虑。该报告以技术对于难民的帮助为出发点,探讨技术成功应用的障碍,并概述了建立一个更系统的部署应用技术的方法。

受欧洲委员会委托,兰德公司对未来技术以及如何使用这些技术实施或防止网络犯罪进行了分析,并相应地提出了防止未来技术被用于犯罪目的的可能方法。该项目研究者认为,在未来十年,人们可能会看到随着网络连接速度的加快和网络覆盖范围的扩大,不同类型的网络犯罪在数量和速度上会整体增长。信息技术相关的设备、系统和服务的扩散,将导致攻击面和漏洞的增加,而这些漏洞可能被不法分子利用。随着计算和数据存储技术领域的发展以及设备的激增,预计会促使记录、生成、存储、访问和操作数据的能力的进步。伴随着人工智能和机器学习领域的发展,预计人类处理和分析数据的能力将不断增强,同时追查和归因犯罪及恶意活动方面的复杂性也会增强。而围绕有限数量的关键参与者进行的互联网经济整合,以及社会对这些参与者提供的产品和服务的依赖性日益增强,也可能会引发一些挑战[21]。

除了对发达国家的研究之外,兰德也对发展中国家的通信技术带来的安全风险进行了深入的研究和评估。在针对非洲的信息和通信技术的研究中,兰德的研究者认为通信技术对于发展中国家来说是一把双刃剑:虽然它可以促进社会、政治和经济发展,但它也可能会带来更激进的结果。兰德还针对非洲各国政府及其海外合作伙伴如何对抗网络激进主义提出了进一步的政策研究计划。

3.2.4 公共健康

兰德学者认为全球卫生安全主要面临两大挑战:一是慢性问题(如心理、行为上的疾病),其长期影响被低估,这可能导致它们得不到足够的重视,直到为时已晚,损害无法逆转;二是与生物技术相关的新兴技术(如人工智能、增材制造、精准医疗、无人驾驶汽车、基因编辑技术),这些技术有好处,但也可以作为武器来使用。兰德学者提出,全球卫生安全的更广泛定义应该远远超出流行病和大规模杀伤性生物武器的威胁。他们还认为,全球卫生安全需要更加系统地关注人类身心健康、动物健康和环境之间复杂的相互联系。决策者将面临的挑战是,在危机时期平衡灵活性和快速决策,同时兼顾迫在眉睫的威胁和未来的威胁。兰德学者建议,传染性疾病仍然是全球卫生安全考虑的优先事项,应努力促进国际领导人之间的合作,增强相互之间的信任。此外,作者认为,全球卫生安全绝不能以牺牲全球公共卫生福祉和人权为代价[22]。

兰德通过英国国家医疗服务体系（National Health Service，NHS）的案例来研究创新如何更好地服务于医疗保健领域。世界各地公共资助的医疗保健系统需要在有限的资源下提供高质量的医疗服务，因此正面临着越来越大的压力。由于人口老龄化、慢性病和并发症负担日益加重，医疗保健系统需要应对日益增长和不断变化的医疗保健需求，并推动提供更个性化的治疗方案，进一步加剧了这一压力。跨越技术、产品、服务和工作方式的创新，为有效地应对医疗保健系统面临的挑战提供了机会。然而，此类创新需要在有限的资源约束下完成，而决策者和更广泛的利益攸关方往往缺乏适当的信息、证据、能力、资源、关系来支持开发和采用创新措施。鉴于 NHS 在此背景下面临的挑战，兰德欧洲公司和曼彻斯特大学进行了关于创新潜力的研究，以帮助 NHS 提供有效的医疗保健服务。

兰德认为，类似于 NHS 这样的医疗系统需要多样化的社会性技术技能以及领导能力，以创造能够有效管理和激发创新的环境。此外，近年来鼓励创新的激励机制得到了加强，但在确保创新问责的方面进展甚微。这可以通过将创新嵌入监管体制（但不是强制实施），以及明确与创新相关的角色的方式来解决。整个卫生系统的决策者有不同的信息和证据需求，需要建立监督、协调信息和证据流动的国家框架与基础设施。目前有各种资助计划支持卫生保健系统的创新，但有必要改善资金流动的协调性、可持续性和稳定性。最后，相关研究者认为决策者需要更多地关注政策的实施和成功标准[23]。

3.2.5　空间科技

关于空间科技，兰德相关研究建议美国应该评估其关键优势并明确符合美国利益的空间技术可持续发展的最佳途径，呼吁新太空时代负责任的太空行为。兰德的研究团队认为，人类探索和开发近地空间已有 60 多年的历史，而最近 20 年，越来越多的国家和公司开始进行太空探索，碰撞和冲突的风险也越来越大。然而，50 年前制定的管理空间活动的基本条约和机制仅略有改变。越来越多的人呼吁在太空治理和负责任的太空行为方面采取更多措施。为了帮助解决当前空间治理与未来需求之间的差距，兰德学者们初步审视了空间规范的现状、进一步发展的障碍以及空间可持续治理可采取的初步步骤，总结了空间治理的发展和关键问题领域，确定了进一步发展的挑战和障碍[24]。

兰德建议针对中国太空实力采取应对措施。根据兰德的研究，美国的空间实力已成为美国经济繁荣、美国及其盟友的防御和促进跨领域联合军事行动的组成部分。因此,美国政府认为,保护这些实力和阻止任何可能削弱空间实力的活动对美国国家安全至关重要。同时,兰德学者认为,对于中国来说,空间实力既是地面冲突的一个关键促成因素,也是增强其整体实力的手段,因此美国国防部及其盟友和伙伴应提高其太空威慑力[25]。

参考文献

[1] RAND CORPORATION. 2019 RAND annual report tomorrow demands today [EB/OL]. [2021 - 11 - 27]. https://www.rand.org/pubs/corporate_pubs/CP1-2019.html.

[2] RAND CORPORATION. A brief history of RAND[EB/OL]. [2022 - 04 - 19]. https://www.rand.org/about/history.html.

[3] RAND CORPORATION. How we are funded: major clients and grantmakers of RAND research[EB/OL]. [2022 - 12 - 17]. https://www.rand.org/about/clients_g-rantors.html.

[4] RAND CORPORATION. Science and technology [EB/OL]. [2021 - 11 - 27]. https://www.rand.org/topics/science-and-technology.html.

[5] RAND EUROPE. Oversight of emerging science and technology: learning from past and present efforts around the world[EB/OL]. [2021 - 11 - 27]. https://www.rand.org/randeurope/research/projects/oversight-of-emerging-science-and-technology.html.

[6] JON SCHMID. An open-source method for assessing national scientific and technological standing: with applications to artificial intelligence and machine learning[EB/OL]. [2022 - 01 - 10]. https://www.rand.org/pubs/research_reports/RRA1482-3.html.

[7] STEVEN W POPPER, MARJORY S BLUMENTHAL, EUGENIU HAN, et al. China's propensity for innovation in the 21st Century [EB/OL]. 2020[2021 - 11 - 10]. https://www.rand.org/content/dam/rand/pubs/research_reports/RRA200/RRA208-1/RAND_RRA208-1.pdf.

[8] RAND CORPORATION. How technology, people, & ideas are shaping the future of global security [EB/OL]. [2021 - 11 - 10]. https://www.rand.org/international/cgrs/security-2040.html.

[9] MARISSA NORRIS. Brain-computer interfaces are coming. Will we be ready? [EB/OL]. [2021 - 11 - 10]. https://www.rand.org/blog/articles/2020/08/brain-computer-interfaces-are-coming-will-we-be-ready.html.

[10] MARIA MCCOLLESTER, MICHELLE E MIRO, KRISTIN VAN ABEL. Building resilience together military and local government collaboration for climate adaptation [EB/OL]. [2021 - 11 - 10]. https://www.rand.org/content/dam/rand/pubs/research_reports/RR3000/RR3014/RAND_RR3014.pdf.

[11] MARISSA NORRIS. Quantum computers will break the internet，but only if we let them [EB/OL]．［2021 - 11 - 10］. https：//www. rand. org/blog/articles/2020/04/quantum-computers-will-break-the-internet-but-only-if-we-let-them.html.

[12] MICHAEL J D VERMEER，EVAN D PEET. Securing communications in the quantum computing age [EB/OL]．［2021 - 11 - 10］. https：//www. rand. org/content/dam/rand/pubs/research_reports/RR3100/RR3102/RAND_RR3102.pdf.

[13] TREVOR JOHNSTON，TROY D SMITH，IRWIN J LUKE. Additive manufacturing in 2040 powerful enabler，disruptive threat [EB/OL]．［2021 - 11 - 10］. https：//www. rand.org/content/dam/rand/pubs/perspectives/PE200/PE283/RAND_PE283.pdf.

[14] DOUG IRVING. Four ways 3D printing may threaten security [EB/OL]．［2021 - 11 - 10］. https：//www.rand.org/blog/articles/2018/05/four-ways-3d-printing-may-threaten-security.html.

[15] EDWARD GEIST，ANDREW J LOHN. How might artificial intelligence affect the risk of nuclear war？[EB/OL]．［2021 - 11 - 10］. https：//www.rand.org/content/dam/rand/pubs/perspectives/PE200/PE296/RAND_PE296.pdf.

[16] DOUG IRVING. How artificial intelligence could increase the risk of nuclear war[EB/OL]．［2021 - 11 - 10］. https：//www. rand. org/blog/articles/2018/04/how-artificial-intelligence-could-increase-the-risk.html.

[17] DEANNA LEE. Can humans survive a faster future？［EB/OL］．［2021 - 11 - 10］. https：//www.rand.org/blog/articles/2018/05/can-humans-survive-a-faster-future.html.

[18] EDWARD PARKER. Commercial and military applications and timelines for quantum technology [EB/OL]．［2021 - 11 - 10］. https：//www.rand.org/pubs/research_reports/RRA1482-4.html.

[19] TIMOTHY M BONDS，JAMES BONOMO，DANIEL GONZALES，et al. America's 5G era gaining competitive advantages while securing the country and its people [EB/OL]．［2021 - 11 - 10］. https：//www. rand. org/content/dam/rand/pubs/perspectives/PEA400/PEA435-1/RAND_PEA435-1.pdf.

[20] SHELLY CULBERTSON，JAMES DIMAROGONAS，KATHERINE COSTELLO，et al. Crossing the digital divide applying technology to the global refugee crisis [EB/OL]．［2021 - 11 - 10］. https：//www. rand. org/content/dam/rand/pubs/research_reports/RR4300/RR4322/RAND_RR4322.pdf.

[21] JACOPO BELLASIO，ERIK SILFVERSTEN，EIREANN LEVERETT，et al. The future of cybercrime in light of technology developments [EB/OL]．［2021 - 11 - 10］. https：//www.rand.org/content/dam/rand/pubs/research_reports/RRA100/RRA137-1/RAND_RRA137-1.pdf.

[22] KATHRYN E BOUSKILL，ELTA SMITH. Global health and security threats and opportunities [EB/OL]．［2021 - 11 - 10］. https：//www. rand. org/content/dam/rand/pubs/perspectives/PE300/PE332/RAND_PE332.pdf.

[23] SONJA MARJANOVIC，MARLENE ALTENHOFER，LUCY HOCKING，et al.

Innovating for improved healthcare policy and practice for a thriving NHS［EB/OL］. ［2021－11－10］. https://www.rand.org/content/dam/rand/pubs/research_reports/ RR2700/RR2711/RAND_RR2711.pdf.

［24］ BRUCE MCCLINTOCK，KATIE FEISTEL，DOUGLAS C LIGOR，et al. Responsible space behavior for the new space era preserving the province of humanity ［EB/OL］. ［2021－11－10］. https://www.rand.org/content/dam/rand/pubs/perspectives/PEA800/ PEA887-2/RAND_PEA887-2.pdf.

［25］ KRISTA LANGELAND，DEREK GROSSMAN. Tailoring deterrence for China in space ［EB/OL］. ［2021－11－10］. https://www.rand.org/content/dam/rand/pubs/research_ reports/RRA900/RRA943-1/RAND_RRA943-1.pdf.

　　徐　诺　上海市科学学研究所

第 4 章

新兴智库的典型代表

——新美国安全中心

梁 偲

新美国安全中心(Center for a New American Security,简称 CNAS)是一家专注于国家安全领域的美国智库,近年来发展迅猛,在公共政策影响方面表现优异。鉴于 CNAS 对美国决策层广泛的影响力,所以我们持续跟踪其发布的与科技创新相关的研究报告。本章主要围绕 CNAS 2017—2021 年发布的 40 多篇研究报告,针对报告的基本内容和观点,做了较为系统的梳理和总结,包括人工智能与全球安全、国防技术、技术联盟、国家技术战略以及 5G 安全等五大研究主题。

4.1 机构简介

CNAS 是一家位于美国华盛顿特区的独立、非营利的高端智库,成立于 2007 年,主要聚焦于美国国家安全与国际事务议题的研究,其使命是致力于制定强有力、务实和有原则的国家安全和国防政策,为国家安全领导人提供信息[1]。CNAS 创建的时间虽然不长,但自成立以来,凭借深厚的官方背景和丰硕的研究成果,为美国关键安全战略提供的信息已得到美国国会两党领导人的积极响应与支持。据美国宾夕法尼亚大学发布的《全球智库报告》显示,近几年 CNAS 在"美国顶级智库"的排名中均排在前 15 位。

CNAS 发展迅猛,在公共政策影响方面表现优异的原因有以下五个方面:一是虽然其研究团队规模不大,但许多研究人员曾在政府担任要职,通过"旋转门"汇集了美国许多高层次、有创见的安全战略家和国防思想家,这些关键人才与政府、军界联系紧密;二是推出高质量的研究成果,包括报告、媒体评论、书籍等;三是举办高级别政策议题的学术活动,如圆桌会议、论坛、研讨会等,广泛邀请社会各界人士参加；四是其研究人员经常受邀参加国会听证会，直接影响国家决策的制定，也扩大了其社会影响力；五是充分利用网络、媒体等新型传播形式传播思想，扩大社会影响力。CNAS 通过以上五个方面实现了其在国家安全领域的政策影响和咨询作用，并迅速成长为能够影响美国国家安全和国际事务决策的重要力量[2]。

CNAS 财务收入的绝大部分来自社会各界的捐助，包括政府、公司、基金会、个人等。捐助者可以为其捐款选定研究领域和主题。CNAS 其他收入来源还包括一些项目服务收入和投资收益。CNAS 虽然广泛接受各种捐助，但仍然保持严格的研究独立性，其研究人员从事真正的学术研讨活动，研究内容反映作者的学术观点。CNAS 不参与游说活动，不代表任何实体或利益方从事相关宣传活动，以保留其对思想、项目、出版物、活动和创意的控制权。

4.2　研究领域及主要观点

CNAS 的研究方向主要分为区域研究和主题研究。区域研究包括跨大西洋安全、亚太安全和中东安全；主题研究包括国防，能源、经济与安全，技术与国家安全，国会与国家安全，军队、退伍军人与社会等。本章主要探讨 CNAS 在技术与国家安全方面的研究，该研究方向主要聚焦于探索新兴技术及其相关的挑战，并与政策联系起来，制订解决方案，具体包括人工智能与全球安全、国防技术、技术联盟、国家技术战略和 5G 安全等领域。

在 CNAS 的研究领域中，人工智能与全球安全主题研究探索了人工智能革命如何影响全球，人工智能的安全问题、国际稳定及国际合作前景，其重点报告是《美国人工智能世纪：行动蓝图》和《人工智能时代的战略竞争》；国防技术主题研究探索了新兴技术的快速发展为军队带来的机遇和挑战，以及美国如何应对，其重点报告是关于自主武器和超级士兵的系列报告；技术联盟主题研究探索了技术如何成为新时代大国竞争的中心，美国如何进行广泛的合作；国家技术战略主题研究以研究制定全面的美国技术战略为主，以重振美国的竞争力，其重点报告包括《掌舵：应对中国挑战的国家技术战略》《可信任的过程：国家技术战略的制定、实施、监测和评估》《从计划到行动：实施美国国家技术战略》；5G 安全主题研究探讨了 5G 通信技术带来的竞争与挑战，以及美国与盟国如何共同获益,其重点报告是《保护我们的 5G 未来：美国政策的竞争挑战和考量》。

4.2.1 人工智能与全球安全

CNAS 认为,当今世界正处于人工智能和机器学习领域不断扩展的全球革命之中,它们可能会引发一场新的工业革命,从而提高经济竞争力并创造新的财富;它们可能会推动医学进步,实现新形式的虚拟培训和娱乐,对我们的社会和福祉产生积极而深远的影响;它们也将对未来的军事竞争力产生巨大影响[3]。在奥巴马政府末期,白宫科技政策办公室(OSTP)领导并发布了一些重要的计划和文件,如《国家人工智能研究与发展战略计划》《为人工智能的未来做好准备》等。但 CNAS 认为这还不够,目前,美国还需要更有效的、一体化的人工智能战略。美国很可能正在进行一场新的太空竞赛,其中一个风险是美国人工智能中的"斯普特尼克时刻"(苏联发射第一颗人造卫星使人们意识到受到威胁和挑战,必须迎头赶上的时刻)发生得太晚了,中国拥有了很大的优势。未来,白宫科技政策办公室应进一步与国会和私营部门协作,领导新的行动,并通过适当的法规加以推进[4]。

CNAS 对人工智能与全球安全做了很多研究,发布了《人工智能：政策制定者需要知道的》《人工智能时代的战略竞争》《美国人工智能世纪：行动蓝图》《人工智能与全球安全》《了解中国人工智能战略：中国人工智能与国家安全战略的思考线索》等报告。我们在分析这些报告后,梳理出了其中的一些主要观点。

第一,美国需要更有效的国家人工智能战略。人工智能的领导地位不仅仅关乎技术本身,还关乎社会如何管理技术。与太空竞赛不同,关键技术可能出自私营公司,而不是政府部门,但政府有能力通过投资来影响研究进展方向。因此,为了应对来自各方面的挑战,美国需要更有效的国家人工智能战略,以确保人工智能系统不仅是先进的而且是安全的。

第二,加强对研发的支持。建立有效执行战略或计划的指标和流程,到 2025 财年,将美国政府对人工智能研发的年度资助额提高到 250 亿美元,这一目标是现实可行的,250 亿美元还不到 2020 财年预算中联邦研发总支出的 19％。通过税收抵免,激励私营部门的人工智能研发,美国的公司是维持美国在人工智能领域领先地位的关键。促进国际研发合作,可为美国的经济和安全带来巨大收益[5]。

第三,增加对人力资本的投入。包括增加公共和私营部门的人工智能与科学、技术、工程和数学(STEM)教育及技能培训投入;进一步增大对大学研究人员的资助力度。国际人才是美国创新的基石,在美国创新生态系统中发挥着巨大的作用,美国的科技公司有严重的 STEM 人才短缺问题,应吸引全球顶级人工智能人才来到并留在美国,具体措施如提高 H－1B 签证的总体上限,完全取消对高级学位持有者的限额;修改劳工部 A 类职业清单,将高技能技术人员包括在内;创建一个新计划,将签证授予与十年公开市场工作承诺相结合,以吸引高度倾向留美的学生,并通过取消雇主担保要求,来降低向外国人提供工作机会的成本和不确定性。

第四,发展人工智能硬件,管理数据。提高计算资源的可用性,降低计算成本,破除高成本和有限的可用性给公司和研究人员带来的障碍。通过跨国合作和公私合作,使半导体制造多样化,建立对半导体制造设备的多边出口管制,促进国内半导体制造业发展。制定法规来管理用于人工智能目的的数据收集、存储和使用,数据监管必须平衡一系列相互竞争的利益:个人隐私保护、增强经济竞争力、激励创新和增强国家优势。

第五,加强政府改革,通过招聘改革和培训进行人才管理。政府官员需要接受培训,以负责任地、有效地使用人工智能,并制定相关的政策。整合数据中心,建立云服务,管理、利用和共享数据,确保使用权限,实现 IT 流程现代化,为联邦机构分配资金以实施人工智能战略。促进不同部门的合作,建立一个全政府采购计划,充分利用和快速整合人工智能工具和新兴技术。

第六,增加对人工智能安全领域的投资。人工智能的未来非常不确定:一个关键变量是在创建更通用的人工智能系统方面取得进展,这些系统可以在多个领域表现出智能行为,这与当今狭隘的人工智能不同;另一个重要变量是人工智能系统中未解决的安全问题和系统漏洞,如果各国竞相将容易发生事故或破坏性的人工智能投入使用,那么人工智能将超过安全的界限。因此,应增加对人工智能安全领域的投资,制订国家安全人工智能研发计划,以构建强大、可靠的人工智能系统,确保安全和负责任地使用人工智能[6]。

第七,建立人工智能规范和标准。一方面,美国在全球舞台上拥有很大的影响力,在人工智能如何使用的问题上应该为世界树立榜样。美国应与盟友一起,领导建立全球人工智能使用规范,使负责任的人工智能管理成为全球规范。另一方面,标准对于建立安全、可靠的人工智能技术十分重要,美国应成立国家科技委员会人工智能标准与度量小组委员会,带头制定国际标准和原则。美国在制定全球人工智能规范和标准方面的领导地位，对于提升人工智能安全至关重要。

第八，对标国际先进水平。美国政府应制订一项综合计划，对人工智能进行永久的全球扫描，以衡量、评估和跟踪全球人工智能的进展，这将降低战略意外的风险。CNAS的报告认为，中国目前对自身人工智能进展的看法是：无论是在人工智能研发还是商业应用上，中国与美国的差距基本缩小。中国在人工智能研发和应用方面有优势，这些优势是通过国际市场、技术和研究合作实现的，但是在顶尖人才、技术标准、软件平台和半导体方面处于弱势。未来中国应该在人工智能方面追求全球领先地位，但减少对国际技术进口的脆弱依赖，构建自主可控的创新生态系统。如果美国想在人工智能领域引领世界，就需要美国决策者有推动大规模变革的决心，高度重视，并投入大量的资金[7]。

在人工智能与军事革命方面，《战场奇点：人工智能、军事革命与中国未来军事力量》报告认为，战场奇点可能到来，在这种情况下，人类的认知已经跟不上未来战争的速度和节奏，人类亟须认识到人机协作的重要性，并关注可控性的问题。该报告从美国的立场出发，片面地认为中国人工智能军事化对美国提出了独特的战略挑战，包括智能和自主无人系统，基于人工智能的数据融合、信息处理和情报分析，战争游戏、模拟和训练，信息战中的防御、进攻和指挥，以及对指挥决策的智能支持。该报告武断地认为这可能是中国重大战略转变的开始，从传统的不对称思维转向通过军事创新改变战争范式来取得优势，美国需要为此做好准备[8]。

4.2.2　国防技术

国防技术的研究包括国防技术创新、自主武器、超级士兵和无人机等。

1）国防技术创新

《国防技术战略》报告认为，国防部不断变化的技术优先事项是其获得技术优势的基础。考虑到面临的挑战，国防部应该采用三层战略来布局技术投资：① 优先考虑最有可能在未来几年有突破的技术，如电子战争、传感器、数据、网络、云计算、人工智能、自主系统、基因组学、合成生物学。② 如果有明确的作战价值，则可投资关键的军事特定技术，如高能激光、高超音速导弹等。③ 范式转变中的"不确定因素"，在短期内不太可能成熟，但如果实现，将产生革命性影响，如量子技术、脑机接口、通用人工智能[9]。

2）自主武器

《具有自主功能的武器系统的作战使用原则》报告指出，自主武器通常能在无人干预的情况下独立搜索、识别并攻击目标，它可能改变战争模式。事实上，将人工智能引入这些武器系统中，将使它们在武力应用时更具有区别性，减少意外的发生。该报告提出了七项原则：① 任何自主武器系统的使用都必须受到负责任的人类的指挥和控制。② 开始一系列行动的决定应该是人类的本意和合理判断的结果。③ 在任何情况下，人类对使用武力决定的责任都不能转移到机器上。④ 为了有效确定攻击的合法性，任何授权使用、指导使用或操作自主武器的人，都必须掌握有关系统预期性能和能力、预定目标、环境和使用背景的足够信息。⑤ 一旦人类发起行动，自主武器可能会在没有人类监督的情况下自行完成一系列行动。⑥ 只有武器系统对目标的选择与合法攻击直接相关，人类对使用武器的判断才符合标准。⑦ 如果有证据表明自主武器系统可能违反预期性能、战争法、政策、条约、道德指导或交战规则，指挥官必须采取适当行动。这些原则突出了对使用武器系统做出决定的"人为责任"，以在冲突中负责任地使用自主功能，最大限度地减少失控或意外的发生[10]。

3）超级士兵

《新兴技术》报告指出，士兵目前主要通过硬装甲来应对威胁，包括头盔和防弹衣等，但士兵的生存能力除了与所得到的保护相关之外，还与其他因素有关，如态势感知、移动性和杀伤力。头盔和防弹衣能保护士兵免受伤害，但通常以增加重量、减少移动性和降低态势感知为代价。该报告认为，未来在思考生存能力方面需要进行范式转变，从狭隘地关注保护转变为考虑士兵的整体生存能力，找到保护与战斗力之间的平衡。新兴技术可能会改变这种态势，如新材料、外装备或外骨骼、机器人、轻量化运行能源等[11]。

《超级士兵：调查结果和建议》报告认为，在短期内，有机会通过减轻装甲、改进材料、优化头盔设计、部署软式外装、减轻电池等其他设备的重量以及增强士兵力量来提高士兵的移动性和生存能力。在中期，机器人队友可以携带士兵装备进行快速补给，以减轻士兵的负荷，增强士兵"眼睛"和"耳朵"的功能，增强其态势感知力。从长远来看，开发可操作的外骨骼等有可能以前所未有的方式从根本上改变士兵的生存能力。但其中有许多技术障碍需要突破，包括控制、传感、动力等方面，尤其是动力，其续航力将受到限制[12]。

不过，《增强人类能力》报告认为，打仗的毕竟是人，而不是装备和武器，军队要一直寻求新技术来提高士兵的身体素质和认知能力。例如，利用跟踪设备收集士兵体能训练或睡眠数据，有针对性地进行提高；使用增强人类能力的药物或技术，如脑刺激等[13]。

4）无人机

《无人机扩散：特朗普政府的政策选择》报告提出，无人机是代表 21 世纪军事力量最重要的新工具之一。已有 30 多个国家和地区正在开发或已拥有武装无人机，至少有 90 个国家和地区拥有非武装无人机。虽然美国可以限制出口或减缓敏感军事组件的传播，例如隐身功能、受保护的通信、先进自主性等，但人机进一步扩散已不可避免。美国的政策目标是：维护美国无人机使用的法律和政治自由；保持美国军方相对于竞争对手的技术优势；提高关键合作伙伴和盟国的军事能力，进行有针对性的出口，并提高无人机使用的透明度；防止或减缓可能有害的无人机技术扩散；塑造使用无人机的行为规范[14]。

4.2.3　技术联盟

CNAS 认为，世界各国领导人都认识到，一场战略竞争正在进行中，而技术是这场竞争的核心。技术领先的国家将决定如何利用新技术来抗击疾病、养活人类、应对气候变化、获得财富、探索宇宙、影响他国和保护本国的利益。

《通用代码：民主技术政策联盟框架》报告认为，没有任何一个国家能够靠一己之力实现这一目标，这需要"志同道合"的国家之间开展广泛、积极、主动和长期的多边合作，以最大限度地提高效率，美国与其盟国应该带头创建一个新的技术政策多边架构——技术联盟。首先，要创建技术联盟，联盟的核心成员应包括澳大利亚、加拿大、欧盟、法国、德国、意大利、日本、荷兰、韩国、英国、美国。成员选择的标准是在对 21 世纪至关重要的技术领域拥有庞大实力的国家，且价值观与美国相同。其次，激活技术联盟的通用代码，这是首要任务，包括增强研发，使供应链多样化（重点：建立半导体联盟），保护关键技术领域（重点：半导体等），创建公平和可持续的新投资机制（重点：数字基础设施跨国投资），制定国际标准（重点：为企业提供资源以派出代表团，向标准制定机构提交尽可能广泛的技术组合），建立统一的技术使用规范。最后，建立联盟活动长期议程，包括开展联合研发，进行技术预测，关注数据治理和隐私的统一政策，促进知识产权和出口管制改革，促进技术互联互通，以及最大化人力资本价值等[15]。

作为回应，澳大利亚正在更新其战略，通过建立四国（澳大利亚、印度、日本和美国)科技网络来确保技术优势,促进合作。《联网:澳大利亚和四国的技术民主治国方略》报告为四国技术政策制定了蓝图,并说明了澳大利亚如何通过四方合作及其他方式在国际上追求自身利益。一是加强网络安全。寻求多边参与,以制定开放网络空间的规范;率先建立共享监测和网络入侵修复能力。二是保障供应链。将美国纳入供应链弹性计划,吸引其他国家的加入,进一步促进供应链的多元化发展。三是追求 5G 和超越 5G 的技术。与日本合作推动开放接口和模块化架构,领导四国合作研发超越 5G 的战略计划。四是缩小数字鸿沟。建立多边机制,为一些国家的数字基础设施建设提供资金和替代方案。五是寻求联合研发、测试和评估。创建四国技术测试和评估联盟,在清洁能源、稀土元素、通信、空间技术等领域开展合作,获得专业知识和第一手经验,提高研发能力。六是创建人力资本网络。促进四国跨境合作,充分利用四国多样化的科技能力,使科学家、技术人员和工程师可以轻松在四国工作和生活。七是设置共享计算和数据资源。创建四国研究云,以提供对计算资源和数据集的广泛访问途径,促进人工智能协作研究。八是组织四国创新竞赛。通过发起跨国技术挑战来解决科学和工程问题[16]。

4.2.4　国家技术战略

CNAS 认为,技术领先将在很大程度上影响一个国家未来几年的发展,美国几十年来一直保持这种领先地位。今天,这种领先地位处于危险之中,美国未能及时应对——反应迟钝,政策制定不及时。美国需要重新获得主动权,美国政府必须为一个与强大竞争者持续竞争的时代制定国家技术战略。CNAS 关于国家技术战略的研究形成了三份系列报告:第一份报告《掌舵:应对中国挑战的国家技术战略》阐述了什么是国家技术战略以及制定国家技术战略的理由,并为国家技术战略提供了一个综合框架[17];第二份报告《可信任的过程:国家技术战略的制定、实施、监测和评估》阐述了美国政府应该如何在组织层面构建自身的战略以及执行这一战略,包括战略的制定、实施以及监控和评估过程[18];第三份报告《从计划到行动:实施美国国家技术战略》侧重于为美国决策者提供实施国家技术战略应采取的措施[19]。在分析以上系列报告以及《重新思考出口管制:意外后果和新的技术格局》《保护美国供应链的计划》等报告后,我们梳理出了报告中的主要观点。

以上报告指出国家技术战略应包含四个核心:一是提升美国的竞争力;二是保护美国的关键技术优势;三是与盟友合作,以最大限度地取得成功;四是根据需要重新评估和调整战略。

在提升美国竞争力方面，一是要增加研发投资。自 20 世纪 70 年代以来，美国在全球研发支出中的份额和增长率急剧下降。到 2030 年，联邦研发支出应提高到至少占 GDP 的 2%，将总研发投资增加到至少占 GDP 的 4.5%。二是制定和执行国家技术人力资本战略。增加公共和私营部门的 STEM 教育和技能培训投入，培育美国科技劳动力；扭转联邦政府对美国大学拨款减少的趋势，解决学术界高技能人才流失的现状；吸引并留住世界上最优秀的科技人才，包括对签证、职业清单等进行改革。三是扩大对科技基础设施和资源的访问，建立国家研究云，完善数字基础设施。

在保护美国关键的技术优势方面，一是重新制定出口管制的目标。与盟友合作，对半导体制造设备实施多边出口管制[20]。二是减少不必要的技术转让，重建国家安全高等教育咨询委员会。三是重组关键供应链，与盟友合作制定新方法，使供应链更多样化、更有弹性，使稀土矿产来源多样化。四是更新法律法规，保护知识产权，降低供应链和技术转让的风险[21]。

在与盟友合作方面，一是加强双边和多边研究工作。建立国际研发中心，促进基础和应用研究的多边合作，增强各国的互通性，加强知识和经验互补。二是创建人力资本多边合作网络，让盟国和伙伴国家的科学家和工程师可以在各国自由工作、生活和旅行。三是建立技术使用规范。带领盟友制定负责任的技术使用规范。四是维护国际标准制定的完整性，在全球标准制定方面发挥领导作用。五是建立盟国技术政策网络，使研发、人力资本、供应链等方面的政策相互协调。六是联邦政府设立技术合作办公室，成为管理美国在世界各地技术合作伙伴的主要政府实体，维持长久的合作关系。

在定期更新国家技术战略方面，一是定期审查技术目标及其基础假设。技术变革的快速性和不可预测性意味着技术战略需要经常重新评估和调整，需要创建一个可重复和透明的过程来更新国家技术战略。二是听取各利益相关方的意见，包括公共和私营部门以及民间社会。三是加强政府评估技术发展趋势的能力。建立持续的分析能力，包括全局扫描、评估和技术预测，以最大限度地降低技术风险。

为了有效地执行国家技术战略，美国政府需要创建新的流程来制定、实施、监测和评估战略，而这样的流程设计应该包含"透明度、清晰度和问责制"等关键因素。

在战略制定阶段，白宫和其他行政部门需要设定共同的愿景，制定一张焦点操作图，提供一份关于现有政策工具和能力的完整清单及相应的评估结果，以及建立一支制定战略的先锋部队。总统可以任命一位负责技术竞争的国家安全副顾问,由其统一领导战略制定的过程,同时建立制定监督政策、执行监督政策的机构;行政部门应从政府内外吸纳跨职能的专家,并创建一个为技术竞争趋势制定共同分析标准的分析中心,进行全局扫描;战略起草组应承担相应的责任,以明确的目标、方式和手段审核战略计划,并支持战略的实施。

在战略实施阶段,需要行使行政权力。总统应将国家技术战略作为内阁参与的常规议程项目,并明确表示将战略实施过程委托给国家安全副顾问;建立一个中立的、跨领域的技术竞争协调办公室,由多学科人员组成,负责配备人员、召开政策研讨会、协调机构间的政策流程、为战略的跨部门实施提供指导,并与管理和预算办公室、白宫科技政策办公室合作,制定预算规划指导方针和审查流程,调整战略资源;完善商务部的使命与职能,提高政府对执行战略所需的经济、贸易和技术发展分析的能力,了解国内外产业和技术发展趋势及风险,建立国外供应链和经济依存度的"地图",承担监管和保护美国技术供应链的责任等。国家技术战略是一项全国性的战略,政府应将产、学、研各界的利益相关者、人才和资源聚集起来,充分发挥他们的作用。

在战略监测和评估阶段,领导层需要更新战略以适应技术进步的速度和趋势,采用监测和评估模型来对战略路线进行修正。更新技术战略过程应包括衡量进展、更新优先级、评估战略子组件以及更新战略的可重复性和透明度的方法。

CNAS在《迎接中国挑战:恢复美国在印太地区的竞争力》报告中提出了美国在印太地区战略的六项基本原则:① 美国应把与中国的战略竞争作为当务之急;② 美国的战略必须是全面的,跨多个领域(科技、经济、军事、外交等)且是协调的;③ 增强美国自身的竞争力至关重要;④ 须与盟友和伙伴合作;⑤ 积极构建新的规则、规范和制度;⑥ 应对中国的挑战没有捷径可走,须全民的知情和支持[22]。《金融科技与国家安全》报告提到,美国历来都是金融科技发展领域的领导者,但近年来,一些新进入者大力推动了该领域的发展。中国人民银行正在积极推行数字货币,将其与传统金融体系相结合,最终可能会消除现金的使用,并提供一个更容易进行人民币交易的全球平台。该报告指出美国如果能够促进投资和建立良好的监管环境,将继续保持自身在金融科技领域的领先地位,并确保金融科技在很大程度上有利于美国的国家安全和经济繁荣[23]。《量子霸权:中国的雄心和对美国的挑战》报告提出,在过去几年中,中国在量子基础研究和技术发展方面取得了持续进展,包括量子加密、量子通信和量子计算,但中国不是主要依靠消化吸收国外技术来追求创新,而是打算在包括生物技术和人工智能在内的战略性新兴技术上实现真正的颠覆性创新。这些创新可能会影响未来的军事和战略平衡。作为回应，美国应在现有努力的基础上再接再厉，通过增强创新生态系统的活力，保持领导者的地位[24]。

4.2.5　5G 安全

CNAS 认为，通信网络是 21 世纪经济的中枢神经系统。而第五代无线网络(5G)对于这一切都至关重要。5G 网络将使智慧城市、远程医疗、自动驾驶和物联网的普及成为可能，从而推动未来的数字经济发展。

《保护我们的 5G 未来：美国政策的竞争挑战和考量》报告提出美国 5G 战略应包括五个方面。一是优先考虑并投资 5G，作为美国竞争力的基础。美国应认识到 5G 的战略意义，优先考虑相应的政策；增加政府投资，并鼓励私营部门大规模建设数字基础设施，探索行业龙头企业与政府合作促进 5G 发展的多种选择；加快消除创新障碍，特别是频谱共享与分配方面。二是在设计之初就确保未来的 5G 是安全的。为美国 5G 网络的供应商和运营商筛选制定严格的流程，制定评估 5G 系统性风险的全面框架。三是在追求 5G 和超越 5G 上实现技术创新。着力拓展 5G 供应链、打造产业生态系统，使新创企业充分利用 5G 优势。四是与盟友进行更深层次的协同创新。投资全球数字基础设施，促进信息共享和协调。五是利用 5G 的积极外部性，维护国家安全。评估和试验 5G 在国防和军事领域的潜力，为中国成为全球 5G 网络主要参与者的情景做好应对准备[25]。

《数字纠缠：从中国对韩国不断增长的数字影响力中吸取教训》报告指出，中国出口的 5G 基础设施在拉丁美洲、非洲以及中欧和东欧取得显著成功。中国的区域性数字纠缠对美国产生了深远的影响，它可能会削弱联盟关系、美国的军事实力和经济影响力。在亚太地区，中国在众多国家的经济影响力越来越大，这为其推广 5G 创造了很好的条件，韩国与中国的数字纠缠就是一个例子。该报告提出了四个指导原则及相应的政策建议，强调构建安全且有弹性的数字基础设施，减轻对蕴含风险的基础设施的依赖。原则一：推进基于证据的 5G 网络安全风险评估和沟通框架。建议完善与韩国和其他盟国就 5G 网络和供应链安全问题共享情报的机制。原则二：在外交和安全上做更多的努力，以减轻受影响的程度。建议加强对地缘政治风险的评估，并将其简化为技术决策机制。原则三：推进积极的技术合作议程。建议为技术政策创建联盟框架，加强区域网络安全建设，推动技术使用规范的建立。原则四：创造条件，培育具有成本竞争力的现有 5G 设备供应商参与竞争。建议支持 5G 网络供应商的多元化发展;投资开放无线接入技术,促进具有"开放接口"和"模块化架构"的 5G 基础设施的发展[26]。

《开放未来:5G 的前进之路》报告认为,模块化架构允许运营商为其产品选择多个供应商,开放接口——任何供应商的设备与另一供应商的设备一起工作的能力——使其成为可能。这种转变意味着将颠覆由四家电信设备供应商(中国华为、芬兰诺基亚、瑞典爱立信和韩国三星)主导的行业现状,转向以开放接口为中心的行业,行业游戏规则将完全改变。该报告建议美国政府应采取三项不同行动来实现 5G 的开放标准:一是支持具有开放接口的模块化 5G 设备。更新 5G 国家战略,使具有开放接口的模块化产品成为战略基石;以行业为主导,促进基于开放接口的基础设施模块化;公开强调开放接口技术优势和经济机会;使用美国模块化产品和开放接口来调整电信补贴。二是推动基于开放接口的模块化电信基础设施的开发和部署。通过税收减免和其他措施激励美国 5G 制造业发展;加强研发,从电信法案中提议的 10 年 7.5 亿美元增加至少 20 亿美元;鼓励美国政府部门采用开放接口。三是加强与盟友的合作。寻求与盟友联合研发,制定多边 5G 政策,以营造一个良好的环境。新冠疫情的大流行可能会减缓全球 5G 部署。后疫情时代,美国有机会通过采取新方法来重新获得 5G 发展动力,促进行业发展范式的转变[27]。

参考文献

[1] CENTER FOR A NEW AMERICAN SECURITY. About CNAS[EB/OL]. (2021 - 12 - 01) [2022 - 03 - 01]. https://www.cnas.org/mission.

[2] 冯志刚,张志强. 新美国安全中心:美国国家安全政策核心智库[J].智库理论与实践, 2018,3(6):78 - 88.

[3] PAUL SCHARRE, MICHAEL HOROWITZ. Artificial intelligence what every policymaker needs to know [EB/OL]. (2018 - 06 - 19) [2022 - 03 - 01]. https://www.cnas.org/ publications/reports/artificial-intelligence-what-every-policymaker-needs-to-know.

[4] MICHAEL HOROWITZ, ELSA B KANIA, GREGORY C ALLEN, et al. Strategic competition in an era of artificial intelligence[EB/OL]. (2018 - 07 - 25) [2022 - 03 - 01]. https://www.cnas.org/publications/reports/strategic-competition-in-an-era-of-artificial-intelligence.

[5] MARTIJN RASSER, MEGAN LAMBERTH, AINIKKI RIIKONEN, et al. The American AI century: a blueprint for action [EB/OL]. (2019 - 12 - 17) [2022 - 03 -

01]. https://www.cnas.org/publications/reports/the-american-ai-century-a-blueprint-for-action.

[6] MICHAEL HOROWITZ, PAUL SCHARRE, GREGORY C ALLEN, et al. Artificial intelligence and international security[EB/OL]. (2018 - 07 - 10) [2022 - 03 - 01]. https://www.cnas.org/publications/reports/artificial-intelligence-and-international-security.

[7] GREGORY C ALLEN. Understanding China's AI strategy: clues to Chinese strategic thinking on artificial intelligence and national security [EB/OL]. (2019 - 02 - 06) [2022 - 03 - 01]. https://www.cnas.org/publications/reports/understanding-chinas-ai-strategy.

[8] ELSA B KANIA. Battlefield singularity: artificial intelligence, military revolution, and China's future military power [EB/OL]. (2017 - 11 - 28) [2022 - 03 - 01]. https://www.cnas.org/publications/reports/battlefield-singularity-artificial-intelligence-military-revolution-and-chinas-future-military-power.

[9] PAUL SCHARRE, AINIKKI RIIKONEN. Defense technology strategy[EB/OL]. (2020 - 11 - 17) [2022 - 03 - 01]. https://www.cnas.org/publications/reports/defense-technology-strategy.

[10] ROBERT O. Work principles for the combat employment of weapon systems with autonomous functionalities [EB/OL]. (2021 - 04 - 28) [2022 - 03 - 01]. https://www.cnas.org/publications/reports/proposed-dod-principles-for-the-combat-employment-of-weapon-systems-with-autonomous-functionalities.

[11] PAUL SCHARRE, LAUREN FISH, AMY SCHAFER, et al. Emerging technologies [EB/OL]. (2018 - 10 - 23) [2022 - 03 - 01]. https://www.cnas.org/publications/reports/emerging-technologies-1.

[12] PAUL SCHARRE, LAUREN FISH, AMY SCHAFER, et al. Super soldiers: summary of findings and recommendations [EB/OL]. (2018 - 11 - 28) [2022 - 03 - 01]. https://www.cnas.org/publications/reports/summary-of-findings-and-recommendations-1.

[13] PAUL SCHARRE, LAUREN FISH. Human performance enhancement [EB/OL]. (2018 - 11 - 07) [2022 - 03 - 01]. https://www.cnas.org/publications/reports/human-performance-enhancement-1.

[14] MARTIJN RASSER, AINIKKI RIIKONEN. Drone proliferation: policy choices for the Trump administration[EB/OL]. (2017 - 06 - 13) [2022 - 03 - 01]. http://drones.cnas.org/reports/drone - proliferation/.

[15] MARTIJN RASSER, REBECCA ARCESATI, SHIN OYA, et al. Common code: an alliance framework for democratic technology policy [EB/OL]. (2020 - 10 - 21) [2022 - 03 - 01]. https://www.cnas.org/publications/reports/common - code.

[16] MARTIJN RASSER. Networked: techno-democratic statecraft for Australia and the quad[EB/OL]. (2021 - 01 - 19) [2022 - 03 - 01]. https://www.cnas.org/publications/reports/networked-techno-democratic-statecraft-for-australia-and-the-quad.

[17] MARTIJN RASSER, MEGAN LAMBERTH. Taking the helm: a national technology strategy to meet the China challenge[EB/OL]. (2021 - 01 - 13) [2022 - 03 - 01].

https：//www.cnas.org/publications/reports/taking-the-helm-a-national-technology-strategy-to-meet-the-china-challenge.

[18] LOREN DEJONGE SCHULMAN, AINIKKI RIIKONEN. Trust the process：national technology strategy development, implementation, and monitoring and evaluation［EB/OL］.（2021 - 04 - 20）［2022 - 03 - 01］. https：//www.cnas.org/publications/reports/trust-the-process.

[19] JOHN COSTELLO, MARTIJN RASSER, MEGAN LAMBERTH. From plan to action：operationalizing a U.S. national technology strategy［EB/OL］.（2021 - 07 - 29）［2022 - 03 - 01］. https：//www.cnas.org/publications/reports/from-plan-to-action.

[20] MARTIJN RASSER. Rethinking export controls：unintended consequences and the new technological landscape［EB/OL］.（2020 - 12 - 08）［2022 - 03 - 01］. https：//www.cnas.org/publications/reports/rethinking - export - controls - unintended - consequences-and-the-new-technological-landscape.

[21] MARTIJN RASSER, MEGAN LAMBERTH. A plan to secure america's supply chains［EB/OL］.（2021 - 07 - 28）［2022 - 03 - 01］. https：//www.cnas.org/publications/commentary/a-plan-to-secure-americas-supply-chains.

[22] ELY RATNER, DANIEL KLIMAN, SUSANNA V BLUME. Rising to the China challenge：renewing American competitiveness in the Indo-Pacific［EB/OL］.（2020 - 01 - 28）［2022 - 03 - 01］. https：//www.cnas.org/publications/reports/open-future.

[23] ELIZABETH ROSENBERG, PETER HARRELL, GARY M SHIFFMAN, et al. Financial technology and national security［EB/OL］.（2019 - 06 - 01）［2022 - 03 - 01］. https：//www.cnas.org/publications/reports/financial-technology-and-national-security

[24] ELSA B KANIA, JOHN COSTELLO. Quantum hegemony：China's ambitions and the challenge to U.S. innovation leadership［EB/OL］.（2018 - 09 - 12）［2022 - 03 - 01］. https：//www.cnas.org/publications/reports/quantum-hegemony.

[25] ELSA B KANIA. Securing our 5G future：the competitive challenge and considerations for U.S. policy［EB/OL］.（2019 - 11 - 07）［2022 - 03 - 01］. https：//www.cnas.org/publications/reports/securing-our-5g-future.

[26] KRISTINE LEE, MARTIJN RASSER, JOSHUA FITT, et al. Digital entanglement：lessons learned from China's growing digital footprint in South Korea［EB/OL］.（2020 - 10 - 28）［2022 - 03 - 01］. https：//www.cnas.org/publications/reports/digital-entanglement.

[27] MARTIJN RASSER, AINIKKI RIIKONEN. Open future：the way forward on 5G［EB/OL］.（2020 - 07 - 28）［2022 - 03 - 01］. https：//www.cnas.org/publications/reports/open-future.

　梁　偲　上海市科学学研究所

第 5 章

生物安全专业智库后起之秀

——美国联合生物防御委员会

王小理

在新一轮科技变革和世界政治经济秩序转型背景下,生物安全问题与经济安全、科技安全、生态安全、军事安全等融合,引发日益严峻的国家安全问题,深刻影响国家发展和国际格局。美国联合生物防御委员会(Bipartisan Commission On Biodefense)[①]作为生物安全专业智库领域的后起之秀,聚焦生物安全和生物防御领域,精耕细作,为美国国家生物防御战略体系的构建提供了强劲的"智力"支持。就专业领域的政策引领力、与国会和政府高层的互动深度以及决策建议的接受程度而言,该智库在美国战略界首屈一指。总结和剖析美国联合生物防御委员会近年来的研究内容、基本特点及对生物安全政策的影响,对于我国构建生物安全智库具有积极的启示与借鉴价值。本章对该智库近年来发布的 10 多篇重量级报告以及其举办或联办的研讨会内容等智库产出进行了综合分析。

5.1 机构简介

美国联合生物防御委员会前身为成立于 2014 年的"生物防御蓝带研究小组"(Blue Ribbon Study Panel On Biodefense),其宗旨是延续美国反恐怖袭击委员会[②]

---

① 此前国内学术界曾将此组织翻译为"两党生物防御委员会",但考虑到该组织由哈德逊研究所和波托马克政策研究所恐怖主义研究中心联合运营,以及"Bipartisan"的本意,因而此处"Bipartisan"翻译为"联合"较为合适。

② 美国反恐怖袭击委员会是一个独立的、两党联合成立的委员会,2002 年末经时任总统布什签字成立,特许编写完整的 2001 年 9 月 11 日恐怖袭击情况报告,包括对于袭击给予立即反应的准备等内容,同时委员会也负责提供未来遭受袭击的防御建议提纲。

和美国大规模杀伤性武器情报能力委员会①的工作模式,全面评估美国生物防御建设的运行状况,提出促进变革的有效建议。该智库由前参议员乔·利伯曼(Joe Lieberman)和前州长、首任国土安全部部长汤姆·里奇(Tom Ridge)联合创建,2019年9月17日正式更改为现有名称。诸多前任国会议员、政府官员以及在科学、政策、情报和国防领域拥有深厚专业知识的专家,受邀在该智库平台上为美国生物防御体系建设摇旗呐喊。

除发布研究报告外,该智库主要通过网罗专业人员、参加听证会与举办会议不断为美国生物防御建设与发展建言献策,并通过既有和新构建的社会网络不断扩大自身的影响力。

一是网罗专业人员。联合生物防御委员会打造了涵盖国土安全、反恐、卫生安全、生物防御等多领域的政府官员、企业负责人、科研人员和学者的人才网络。这些人员大都与美国政府部门有比较紧密的联系,能够为该智库咨政建言提供强有力的人际关系支撑。例如,在卫生与人类服务部前部长、该智库创始人之一唐娜·沙拉拉(Donna Shalala)因新当选众议员而辞职后,白宫前国土安全顾问丽莎·莫纳科(Lisa Monaco)迅速填补该空缺,后者在2013年至2017年间为奥巴马政府提供反恐政策建议,还在联邦调查局(FBI)担任高级管理职位,目前在拜登政府担任司法部副部长。

二是受邀参加高层次会议。2019年4月,美国白宫宣布组织召开"生物防御峰会:实施国家生物防御战略",该智库代表受邀参会并在大会上做《国家生物防御战略:生物防御蓝图的建议与展望》报告。据不完全统计,该智库自成立以来至少参加了15次听证会,并就重要议题提供智库专家观点。例如,2015年11月,众议院国土安全委员会举行题为"防御生物恐怖主义:美国多么脆弱"听证会,该智库的两位创始人受邀出席,他们强调了生物恐怖主义对美国的巨大威胁,评估了美国生物防御计划的运行状况,并提供了增强美国生物防御能力的意见和建议[1]。2020年2月,美国参议院国土安全和政府事务委员会举行题为"我们准备好了吗?保护美国免受全球流行病的危害"圆桌听证会,该智库代表受邀参加此次听证[2]。

---

① 美国大规模杀伤性武器情报能力委员会主要负责调查美国情报部门有关伊拉克拥有大规模杀伤性武器情报的真实性。该委员会在其最终调查报告中指出:在伊拉克战争前,美国情报部门对伊拉克是否拥有大规模杀伤性武器所做的判断"完全错误",需要进行"彻底改革"。布什政府采纳了该委员会提交的74项建议中的70项,"旨在从根本上提高美国收集与分析情报的能力"。

三是举办研讨会。围绕生物防御战略、生物犯罪归因、生物恐怖、跨国生物威胁、生物武器等热点议题，该智库举办或联合举办研讨会超过 40 场。例如，围绕编制《国家生物防御蓝图》，该智库先后举办 4 次系列会议，邀请政府、工商界、学术界的专家参加，对"国土安全总统指令 - 10"中所涉及的生物防御的内容进行讨论。讨论的主题分别为：威胁意识（生物武器相关的情报、评估和预测未来可能的威胁），预防和保护（积极预防、关键基础设施），监测与检测（袭击预警、归因），响应和恢复（应对策略、大规模伤亡的护理、风险交流、医疗对策的发展、排除污染）。围绕"国家生物防御战略"，该智库举办了"国家生物防御战略：实施和影响"研讨会，就国家生物防御战略的实施及其影响进行广泛讨论，包括国会授权与拨款、组织管理、协调合作、创新等。

对生物攻击事件的有效应对、追溯，应当基于生物攻击事件的精确判定和归因。2017 年 10 月，该智库在胡佛研究所召开的题为"生物犯罪、恐怖主义和战争：挑战和解决方案"会议，讨论了目前的生物危害归属的科学、调查和情报状况，并更好地了解了美国的能力：① 正确识别病原体及其来源；② 利用科学和其他形式的证据和信息，将生物犯罪、恐怖主义等归咎于其肇事者；③ 探索涉及生物危害归属的相关调查、法律、政策和政治等相关内容[3]。

随着新发、再发传染病在全球的传播，生物恐怖和生物战风险增大。2018 年 4 月，该智库举行"跨国生物威胁与全球安全"会议，主要探讨的议题包括：① 当前的跨国生物威胁；② 全球背景下的国土防御与安全；③ 采取全球安全举措以消除威胁；④ 国际公共卫生安全工作；⑤ 提供全球卫生安全作为各国和全球优先考虑事项的需要[4]。

2018 年 7 月，该智库举办"大规模生物安全事件对商业、金融和经济的影响"研讨会，讨论了大规模生物安全事件对美国经济的影响[5]。2019 年 2 月，该智库举办题为"对抗下一场战争：防御生物武器"会议，智库代表明确提出，"期望生物武器永远不会用于对抗美国的军队或国家，这是不合逻辑、不切实际和不恰当的"[6]。2019 年 7 月，该智库向政府和业界公开提出"生物防御曼哈顿工程"倡议，呼吁健康、科技、外交、国防和安全、情报等多个部门的合作以及工业界、学术界的利益相关者的协作[7]。针对新冠疫情的暴发，2020 年 2 月，该智库与哈德逊研究所就新冠疫情暴发对美国国家安全的影响等议题展开讨论[8]。同时，该智库代表受邀出席重要学术年会，保持与学术界的密切联系，例如智库代表参加并主持《原子科学家公报》年会等[9]。

　　根据联合生物防御委员会网站的报道,该智库的运作经费主要由以下几部分构成:一部分由哈德逊研究所和波托马克政策研究所提供固定的财政支持;一部分来源于社会捐赠,包括企业、大学、个人等,其资金来源渠道是多元的[10]。

5.2　研究领域及主要观点

　　2015年以来,联合生物防御委员会围绕生物防御体系建设核心主题,陆续发布了10份研究报告,为美国生物防御战略的构建与实施提供了重要智力支撑(见表5-1)。

表5-1　联合生物防御委员会智库报告一览表(2015.10—2021.11)

序号	报告名称	发布时间	报告要点
1	《国家生物防御蓝图》	2015.10	加强生物防御组织体系建设
2	《生物防御指标》	2016.12	政策举措进展定性评估
3	《动物农业生物安全防御》	2017.10	保障粮食供应与农业安全至关重要
4	《生物防御预算改革:需要综合性预算以提升投资回报率》	2018.2	制订一项综合性生物防御预算计划
5	《筑牢生物防御防线》	2018.10	地方政府将生物防御作为优先事项
6	《把脉生物防御》	2020.11	呼吁美国提升诊断检测能力
7	《阿波罗生物防御计划:战胜生物威胁》	2021.1	美国政府实施"阿波罗生物防御计划"
8	《危机中的生物防御:需要立即采取行动解决国家安全漏洞》	2021.3	政策举措进展定性评估
9	《潜伏的危害:关键基础设施面临生物风险》	2021.10	关键基础设施易受到生物攻击的影响
10	《拯救西西弗斯:面向21世纪先进生物检测》	2021.10	立即采取生物监测行动计划

5.2.1　生物防御体系建设路线图

应对生物安全威胁,必须从国家战略高度整体谋划、全盘考虑、全域防御,构建系统性、全谱性的国家生物安全风险防控和治理的战略设计和战略规划。

2015年10月,联合生物防御委员会发布《国家生物防御蓝图》报告。该报告认为,美国对生物威胁的关注度不够,主要原因是在生物防御的领导体系建设方面有所欠缺,既缺乏生物防御的完整国家战略计划,也没有专门用于生物防御的预算规划。因此,美国需要建立相关的领导体系,对国家的生物防御工作进行管理,以确定优先次序、协调相关工作、明确相关机构的责任等[11]。该报告具体列出33个方面46项政策建议,包括在副总统办公室建立生物防御工作的建制化领导,赋予其管辖权和预算权,在白宫建立由副总统领导的生物防御协调理事会,开发、更新、实施完整的国家生物防御战略,实施集中统一的生物防御预算;建立明确的国会生物安全工作机制,建立生物威胁国家情报管理体系,将动物健康和保健纳入生物防御战略,优化和调整联邦利益相关者的医疗策略投资;建立国家级的司法生物信息追踪机制,对国家战略储备进行前瞻性部署;更新由美国主导的《禁止生物武器公约》,实现生物防御的军民合作;改革生物医学高级研发局,领导建立全球公共卫生应对机制等内容。

生物安全防御也是地方政府的重要职责。2018年10月,该智库发布《筑牢生物防御防线》报告,指出联邦、州、地方各级政府都应将生物防御作为优先事项,地方政府应与联邦政府共同分担大规模生物事件的准备、应对和恢复职责,加强联防联控[12]。

5.2.2　把脉生物监测检测体系

人际传播的传染性疾病的防控,对响应时间要求最紧迫。新冠疫情的暴发与蔓延暴露了美国生物防御系统的脆弱性,由于诊断检测能力有限,防护设备、试剂等资源短缺,预算资金严重不足,导致无法跟踪和控制疾病的传播。2020年11月10日,该智库发布《把脉生物防御》报告,呼吁提升美国的检测及诊断能力,以有效应对目前新冠疫情及未来的新发突发传染病。其建议包括:采购可行的诊断方案,建议国会修订《2020年新冠病毒援助、救济与经济安全法案》(CARES),制订检测与诊断新冠肺炎的国家计划,加大力度对可能造成大规模传染的疾病展开排查,为诊断研发提供长期财力资助,建议国会修订《生物盾牌法案》等[13]。

该智库 2021 年发布的《拯救西西弗斯：面向 21 世纪先进生物检测》报告指出，在美国历史上最严重的生物袭击事件发生 20 年后，联邦政府仍然缺乏有效的方法来检测可能在空气中传播的炭疽和其他生物制剂。该报告建议国会修改2002 年的《国土安全法》，重新定义国家生物监测计划的使命，确定生物监测的替代技术[14]。

5.2.3　行业和关键基础设施生物防御

农业生物安全是生物安全和粮食安全的重要内容。相比来看，粮食和农业部门受到的关注仍然远远少于其他关键基础部门。针对农业生物安全风险危害，2017 年 10 月，该智库发布了《动物农业生物安全防御》报告，分析了美国动物农业与食品供应中面临的生物安全威胁，从领导力、协调、合作、创新四个方面提出建议。① 领导力：迫切需要在白宫层面成立领导小组，加强联邦政府各部门的合作，以农业部和卫生与人类服务部为领导，其他部门参与的协调合作机制，并与非联邦机构合作，白宫要确保国家生物防御战略包含防御食品与农业威胁；② 协调：蓝带小组建议联邦应急管理局和农业部动植物卫生检疫局与 FBI合作，更新"食品与农业突发事件目录"，使其包括自然与蓄意的事件；③ 合作：加强联邦政府部门之间及与其他利益相关方在快速生物检测、诊断与综合生物监测方面的合作，解决公私合作中的信息共享问题；④ 创新：推动农业生物防御方法创新，增强对国家兽药储备的支持，从长期角度看要加大对创新型诊断技术、实验室技术等先进领域的研发投资，美国农业部应更新其禽流感及其他高致病性动物传染病疫苗的使用政策，美国农业部应与国土安全部合作加强国家生物与农业防御设施建设[15]。

疾病和死亡、行业部门的物理损害、数据盗窃和损害、大规模集会、无保护的运输和其他分配系统，都是令人担忧的问题。当生物事件冲击关键基础设施时，其对社会的影响会扩大，进一步削弱国家安全。报告《潜伏的危害：关键基础设施面临生物风险》围绕化工行业、商业设施行业、通信业、关键制造业、水坝部门、国防工业基地、紧急服务行业、能源行业、金融服务业、食品和农业、政府设施部门、医疗保健和公共卫生行业、信息科技行业、核反应堆、材料和废物利用行业、交通运输系统、水务部门等十多个行业部门的生物安全风险，提出重要建议[16]。

5.2.4 生物防御预算改革

在某种程度上,生物防御战略成功与否取决于各类项目的财政预算与资金分配。2018 年 2 月,该智库发布《生物防御预算改革:需要综合性预算以提升投资回报率》报告[17]。该报告指出,重大生物事件的财务影响是惊人的,产生的直接和间接经济成本可能高达数十亿美元。费用如此之高(并且在年度预算中未得到充分说明),补充请求和拨款已成为处理这些问题的常态(例如,针对 2009年 HIN1 病毒感染的预算申请为 77 亿美元,2014 年埃博拉病毒的预算申请为54 亿美元,2016 年寨卡病毒的预算申请为 11 亿美元)。随着这些要求越来越成为解决公共卫生安全危机的标准手段,关于回应需求的争论也越来越大。在政府资助联邦生物防御相关项目和活动的过程中,目前的预算体系不能使决策者评估现有计划的投资回报率,确定任务的关键性差距。建议白宫应基于《国家生物防御战略》明确对生物防御的长期投资计划,并由副总统统一领导;国会领导层应建立一个两党生物防御工作组。

5.2.5 改革发展政策评估

美国联合生物防御委员会认为,推动生物防御体系建设,既需要提纲挈领的路线图,也需要循序渐进的实施方案以及对应的跟踪评估。2016 年 12 月,该智库发布《生物防御指标》报告,详细评估政府过去一年的相关工作。评估的最终结果是尚在实施的 46 项重大政策举措中,17 项取得部分进展,真正完成的仅有2 项。该报告敦促国会制定联合监督议程并推进共享,消除对生物防御监督的司法障碍[18]。2021 年 3 月,该智库发布的《危机中的生物防御:需要立即采取行动解决国家安全漏洞》,再次仔细评估了《国家生物防御蓝图》发布以来取得的进展,并基于新冠疫情期间的经验教训,提出 11 项更新建议[19]。

5.2.6 核心能力建设与大科学工程

2021 年 1 月 15 日,该智库发布《阿波罗生物防御计划:战胜生物威胁》报告,建议美国政府紧急实施"阿波罗生物防御计划",制定《国家生物防御科技战略》,重点开发 15 项关键技术,每年投入 100 亿美元,力争在 2030 年前结束大流行病威胁时代,消除美国应对生物攻击的脆弱性。该报告提出了"阿波罗生物防御计划"的基本设想和实施建议,确定了应纳入计划优先发展的 15 项关键技术(见专栏1)[20]。

值得注意的是,美国白宫于 2021 年 9 月发布的《美国大流行病防范:转变我们的能力》对此进行了积极响应,明确了实施诸如阿波罗生物防御计划的总基调。

 专栏 1 ∿∿∿∿∿∿∿∿∿∿∿∿∿∿∿∿∿∿∿∿∿∿∿∿∿∿∿∿∿∿

联合生物防御委员会“阿波罗生物防御计划”要点

“阿波罗生物防御计划”将汲取“阿波罗登月计划”等大型项目的成功经验,由政府统一组织,协调调动联邦政府部门、学术界和私营企业等相关力量,在考察美国应对新冠肺炎、埃博拉等疫情的措施的基础上,制定生物防御的国家路线图,发展消除生物威胁的能力,有效应对生物威胁的巨大挑战。联合生物防御委员会认为,该计划的实施,将使美国有机会动员全国力量并领导世界应对生物威胁的挑战,在未来十年内有望实现对任何新型病原体的溯源和持续追踪,能够向全国每个家庭分发快速即时单人检测工具,可在几周内完成疫苗研发和分发,形成有效的治疗方案,从而彻底消除大流行病的威胁。此外,该计划还可能在精准医疗、食品可持续生产、大规模制造、太空旅行等领域取得突破,促进美国生物经济增长,增强国家实力[21]。

联合生物防御委员会根据 125 位专家的意见,确定了“阿波罗生物防御计划”的 15 项关键技术优先事项。

(1)研发原型病原体候选疫苗。针对已知可感染人类的 25 种病毒家族,为每个病毒家族投资开发至少一种原型病原体疫苗,为下一个未知的生物威胁做好准备。

(2)开发在疫情暴发前使用的、针对多种病原体的治疗药物。开发能够有效对抗多个种系病毒的疗法,包括宿主定向抗病毒药物和单克隆抗体。

(3)灵活和可扩展的药物制造。开发平台技术,确保实现下一个大流行病原体治疗药物和疫苗的大规模快速生产。

(4)药物和疫苗的无针给药方法。开发自我给药技术,通过皮肤、鼻内、吸入、口服等方式,将药物和疫苗输送至体内。

(5)无处不在的测序技术。开发宏基因组测序技术和新型测序方式,优先考虑能实现微型化、少量试剂甚至无试剂测序的技术。

(6)微创和非侵入性感染检测。开发可穿戴设备,以及检测个体散发的挥发性化合物的非侵入性和最小侵入性检测技术,实现对高危、高关注、哨点人群感染的检测。

（7）大规模多路检测能力。开发能够同时检测多种病原体、耐药基因、生物标记物的技术，优先考虑能使检测移出集中实验室的技术。

（8）快速即时的个人诊断。开发易获取的、最小侵入性的、便携式、易于操作的个体感染检测技术，并实现个人检测诊断数据与公共卫生数据系统的集成。

（9）数字化的病原体监测。建立监控美国境内外生物威胁的系统，实现与国家病原体监测与预测中心的数据互操作。

（10）建立国家公共卫生数据系统。有效整合管理并及时分析来自各级政府公共卫生机构的数据。

（11）建立国家病原体监测预报中心。实时汇集临床分子诊断、哨点监测等多种来源的数据，通过建模改进传染病预测，有效应对季节性传染病，以及新出现的和工程化的病原体威胁。

（12）新一代个人防护装备。开发可重复使用、适用所有人群的个性化单人防护装备，建立和维持分布式生产能力。

（13）抑制病原体在建筑环境中的传播。开发可负担的空气过滤和杀菌系统、杀菌材料、污染物中和、病原体实时感知等技术和能力，减少病原体通过空气、飞沫、媒介等进行传播的可能性。

（14）综合实验室生物安全。研究分析实验室事故，开发确保实验室生物安全的新功能和新工具，建立实验室生物安全系统，最终部署到所有生物安全实验室。

（15）阻止和防止恶意行为者的技术。开发生物归因、基因工程检测等技术，利用机器学习技术区分自然的、工程化的DNA，提高针对蓄意生物事件的调查、证据分析和归因能力。

~~~~~~

总体来看，联合生物防御委员会聚焦生物安全和生物防御领域，精耕细作，围绕国家生物安全体系的薄弱环节和空白点，发布的报告均紧紧围绕国家生物防御蓝图、预算、政策评估、科技举措等生物防御战略构建，以及应对生物威胁政策举措等中宏观议题，比较契合政府实际操作层面决策支撑需求。在剖析问题的同时，也抛出了对策或解决方案。其建议指向也很明确：完善组织领导体系，强化机构间的协作和问责制，实施集中统一的预算投入机制、实施大科学计划等。该智库的研究成果通过各种渠道不同程度地融入顶层决策机制，深刻影响国家生物安全和国际生物安全战略政策的制定。美国政府发布的《国家生物防御战略》(2019)、《美国大流行病防范：转变我们的能力》(2021)等政策性、战略性报告中，相关举措、语言表述均与联合生物防御委员会的研究建议高度契合。然而，其"生物防御曼哈顿工程"[22]和"阿波罗生物防御计划"等倡议，客观上指向打造具有实质性竞争优势、巩固全球生物科技领先地位与军事强国地位的战略目标，值得密切注意。

参考文献

［1］BIPARTISAN COMMISSION ON BIODEFENSE. Bioterrorism，pandemics，and preparing for the future：perspectives of the Blue Ribbon Study Panel on Biodefense［EB/OL］. (2017－05－01)［2022－03－01］. https：//biodefensecommission.org/events/bioterrorism-pandemics-and-preparing-for-the-future-perspectives-of-the-blue-ribbon-study-panel-on-biodefense/.

［2］BIPARTISAN COMMISSION ON BIODEFENSE. Roundtable：are we prepared? Protecting the U.S. from global pandemics［EB/OL］.(2020－02－12)［2022－09－01］. https：//biodefensecommission. org/events/roundtable-are-we-prepared-protecting-the-u-s-from-global-pandemics/.

［3］BIPARTISAN COMMISSION ON BIODEFENSE. Attribution of biological crime，terrorism，and warfare：challenges and solutions［EB/OL］.(2017－10－03)［2022－09－01］. https：//biodefensecommission.org/events/attribution-of-biological-crime-terrorism-and-warfare-challenges-and-solutions/.

［4］BIPARTISAN COMMISSION ON BIODEFENSE. Transnational biological threats and global security［EB/OL］.(2018－04－25)［2022－09－01］. https：//biodefensecommission. org/events/transnational-biological-threats-and-global-security/.

［5］BIPARTISAN COMMISSION ON BIODEFENSE. The cost of resilience：impact of large-scale biological events on business，finance，and the economy［EB/OL］.(2018－07－31)［2022－09－01］. https：//biodefensecommission.org/events/the-cost-of-resilience-impact-of-large-scale-biological-events-on-business-finance-and-the-economy/.

［6］BIPARTISAN COMMISSION ON BIODEFENSE. Fighting the next war：defense against biological weapons［EB/OL］.(2019－02－05)［2022－09－01］. https：//biodefensecommission.org/events/fighting-the-next-war-defense-against-biological-weapons/.

［7］BIPARTISAN COMMISSION ON BIODEFENSE. A Manhattan Project for biodefense：taking biological threats off the table［EB/OL］.(2019－07－11)［2022－09－01］. https：//biodefensecommission. org/events/a-manhattan-project-for-biodefense-taking-biological-threats-off-the-table/.

［8］ BIPARTISAN COMMISSION ON BIODEFENSE. Containing the coronavirus：challenges to thwarting the outbreak［EB/OL］.（2020 - 02 - 10）［2022 - 09 - 01］. https：//biodefensecommission. org/events/containing-the-coronavirus-challenges-to-thwarting-the-outbreak/.

［9］ BIPARTISAN COMMISSION ON BIODEFENSE. Bulletin of the atomic scientists annual meeting［EB/OL］.（2019 - 11 - 07）［2022 - 09 - 01］. https://biodefensecommission. org/events/bulletin-of-the-atomic-scientists-annual-meeting/.

［10］ 宋明晶.美国生物安全智库：两党生物防御委员会分析［J］.情报杂志,2021,40(2)：14 - 20.

［11］ BIPARTISAN COMMISSION ON BIODEFENSE. A national blueprint for biodefense：leadership and major reform needed to optimize efforts［EB/OL］.（2015 - 10 - 28）［2022 - 09 - 01］. https：//biodefensecommission.org/reports/a-national-blueprint-for-biodefense/.

［12］ BIPARTISAN COMMISSION ON BIODEFENSE. Holding the line on biodefense state，local，tribal，and territorial reinforcements needed［EB/OL］.（2018 - 10 - 30）［2022 - 09 - 01］. https：//biodefensecommission.org/reports/holding-the-line-on-biodefense/.

［13］ BIPARTISAN COMMISSION ON BIODEFENSE. Diagnostics for biodefense - flying blind with no plan to land［EB/OL］.（2020 - 11 - 30）［2022 - 09 - 01］. https：//biodefensecommission. org/reports/diagnostics-for-biodefense-flying-blind-with-no-plan-to-land/.

［14］ BIPARTISAN COMMISSION ON BIODEFENSE. Saving Sisyphus：advanced biodetection for the 21st century［EB/OL］.（2021 - 10 - 30）［2022 - 09 - 01］. https：//biodefensecommission. org/reports/saving-sisyphus-advanced-biodetection-for-the-21st-century/.

［15］ BIPARTISAN COMMISSION ON BIODEFENSE. Defense of animal agriculture［EB/OL］.（2017 - 10 - 30）［2022 - 09 - 01］. https：//biodefensecommission. org/reports/defense-of-animal-agriculture/.

［16］ BIPARTISAN COMMISSION ON BIODEFENSE. Insidious scourge - critical infrastructure at biological risk［EB/OL］.（2021 - 10 - 30）［2022 - 09 - 01］. https：//biodefensecommission. org/reports/insidious-scourge-critical-infrastructure-at-biological-risk/.

［17］ BIPARTISAN COMMISSION ON BIODEFENSE. Budget reform for biodefense integrated budget needed to increase return on investment［EB/OL］.（2018 - 02 - 28）［2022 - 09 - 01］. https：//biodefensecommission.org/reports/budget-reform-for-biodefense/.

［18］ BIPARTISAN COMMISSION ON BIODEFENSE. Biodefense indicators - one year later，events outpacing federal efforts to defend the nation［EB/OL］.（2016 - 12 - 30）［2022 - 09 - 01］. https：//biodefensecommission.org/reports/biodefense-indicators/.

［19］ BIPARTISAN COMMISSION ON BIODEFENSE. Biodefense in crisis - immediate action needed to address national vulnerabilities［EB/OL］.（2021 - 03 - 31）［2022 - 09 - 01］. https：//biodefensecommission. org/reports/biodefense-in-crisis-immediate-action-needed-to-address-national-vulnerabilities/.

[20] BIPARTISAN COMMISSION ON BIODEFENSE. The Apollo Program for biodefense-winning the race against biological threats [EB/OL].(2021-01-31)[2022-09-01]. https://biodefensecommission. org/reports/the-apollo-program-for-biodefense-winning-the-race-against-biological-threats/.

[21] 郝继英.美生物防御两党委员会呼吁实施"阿波罗生物防御计划"[EB/OL].(2021-03-15)[2022-09-01]. https://mp. weixin. qq. com/s/3o97Ukq0yy69-FAb1wyLAw.

[22] 王小理.美国"生物防御曼哈顿工程"倡议及走向[N/OL].光明日报,（2020-02-23）[2022-09-01]. https://epaper. gmw. cn/gmrb/html/2020-02/23/nw. D110000gmrb_20200223_2-07.htm.

王小理 中国科学院上海巴斯德研究所

第6章

推崇跨学科研究和整体系统观的欧洲智库
——德国弗劳恩霍夫学会系统与创新研究所

田贵超　龚　晨

德国弗劳恩霍夫学会系统与创新研究所(Fraunhofer ISI)是欧洲领先和全球知名的科技智库。2017—2021年,该智库发布了130多篇与创新有关的研究报告,主要围绕创新理论、高科技产业、可持续发展、数字经济和知识产权等领域。深入分析该智库在相关议题上的观点,对我国科技智库的相关研究有重要启示和借鉴意义。

6.1　机构简介

Fraunhofer ISI 位于德国卡尔斯鲁厄,是一家强调和推崇跨学科研究和整体系统观的科技智库。其使命是研究当前和未来几代人面临的挑战及解决方案,愿景是借助其卓越的研究成为欧洲应用创新和系统研究的领先机构。Fraunhofer ISI 设有7个能力中心(能源政策与能源市场、能源技术与能源系统、预见、创新与知识经济、可持续发展和基础设施系统、新兴技术、政策与社会)和28个业务单位。Fraunhofer ISI 有大约270名员工,来自自然科学、工程、经济和社会科学等不同领域,每年从事大约400个研究项目。Fraunhofer ISI 的理事会由来自科学、产业、政治和行政领域的16名成员组成,主席是曼弗雷德·威滕斯坦博士(Dr. Manfred Wittenstein)[1]。

6.2　研究领域及主要观点

Fraunhofer ISI 的研究领域聚焦于创新政策与战略、技术预见、资源效率、新兴技术、社会系统转型与风险研究等,具体开展以下几方面研究:① 国家、部门和技术层面创新系统的比较分析;② 技术预见和创建未来技术发展的场景、路线图;③ 创新的制度和监管背景调查;④ 创新的扩散过程分析;⑤ 从经济、社会和生态角度评价创新及其潜力;⑥ 评估与创新有关的政策选择以及成功机会;⑦ 就引进和实施创新解决方案向行业参与者和政策制定者提供咨询服务。该智库每年出版 200 多份出版物,包括研究报告、图书、工作论文和科学论文。

近 5 年,Fraunhofer ISI 发布了 130 多篇与创新有关的研究报告,报告所用语言为英语和德语,主要围绕创新理论、高科技产业、可持续发展、数字经济和知识产权等领域,还有数篇研究报告涉及交通运输、金融、医疗卫生等行业。

6.2.1　创新理论研究

Fraunhofer ISI 对创新理论有着较为深入的研究,它有相当多的研究报告围绕这一主题,从创新政策、创新范式、创新主体和区域创新等角度进行了探讨。

在创新政策方面,Fraunhofer ISI 认为,一是现代创新政策应以经济竞争力和社会进步为目标。创新是社会和生态可持续发展以及社会秩序转型的根本驱动力。创新政策的传统理论基础已经扩大到更明确地为应对社会挑战作出贡献,需求应成为以挑战为导向的创新政策的核心[2]。现代创新政策的基础是基于价值和目标的总体战略,并需要合适的治理结构,以实现创新政策措施的敏捷性和包容性实施[3]。二是技术主权的概念在国家和国际创新政策中越来越突出。近年来,全球基于技术的竞争不仅加剧,而且越来越与政治和价值体系的竞争联系在一起。在此背景下,技术主权应被视为国际体系内的国家级机构即政府行为的主权,而不是对某事的(领土)主权,是实现创新政策核心目标的一种手段——维持国家竞争力和变革政策的能力。未来的政策必须在主权和开放之间维持稳定且动态的平衡,既要实现在技术的可用性和获取性方面的合法利益,也要防止自给自足和保护主义所带来的危险,这对全球贸易和最终的福利都是有害的[4]。三是中国的赶超不仅体现在经济层面,还体现在战略和政策层面。经济上发生的系统性变化是由新的政策方法和政策活动重点的转变所驱动的。在创新体系出现的同时,科学与创新政策体系也在平行发展。"互联网＋"和制造业创新发展战略等作为支持"创新驱动发展战略"的知名政策,对衡量中国的经济和技术竞争力发展至关重要[5]。

在创新范式方面,一是通过颠覆性创新应对未来的重大社会挑战。颠覆性创新是引发社会、文化和政治体系根本变革的创新。因此，它们不仅有助于增强国家竞争力，而且还可能有助于应对重大的社会挑战[6]。二是关注科学技术和创新治理中的"社会一致性"。交流和网络是创新的重要驱动力。社会创新的发展需要商业、科学、政治和民间社会的参与者之间的跨领域交流与合作[7]。创新系统日益复杂化，数字化转型和开放科学方法的更频繁使用将成为趋势[8]。

在创新主体方面，Fraunhofer ISI 主要研究了企业创新。一是德国企业基础研究活动较为集中。通过研究德国公司的科学出版活动，Fraunhofer ISI 发现，企业的基础研究总体上有所减少，而出版活动集中在少数的企业中，这种企业基础研究活动的集中可能对德国经济的长期创新构成威胁。企业规模与对外研发投资呈显著正相关关系，而研发强度则相反[9]。二是企业研发中对外部知识的吸收成为企业成功的决定性因素[10]。三是初创企业需要有利于孵化和成长的创新环境。初创企业是变革潮流的引领者，需要良好的创业和成长条件，尤其是在高科技领域，对于着眼于与社会相关商业理念的高科技领域的企业家来说尤其如此[11]。

在区域创新方面，Fraunhofer ISI 主要研究了欧盟、德国和中国的区域创新结构特征，尤其是对区域技术多样性的作用进行了深入研究。研究结果表明，迄今为止，技术多样性对经济体区域发展的影响有所不同。但最近，多样性的演变及其对区域发展各个方面的影响均出现系统性变化[12]。

6.2.2　高科技产业创新与发展

Fraunhofer ISI 对高科技产业的研究主要聚焦在电动汽车、先进制造、生物医药和信息通信等领域。

在电动汽车领域，一是加紧部署公共充电基础设施。公共充电基础设施对于吸引更多消费者购买电动汽车至关重要。插电式电动汽车的潜在用户往往会在购买车辆前对公共充电设施提出要求，公众充电的速度通常预计与传统的加油速度相似[13]。对于大多数乘用车司机来说，高速公路和充电时间快慢比公共充电点的密度更重要。以在重型车辆存量中占15%的纯电动汽车份额和每50公里设充电站的密集网络计算，到2030年需要在1 640个地点共建4 067个充电点；相比之下，若纯电动汽车（battery electric vehicle，BEV）的份额为5%和每100公里设充电点，则需要在812个地点建1 715个充电点[14]。二是完善电池供应链。随着电动汽车的日益普及，欧洲正在发展一个巨大的电池市场，预计到 2030 年，欧盟市场上每年将生产 250 万吨的新电池。这不仅会引发汽车电池报废处理的问题，还涉及原材料供应链的可用性和可靠性以及德国和欧洲工业的相关竞争力问题。在这种情况下，电池回收和原材料回收的本地解决方案将成为欧洲循环经济的重要组成部分[15]。从整体电池供应链上看，分散市场的电动车在 2020—2030 年期间不会面临紧迫威胁。然而，未来十年这一市场依然存在许多技术、经济、环境、监管和社会挑战[16]。三是挖掘电动汽车市场潜力。一方面，提升市场采购意愿。研究表明，纯电动汽车的采购意愿首先来自技术爱好者的个人兴趣，其他因素包括组织的创新性、对环境效益的期望和对员工激励的积极影响，而对移动限制的恐惧和对纯电动汽车可靠性的怀疑抵消了一部分采购意愿[17]。另一方面，落实低碳政策。预计到 2030 年二氧化碳价格至少达到 150 欧元/吨，会对电动汽车的市场拓展产生重大影响，并可能导致德国乘用车中电动和传统驱动器的驱动组合发生变化[18]。

在其他高科技领域，一是信息和通信技术制造业及电子产品总体上对欧盟的经济和社会具有重要的战略意义。采用先进的制造技术是帮助欧洲企业保持和增强竞争优势，满足更高灵活性需求的关键，以应对不断增长的趋势，例如产品和技术的定制化发展[19]。二是轻质材料的开发在欧洲发挥着重要作用。创新的轻量化解决方案可以进一步减轻航空航天、汽车制造和风能等行业中现有系统的重量，并创造了生产新系统特性、新应用领域的全新产品的可能性，还具有在更多领域应用的潜力[20]。三是强调 5G 基础设施和技术能力的重要性。尽管 5G 三大设备供应商中的 2 家在欧洲，并且欧洲在 5G 试验投资方面处于世界领先地位，但其总体基础设施投资落后于其他地区。欧洲才刚刚开始发现有价值的 5G 商业案例，欧洲设备供应商还面临着维持生存能力的挑战，面临着来自中国、韩国和美国制造商日益激烈的竞争[21]。四是用于生物化学分析的芯片技术具有很大的应用潜力。它具有彻底改变诊断和生物医学研究实践的潜力，不仅有助于提高投入产出效率和性能，而且还能创造改善医疗保健条件的机会。除了生物医学领域之外，其他应用领域也可以从这项技术的应用中受益[22]。

6.2.3　可持续发展

可持续发展是 Fraunhofer ISI 研究最为集中的领域，其将近一半的研究报告与该领域相关。围绕节能和减排两大主题，Fraunhofer ISI 从减排规划、基础设施、家庭行为、政策激励、能源创新、碳中和、碳交易等角度进行了全方位的研究。

一是欧盟设定了到 2050 年减排 80％到 95％的目标。作为这一目标的基础，欧盟委员会于 2011 年制定并发布了欧盟低碳经济路线图（EU LCE）。欧盟委员会还鼓励行业组织制定具体行业的路线图，以实现欧洲的低碳目标。欧洲钢铁协会（EUROFER）、欧洲水泥协会（CEMBUREAU）、欧洲造纸工业联合会（CEPI）和欧洲化学工业委员会（CEFIC）等几个组织已经发布了此类特定行业的低碳路线图[23]。

二是基础设施的联合铺设有助于提高能源系统的使用效率。随着可再生能源作为实现长期气候变化目标的核心战略被广泛推广，能源系统也将发生全面变化。原则上，基础设施的捆绑安装比单独安装更可取。将电、水、气、信息通信服务、区域供热、污水等多种基础设施联合铺设，捆绑在一条线路上，能够减少环境污染，取得较好的社会和经济效益。未来各个部门之间的联系将更加紧密，在包括跨领域规划在内的战略中设计不同基础设施"相遇"的节点，是明智和必要的[24]。

三是重视家庭行为对节能减排的影响。如搬家时将电器留在原住宅内的行为模式，可能会导致房主基于短期使用的预期，而倾向于购买质量或性能较低的电器，导致能耗或排放增加。相比之下，在能源成本方面，家电的运输不会影响房主的选择[25]。又如，低能耗住宅的推广是欧盟各国能源和气候政策的重要组成部分。推广低能耗住宅的主要障碍包括额外的建筑成本、能源和成本节约的不确定性等[26]。

四是扩大公共资金对新能源技术研发和转化的支持。一旦财政支持结束，由于缺乏私人参与来完成开发，新能源技术可能无法向市场转化。增加公共资金可能是改善这种现状的一种方法。其困难在于，新能源技术向市场的转化通常需要大量资源，而公共预算有限；公共资金的分配需要公平、公开和记录在案；而评估又是复杂的，并受到公共部门相关规定的约束。决策是一个复杂的过程，不局限于简单地对研发提案打分，决策者还必须处理各种其他问题，如确定技术发展的状态、核实市场失灵或考虑调整现有的资金组合[27]。

五是运用先进技术促进能源创新。人工智能在几乎所有的经济部门中都处于先进技术应用的前列，特别是在能源综合转型的实施方面。人工智能可以在所有的能源部门中使用，将对安全、气候友好和性价比高的能源供应作出重要贡献，但德国大部分能源企业仍未制定自己的人工智能战略。比如，通过改进对能源生产和消费的预测，人工智能系统能够更好地整合可再生能源，增强能源系统的稳定性。此外，人工智能还可以优化能源设施运作，并为发电厂和电网等关键基础设施预警系统提供预警服务。企业和政府在此领域需要采取重大行动[28]。

六是积极引入激励措施实现低碳目标。德国于2021年引入了国家二氧化碳价格机制，这是该激励措施首次在实现环境目标中发挥核心作用。德国的国家二氧化碳价格连同欧盟排放交易体系中的二氧化碳价格，几乎涵盖了使用化石能源的所有排放领域，创造了前所未有的系统价格激励机制，其目的是促进化石燃料的节约使用，并增加对气候友好技术的投资。总体而言，尽管在2050年实现减排目标的场景各异，但电力部门的减排潜力十分显著[29]。同时，德国政府一直在推行一项多领域的资源利用效率提升计划，政策组合的重点主要是促进相关研究和创新。目前许多领域的技术解决方案和资源节约型措施已经得到了很好的发展或推广。相关研究建议，通过税收激励或推广计划完善运营资源管理。进一步采用初级建筑材料税、矿产建设和拆除废物填充税、资源节约型产品的增值税减免、欧洲产品资源税、建立小型电器和电子设备的存款系统等，为资源利用效率的提高提供激励[30]。

6.2.4 数字经济和知识产权

Fraunhofer ISI 对数字经济和知识产权也有一定的研究，重点研究了平台经济和数据保护等问题。

一是平台经济已成为数字经济的重要模式。世界上最有价值的10家公司中有7家采用基于平台的商业模式，除了1家公司外，所有这些公司都是在过去20年才出现的，且增长强劲，已经主导了数字经济。基于平台的商业模式也在其他行业和领域得到深入讨论，预计未来几年它们的相关性将显著增强。经验表明，由于低交易成本、需求侧规模经济带来的优势及通过多个合作伙伴建立生态系统和合作开发带来的网络效应，基于平台的商业模式可以比现有的线性商业模式更快地增长和发展[31]。

二是加强区块链环境中的数据保护。考虑到当前的技术水平，Fraunhofer ISI 的研究认为，链下存储是在公共区块链环境中符合数据保护要求的最明智的解决方案。加密有助于满足数据保护要求，否则应尽可能避免存储个人数据，或应使用私有或半私有区块链，这样可以避免数据保护方面的挑战[32]。

三是专利是创新成果的重要表征。研究过程的投入（研发支出）以及研究过程的结果（专利）是创新量化评估的主要指标。德国环保技术专利申请量占世界专利申请量的 14.3%，德国与日本、美国并列为三大专利申请国。在能源转型过程中，可以将能源领域的技术创新与气候保护更加紧密地结合起来，能显著加快创新步伐[33]。

参考文献

[1] https//www.isi.fraunhofer.de.

[2] DANIEL SCHRAAD-TISCHLER, JAN C BREITINGER, JAKOB EDLER, et al. Zukunftsagenda：innovation for transformation［EB/OL］. ［2022 - 07 - 01］. https：//www. isi. fraunhofer. de/content/dam/isi/dokumente/ccp/2021/Studie _ NW _ Zukunftsagenda _ Innovation_for_Transformation_2021.pdf.

[3] JAN C BREITINGER, JAKOB EDLER, THOMAS JACKWERTH-RICE, et al. Good-practice-beispiele für missionsorientierte innovationsstrategien und ihre umsetzung［EB/OL］. ［2022 - 07 - 01］. https：//www.isi.fraunhofer.de/content/dam/isi/dokumente/ccp/2021/Studie_NW_Good-Practice-Beispiele_fuer_missionsorientierte_Innovationsstrategien_und_ihre_Umsetzung_2021.pdf.

[4] JAKOB EDLER, KNUT BLIND, HENNING KROLL, et al. Technology sovereignty as an emerging frame for innovation policy-defining rationales, ends and means［EB/OL］. ［2022 - 07 - 01］. https：//www.isi.fraunhofer.de/content/dam/isi/dokumente/cci/innovation-systems-policy-analysis/2021/discussionpaper_70_2021.pdf.

[5] RAINER FRIETSCH. Current R&I policy：the future development of China's R&I system［EB/OL］. ［2022 - 07 - 01］. https：//www. isi. fraunhofer. de/content/dam/isi/dokumente/cci/innovation-systems-policy-analysis/2020/discussionpaper_63_2020.pdf.

[6] HENDRIK HANSMEIER, KNUT KOSCHATZKY. Addressing societal challenges through disruptive technologies［EB/OL］. ［2022 - 07 - 01］. https：//www. isi. fraunhofer. de/content/dam/isi/dokumente/ccp/2021/Study_NW_Addressing_societal_challenges_through_disruptive_technologies_2021.pdf.

[7] HENDRIK BERGHÄUSER, JAN C BREITINGER, THOMAS JACKWERTH-RICE, et al. Austausch und vernetzung in missionsorientierten innovationsprozessen［EB/OL］. ［2022 - 07 - 01］. https：//www. isi. fraunhofer. de/content/dam/isi/dokumente/ccp/2021/Studie_NW_Austausch_und_Vernetzung_in_missionsorientierten_Innovationsprozessen_2021.pdf.

[8] WILHELM BAUER, JAKOB EDLER, MICHAEL LAUSTER, et al. Innovation and COVID-19：food for thought on the future of innovation［EB/OL］. ［2022 - 07 - 01］. https://publica-rest. fraunhofer. de/server/api/core/bitstreams/d0a91019-ef4e-46e3-ba3c-7c399afd4593/content.

[9] BASTIAN KRIEGER, MAIKEL PELLENS, KNUT BLIND, et al. Are firms withdrawing

from basic research？［EB/OL］．［2022 - 07 - 01］．https：//link. springer. com/content/pdf/10.1007/s11192-021-04147-y. pdf?pdf＝button．

［10］ YOUNES IFERD，PATRICK PLÖTZ. External search strategies：the role of innovation objectives and specialization［EB/OL］．［2022 - 07 - 01］．https：//www. isi. fraunhofer. de/content/dam/isi/dokumente/sustainability-innovation/2018/WP02_2018_External％20search％20strategies_Younes％20Iferd1. pdf．

［11］ MARIANNE KULICKE. Fostering innovative startups in the pre-seed phase［EB/OL］．［2022 - 07 - 01］．https：//www. isi. fraunhofer. de/content/dam/isi/dokumente/ccp/2021/Study_NW_Fostering_innovative_startups_in_the_pre-seed_phase_2021.pdf．

［12］ HENNING KROLL，PETER NEUHÄUSLER. Regional technological systems in transition-dynamics of relatedness and techno-economic matches in China［EB/OL］．［2022 - 07 - 01］．https：//www. isi. fraunhofer. de/content/dam/isi/dokumente/cci/innovation-systems-policy-analysis/2019/discussionpaper_61_2019. pdf．

［13］ TILL GNANN，SIMON Á FUNKE，NIKLAS JACOBSSON，et al. Fast charging infrastructure for electric vehicles：today's situation and future needs［EB/OL］．［2022 - 07 - 01］．https：//reader. elsevier. com/reader/sd/pii/S1361920917305643?token＝A7EDE4925D59D1998460FEEA678F2127AB92F5084EE4333A66790FBEAB062178DA5171221A38DB59AFE3C6DE650CA659&originRegion＝us-east-1&originCreation＝20221211095628．

［14］ VERENA SAUTER，DANIEL SPETH，PATRICK PLÖTZ，et al. A charging infrastructure network for battery electric trucks in Europe［EB/OL］．［2022 - 07 - 01］．https：//www. isi. fraunhofer. de/content/dam/isi/dokumente/sustainability-innovation/2021/WP-S-02-2021_Charging_infrastructure_in_Europe. pdf．

［15］ DR. CHRISTOPH NEEF. What is the market potential for sustainable battery recycling in Europe？［EB/OL］．［2022 - 07 - 01］．https：//www. isi. fraunhofer. de/en/presse/2021/presseinfo-26-nachhaltiges-batterierecycling-marktpotenziale-europa. html．

［16］ AXEL THIELMANN，MARTIN WIETSCHEL，SIMON Á FUNKE，et al. Batterien für elektroautos：faktencheck und handlungsbedarf［EB/OL］．［2022 - 07 - 01］．https：//www. isi. fraunhofer. de/content/dam/isi/dokumente/cct/2020/Faktencheck-Batterien-fuer-E-Autos. pdf．

［17］ GLOBISCH JOACHIM，ELISABETH DÜTSCHKE. Adoption of electric vehicles in commercial fleets：why do car pool managers campaign for BEV procurement？［EB/OL］．［2022 - 07 - 01］．https：//reader. elsevier. com/reader/sd/pii/S136192091630774X?token＝3E8EF2048E37FB2C9CE5C63109D12CF26EF2C1796C4F8EB89C86D692E272EAF35E6105315B81AFC93A4088F92CAECB96&originRegion＝us-east-1&originCreation＝20221211095958．

［18］ TIEN LINH CAO VAN，LUKAS BARTHELMES，TILL GNANN，et al. Addressing the gaps in market diffusion modeling of electrical vehicles-a case study from Germany for the integration of environmental policy measures［EB/OL］．［2022 - 07 - 01］．https：//publica. fraunhofer. de/entities/publication/bbeaa5d6-f852-4ea2-9820-9f4c5f040320/details.

[19] LILIYA PULLMANN. Advanced technologies for industry-product watch［EB/OL］. ［2022－07－01］. https：//ati. ec. europa. eu/sites/default/files/2021-07/Advanced％ 20Manufacturing％20and％20Robotics％20for％20ICT％20Manufacturing. pdf.

[20] PIRET FISCHER. Advanced technologies for industry-product watch［EB/OL］. Lightweight materials. ［2022－07－01］. https：//op. europa. eu/en/publication-detail/-/publication/ c4f75f21-d3cb-11eb-895a-01aa75ed71a1/language-en.

[21] MICHAEL DINGES, MARKUS HOFER, KARL-HEINZ LEITNER, et al. 5G supply market trends ［EB/OL］. ［2022－07－01］. https：//op. europa. eu/en/publication-detail/-/publication/074df4ff-f988-11eb-b520-01aa75ed71a1.

[22] LILIYA PULLMANN. Advanced technologies for industry-product watch［EB/OL］. ［2022－07－01］. https：//ati. ec. europa. eu/news/product-watch-nano-enabled-microsystems-bio-analysis.

[23] NELE FRIEDRICHSEN, GIZEM ERDOGMUS, VICKI DUSCHA. Comparative analysis of options and potential for emission abatement in industry－summary of study comparison and study factsheets ［EB/OL］. ［2022－07－01］. https//www. isi. fraunhofer. de.

[24] JUTTA NIEDERSTE-HOLLENBERG, FRANK MARSCHEIDER-WEIDEMANN, VALERIE BENES，et al. Gebündelte infrastrukturplanungen und-zulassungen und integrierter umbau von regionalen versorgungssystemen-herausforderungen für umwelt- und nachhaltigkeitsprüfungen ［EB/OL］. （2017－01－27）［2022－07－01］. https：// www. isi. fraunhofer. de/content/dam/isi/dokumente/ccn/2017/2017＿01＿27＿UBA＿ Projektinformation_INTEGRIS. pdf.

[25] JOACHIM SCHLEICH, CORINNE FAURE, MARIE-CHARLOTTE GUETLEIN, et al. Conveyance and the moderating effect of envy on homeowners' choice of appliances ［EB/OL］. ［2022－07－01］. https//www. isi. fraunhofer. de.

[26] MARK OLSTHOORN, JOACHIM SCHLEICH, CORINNE FAURE. Exploring the diffusion of low energy houses：an empirical study in the European Union ［EB/OL］. ［2022－07－01］. https//www. isi. fraunhofer. de.

[27] SIMON HIRZEL, TIM HETTESHEIMER, PETER VIEBAHN，et al. A decision support system for public funding of experimental development in energy research［EB/OL］. ［2022－07－01］. https//www. isi. fraunhofer. de.

[28] LUKAS VOGEL, PHILIPP RICHARD, MICHAEL BREY，et al. Dena-analyse： künstliche intelligenz für die integrierte energiewende ［EB/OL］. ［2022－07－01］. https：//publica. fraunhofer. de/handle/publica/299928.

[29] MATTHIAS KALKUHL, CHRISTINA ROOLFS, OTTMAR EDENHOFER，et al. Reformoptionen für ein nachhaltiges steuer- und abgabensystem. ariadne-kurzdossier ［EB/OL］. ［2022－07－01］. https//www. isi. fraunhofer. de.

[30] KLAUS JACOB, RAFAEL POSTPISCHIL, LISA GRAAF，et al. Handlungsfelder zur steigerung der ressourceneffizienz［EB/OL］. ［2022－07－01］. https//www. isi. fraunhofer. de.

［31］MARIAN KLOBASA，SABINE PELKA，NICHOLAS MARTIN，et al. Plattformbasierte datenökonomie［EB/OL］.［2022 - 07 - 01］. https：//publica. fraunhofer. de/entities/publication/2092d80d-755e-4579-9937-53033382f906/details.

［32］FRANK EBBERS，MURAT KARABOGA，BENJAMIN BREMERT，et al. Datenschutz in der blockchain［EB/OL］.［2022 - 07 - 01］. https//www.isi. fraunhofer. de.

［33］BIRGIT GEHRKE，KAI INGWERSEN，ULRICH SCHASSE，et al. Innovationsmotor umweltschutz：forschung und patente in deutschland und im internationalen vergleich［EB/OL］.［2022 - 07 - 01］. https：//www. isi. fraunhofer. de/content/dam/isi/dokumente/ccn/2015/uib_05_2015_innovationsmotor_umweltschutz_forschung_und_patente.pdf.

作者简介 🎙️

田贵超　上海科技管理干部学院
龚　晨　上海科技管理干部学院

第 7 章

总理六人智囊小组
——德国研究与创新专家委员会

常旭华

聚焦于科学研究、创新、技术和教育等议题上的德国研究与创新专家委员会[1]（Expertenkommission Forschung und Innovation，简称 EFI），通过提交年度报告等方式向德国联邦政府提供科学的决策建议，为德国研究和创新体系的发展提供重要支撑。研究 EFI 2017—2021 年的研究报告及在重点议题上的观点，对我国创新政策领域科技智库的发展和相关研究有借鉴和启示意义。

7.1 机构简介

EFI 是德国联邦政府设立的官方智库机构，负责向德国联邦政府提供科学的政策建议，并定期提交关于研究、创新和德国技术能力的报告。EFI 的主要任务是介绍和分析德国研究与创新体系的结构、趋势、绩效和前景，提出德国研究与创新体系发展问题的专家意见，并为德国研究与创新体系的进一步发展提供可能的行动方案和建议。

EFI 每年在 3 月 1 日前向联邦教育与研究部提交定期报告或报表。该报告主要分为三部分：一是对德国创新体系的优势和劣势进行国际比较和时间维度上的全面分析；二是根据最新的科学研究评估德国作为研究与创新中心的前景；三是提出优化德国研究与创新政策的建议。

在专家遴选方面，EFI 最多由六名在创新研究领域具有丰富知识和经验、得到国际认可的科学家组成。他们都是经济和社会科学、教育经济学、工程和自然科学以及新兴技术创新研究领域的专家。EFI 的成员在被任命前的最后一年及任命之后不得任职于联邦政府或州政府，也不得任职于联邦政府或州政府的立法机构,也不得是行业协会或雇主或雇员组织的代表,或与他们存在长期的服务或代理关系。在遴选过程中,应根据《联邦机构成员任命法》考虑到男女的平等参与。

在专家任期方面,EFI 的成员由联邦教育和研究部任命,经联邦政府批准后任期是四年。EFI 的成员可被联邦教育和研究部重新任命,成员也可在任何时候向联邦教育和研究部长提交书面声明,辞去研究和创新专家委员会的职务。如果一名成员提前辞职,在辞职成员的任期内由联邦教育和研究部任命一名新成员。在联邦教育和研究部任命后,由各成员以无记名投票方式选出主席和副主席,任期最长为四年,可连任。

在专家构成方面,EFI 最多由六名成员构成。截至 2021 年 11 月 28 日,其现任成员构成如下:① 乌韦・坎特纳教授(Prof. Dr. Uwe Cantner)自 2015 年 12 月起被任命为 EFI 成员,现任 EFI 主席。他的研究集中在创新经济学领域,包括创业和初创企业研究、产业动态和演变、合作和网络研究、新经济地理以及包括相关系统转型的通用技术。② 卡塔琳娜・霍尔泽教授(Prof. Dr. Katharina Hölzle)自 2018 年 7 月起被任命为 EFI 成员,2019 年 5 月以来任 EFI 副主席。她的研究重点是数字创业、数字创新和转型以及数字生态系统。她在技术驱动的商业模式创新、数字化、战略技术和创新管理等领域为年轻和成熟的公司提供咨询服务。③ 霍尔格・博宁教授(Prof. Dr. Holger Bonin)自 2019 年 5 月起被任命为 EFI 成员,主要研究劳动力市场和社会政策。他主要进行以实证为导向的研究,特别关注数字化和人口变化对就业和工作生活需求的影响,以及社会政策的有效性。④ 艾琳・贝尔切克教授(Prof. Dr. Irene Bertschek)自 2019 年 5 月起被任命为 EFI 成员,主要从事数字经济领域的研究。她通过微观计量经济学和公司数据,分析数字化如何改变经济流程以及如何影响公司的生产力和创新行为的问题。⑤ 卡罗琳・豪斯勒教授(Prof. Dr. Carolin Häussler)自 2019 年 5 月起被任命为 EFI 成员,聚焦创新研究和创业精神。⑥ 蒂尔・瑞奎特教授(Prof. Dr. Till Requate)自 2020 年 5 月起被任命为 EFI 成员,研究重点在实验经济学和环境经济学,探究环境政策对创新的激励效应。

在资金来源方面,EFI 及其办公室的费用全部来源于联邦政府,并根据相关规定获得统一报酬以及差旅费报销。

7.2 研究领域及主要议题

EFI的研究和决策重点聚焦于十大议题，包括：教育、研究与创新政策、专业人士、研究与创新体系、创新融资、创新指标、国际维度、中小企业和初创企业、框架指标以及技术领域（见表7-1）。

表 7-1 EFI 的研究和决策议题

序号	议 题	主 要 内 容
1	教育	职业培训；高等教育；大规模开放在线课程
2	研究与创新政策	数字议程；3%的目标和3.5%的目标；可再生能源法；政策评估；循证创新政策；高科技战略；"2020地平线计划"；工业4.0；政策协调；改革倡议
3	专业人士	专业人士短缺；研究与创新体系中的女性；STEM的专业和职业
4	研究与创新体系	区域创新；私营部门的创新行为；知识和技术转移；国家创新系统；非大学研究；研究与创新体系；科学出版物；大学医学；大学研究
5	创新融资	集资；研发税收优惠；税收和税收政策；风险投资、创新融资
6	创新指标	教育和资格；研究与开发；研究与创新资助；创业公司；专利；生产、价值创造和就业
7	国际维度	中国；欧洲研究创新政策；法国；研发国际化；研究人员流动；瑞士；美国
8	中小企业和初创企业	新公司成立和创业；中小企业
9	框架指标	基于科学目的的版权豁免；版权法；数字化和数字经济；创新导向型公共采购；开放获取；专利制度
10	技术领域	添加剂制造工艺；生物技术；电动汽车；高科技、顶尖技术、高价值技术；信息和通信技术；知识经济；机器人、自助系统、人工智能

聚焦科技创新领域,EFI 研究议题中最值得重点关注的是研究与创新政策、研究与创新体系、创新指标。后文将详细介绍这三个 EFI 议题的最新研究内容和观点。

7.2.1　研究与创新政策

近年来,EFI 在研究与创新政策议题上的研究重心逐渐从"EEG 可再生能源法""工业 4.0""循证创新政策""2020 地平线计划"转向"数字议程""3％的目标和 3.5％的目标""政策评估""高科技战略""政策协调""改革倡议"等领域。EFI 仅在 2012 年、2013 年和 2014 年的报告中披露了"可再生能源法"的相关研究内容,在 2015 年和 2016 年则更加侧重对于"工业 4.0"相关问题的分析和解决。

在"数字议程"方面,2017 年 EFI 发布报告《行动领域:数字化变革》[2]。该报告认为数字化变革是一个极其迅速的过程,其关键技术和商业模式不属于德国研究与创新体系的核心优势。对于德国而言,数字化变革代表了一种彻底的创新,会使德国多年来取得的竞争和专业化优势受到挑战。迄今为止,德国的研究与创新政策对这种转变背后的技术和经济动态关注得太少了。这也反映在缺乏促进信息和通信技术研发的资金上。EFI 建议德国在未来几年里必须发展新的技术和经济优势,包括构建面向未来的基础设施,向中小企业提供数字化变革支持,拓展数字教育内容,为初创企业引入有针对性的研究资金,使用电子政务和开放数据作为创新驱动力,为数字经济制定面向未来的法律框架和有效治理对策。

在"3％的目标和 3.5％的目标"的实现方面,2020 年 EFI 发布报告《实施高科技战略 2025》[3]。该报告指出,2018 年德国的研发支出占国内生产总值(GDP)的比例上升至 3.13％,这是朝着实现 2025 年研发支出占国内生产总值(GDP)达 3.5％的目标所迈出的重要一步。为此,德国制定了一系列措施:一是引入研发资助税收优惠政策。2019 年,德国通过了《研究津贴法》,该法律的实施意味着研发活动在德国也可以享受税收优惠政策,今后将会定期评估该政策是否能够产生预期的激励效果。二是成立新的联邦机构。该机构以促进激进式创新为宗旨,负责激进式创新的激励和管理工作。三是重新重视区块链战略。EFI 建议联邦政府继续支持区块链战略中列出的里程碑计划,并透明地记录计划的完成情况。四是加速实施人工智能战略,进一步发展人工智能中心,创设 100 个人工智能研究领域的新教授职位，开发数据基础设施，支持人工智能相关领域的知识扩散和技术转移。

在"政策评估"方面，2021年EFI发布报告《即将到来的A3立法期间的研究与创新政策的优先事项》[4]。该报告认为尽管克服新型冠状病毒（以下简称COVID-19）暴发带来的危机将是新一届联邦政府任期内的主要任务之一，但必须继续优先考虑研究与创新政策，并且在整个创新过程中，所有部委都要采取一致的政策方针。EFI建议新一届联邦政府应在五个方面调整研究与创新政策：一是必须高度重视重大的社会挑战，尤其是可持续发展目标；二是缩小与他国的现有技术差距，并从一开始就避免在潜在关键技术上的差距；三是德国作为一个自然资源匮乏的国家，必须拥有强大的专业劳动力基础；四是增加民营企业在研发方面的创新投资；五是保持研究与创新政策的敏捷性，这是成功实施社会期望的变革的重要前提。

在"循证创新政策"方面，2017年EFI发布报告《行动领域：治理》[5]。该报告从高科技战略的目标层次、部门合作、实施措施，形成欧洲范围的创新政策、关注社会创新、长期整合创新政策的透明度和参与度、推动公共采购创新、以循证方式制定创新政策、持续改进创新政策管理等角度提出政府治理的建议。

在"高科技战略"方面，2021年EFI发布报告《研究与创新政策中的新使命导向和敏捷性》[6]。EFI认为研究与创新政策有责任帮助应对巨大的社会挑战，国家应当以市场为导向，朝着社会认同但非民营部门主动追求的方向引导创新活动，对问题的解决和市场干预的催化持开放态度。因此，EFI建议联邦政府更加注重政策的敏捷性，提高政策的灵活度。在起草政策时，首先要确保各部委之间的密切合作，各利益相关者、专家小组、公民以及州和市政当局应积极参与起草任务；其次要明确时间目标，以任务为基础设立时间框架。在执行政策时，要加强部内和部际协调，可以依靠组织结构内的部际工作队以及部委内部的跨部门项目团队或与任务相关的单位来完成。同时，要加强对于政策内容的学习和理解，锻炼各部委和项目执行机构工作人员的能力，以确保在执行任务时可以进行目标、组织和措施的调整。此外，要加大以创新为导向的公共采购力度，并与社会认同的方向保持一致。

在"2020地平线计划"方面，2018年EFI发布报告《欧洲研究与创新政策的挑战》[7]。该报告指出欧盟的研究与创新政策是一个相对新兴的政策领域，其特点是制定了非常宏大的目标，而这些目标往往难以实现，有些短期目标甚至还需要很长时间才能完成。如果欧盟未来仍未能实现既定目标,会在计划中期降低欧洲研究与创新政策的可信度。由于欧洲研究与创新政策具有结构复杂、责任分散的特点,EFI的专家认为,巩固和简化欧洲研究与创新结构是德国和欧洲政策的一项关键任务。这项任务必须优先于建立新的机构和开发新的融资工具。该报告还认为,目前欧洲研究与创新政策面临的主要挑战在于克服现有创新鸿沟、确保欧洲研究仍具有领先性、证明成立欧洲创新委员会(European Innovation Council,以下简称EIC)的合理性以及应对英国脱欧。为此,EFI对欧洲研究与创新政策相关项目组提出五项建议:一是确保"2020地平线计划"是以确保欧洲研究的领先性为宗旨,在设计第九个研究与创新框架计划时,必须保持这一方向,不应加入额外的内容而使这一宗旨的重要性弱化。二是必须建立相应的治理结构,确保欧洲结构和投资基金中用于促进研究与创新的专项资金被各国政府更有效地使用。三是不建议在当前试点方案的基础上增设EIC,因为它的定位没有得到充分的证实,并且新的EIC很难融入欧洲研究与创新政策已有的制度基础。四是设立激进式创新机构。然而,EFI专家对就此目的建立一个新的欧盟机构的想法持怀疑态度。因此,EFI专家委员会建议在欧盟结构之外建立一个促进激进创新的机构。五是鉴于英国在欧洲研究与创新领域的突出能力和重要贡献,建议在英国脱欧后仍然保持与欧盟在研究领域的密切联系。

在"政策协调"方面,2021年EFI发布报告《新型冠状病毒危机对研究与创新政策的影响》[8]。该报告认为COVID-19危机对全球经济的打击是突然且严重的,德国为控制COVID-19而采取的封锁措施已然导致了巨大的经济损失,并对科学领域造成损失。对于多数德国企业而言,当前的危机形势对正在进行或计划进行的创新项目产生了负面影响。尤其是受疫情影响的中小企业,预计会显著减少其创新支出。为此,德国联邦政府已经提供了有效的政策援助,如维持企业偿付能力的短期措施和防止企业大范围破产的措施,以及对抗经济衰退的经济刺激计划,这同时也有利于研究与创新体系的稳定发展。EFI的专家呼吁政府根据可靠的资格标准迅速支付已宣布的资金计划。此外,EFI的专家还认为COVID-19危机还可以成为向新技术过渡的催化剂,从而提高德国的长期竞争力。因此,下一阶段的经济刺激计划和增长政策措施应尽可能将重点放在研究与创新领域。在此背景下,EFI明确支持且欢迎联邦政府将下一阶段经济刺激计划中的600亿欧元用于投资和创新领域。

在"改革倡议"方面，EFI主要指出了"卓越计划""高等教育协议""研究与创新协议"的不足，并提出对策建议。

2020年，EFI发布报告《科学政策》[9]。该报告指出德国联邦政府与各州政府签订的《研究与创新协议Ⅲ》《2020年高等教育协议》以及改善学习条件和教学指导质量的《教学质量协议》将于2020年底到期，2019年6月，联邦政府和州政府领导人通过了相应的后续协议，签订了《研究与创新协议Ⅳ》《加强未来高等教育和教学协议》《高等教育教学创新协议》。《研究与创新协议Ⅳ》规定联邦政府和州政府在2021年至2030年期间每年增加3%的资金用于非大学类科学组织。此次为期十年的协议明显长于以往为期五年的研究与创新协议，这为非大学类科学组织今后的研究计划和项目提供了充足、安全且稳定的资金保障。《研究与创新协议Ⅳ》还制定了非大学类科学组织追求的五项研究政策目标，包括促进动态发展、加强企业和社会的转移过程、巩固网络、吸引和留住最优秀的人才以及加强研究设施建设。这五项目标与《研究与创新协议Ⅲ》的目标密切相关，但前者更加重视知识和技术的转让。《加强未来高等教育和教学协议》旨在让整个德国实现高质量的学习和教学，为整个德国高等教育领域创造良好的学习条件，并确保可用的学习能力与社会需求保持一致。为此，德国联邦政府在2021年至2023年期间每年提供18.8亿欧元用于提高高等教育教学水平，从2024年起将此预算增加至每年20.5亿欧元。

EFI支持联邦政府长期增加教学经费的举措，但对扩大从事学习和教学的全职学术和艺术职工这一强制政策内容表示担忧。EFI认为，增加参与研究和教学的全职工作人员，并与其保持永久雇佣关系，会导致具有长期雇佣关系的非专业学术研究人员不成比例地增加，应当将非专业学术研究人员的雇佣关系和其资格考核挂钩，通过限制雇佣关系的持续时间，降低非专业学术研究人员的数量和比例，以保障毕业生群体的就业率。《高等教育教学创新协议》旨在支持高等教育机构进一步发展以质量为导向的研究和教学工作，这将激励高等教育教师和高等教育机构的管理人员继续努力改进研究和教学质量。为此，联邦政府和州政府将资助一个法律上独立的组织单位，该单位以资助研究与教学项目、构建沟通交流网络以及促进知识转移为宗旨，执行由联邦政府和各州政府代表组成的委员会就该组织单位做出的所有决定。此外，EFI专家还呼吁增加德国科学基金会的计划津贴，以能够支付高等教育机构教学创新改革过程中与德国科学基金会相关的间接项目成本，保障协议的有效实施。

7.2.2　研究与创新体系

近年来,EFI 在研究与创新体系议题上的研究更多侧重于"非大学研究""大学研究""研究与创新体系""区域创新""私营部门的创新行为""知识和技术转移""科学出版物",而不再关注"大学医学"和"国家创新系统"等方面的问题。

在"区域创新"方面,2020 年 EFI 发布报告《东德作为创新之地:重新统一30 年后》[10]。该报告研究了东德和西德企业的创新活动及其结构性差异、东德专利申请和初创企业的发展以及创新驱动型企业的合作活动和研发活动等,通过比较东德和西德当前的创新表现及近年来的发展来反映德国统一 30 年来的发展状况。创新被视为整体经济的重要驱动力,能够推动国家收入增加和福利水平提升。该报告表明,自统一以来,东德已经能够大大缩小与西德之间的生产率差距:1991 年,东德的生产率约为西德生产率水平的 45％;到 2018 年,这一比例已达到近 83％。在统一后的前几年,东西德生产率的差距大幅缩小,而后差距缩小的速度明显放缓,这主要归因于东德和西德经济体之间的结构性差异。EFI 研究认为,与西德相比,东德在结构上的差异主要表现在以下几个方面:普遍缺乏大型跨国企业集团的总部;年轻的中小型企业参与经济活动的比例较高;非研究密集型的产业比例过高;非知识密集型企业的比例较高。与此同时,东德经济的特点还在于航空航天和制药等尖端技术部门所占的比例过高。此外,东德还有更多结构薄弱的地区,创新活动的区位条件相对不利,尤其是在技术和知识基础设施方面(例如宽带、交通、与科学机构的联系等)。该报告指出,虽然近年来东德企业的创新水平与西德企业的创新水平趋同,但前者仍然需要在创新活动的开展和创新成果的市场化方面进一步努力。基于此,EFI 提出四方面的建议:一是向结构薄弱的地区推行研究与创新政策,建议联邦政府在《团结协议Ⅱ》(*Solidarity Pact Ⅱ*)期满后不再为东德企业提供特殊的研究与创新支持,应该基于区域特征选择研究与创新结构较为薄弱的地区予以支持,而非根据各州之间的边界简单选择。对于研究与创新结构较为薄弱的地区,EFI 倡导以创新为导向的结构政策,一方面可以通过加大研发与创新相关的基础设施建设来提高其整体创新的意愿和能力;另一方面可以加大对于非技术创新项目和服务的支持,侧重扶持企业将新产品和新服务推向市场,从而将没有研发活动的企业更紧密地融入研究与创新体系之中。二是支持科学界的初创企业,进一步加强高等教育机构的创业文化培训,促进中小高等教育机构的学术创业活动。三是制定跨区域和国际合作的激励机制，鼓励创新参与者积极开展跨区域、跨国的研究与创新合作。四是注重对研究与创新资助计划的实际实施效果的客观分析，从资助计划的目标定义、衡量指标、申请人获得资助的重要特征以及筛选的全过程出发建立综合数据库，评判资助计划中相关研究的影响。

在"私营部门的创新行为"方面，2021 年 EFI 发布报告《商业领域的创新行为》[11]。企业旨在通过创新活动获得竞争优势。产品创新是指在市场上推出新的或改进的，与市场上先前提供的产品不同的产品。引入新的或改进的制造工艺称为工艺创新。该报告基于研究密集型产业和知识密集型服务业的创新强度以及新产品产生营业额的百分比，对德国的创新行为进行国际比较。研究发现，2018 年德国研究密集型产业的创新强度，即创新支出占总营业额的比例为 7.4%，高于其他国家；在知识密集型服务方面，瑞典和芬兰的创新强度在所有国家中排名靠前，分别为 5.6% 和 4.3%，而德国仅有 3.2%。此外，报告还分析了 2010 年和 2020 年德国、美国、法国、日本、英国、中国、瑞典、瑞士和韩国在国际标准化组织（International Organization for Standardization，以下简称 ISO）技术委员会和分委员会列出的秘书处数量，通过参与 ISO 的程度反映该国家创新技术标准化的水平。其中，2020 年德国企业参与 ISO 工作的频率明显高于其他国家，在 2010 年至 2020 年期间，虽然中国 ISO 管理的秘书处数量显著增加，但仍然在上述国家中排名第六。

在"知识和技术转移"方面，2021 年 EFI 发布报告《基因编辑和 CRISPR/Cas》[12]。CRISPR/Cas 基因剪刀是一种基因编辑工具，可用于寻找新的治疗方法、破解疾病产生的原因、开展基因测试和基础医学研究。使用 CRISPR/Cas 技术可以有针对性地改变遗传信息，直接消除产生遗传性疾病的基因序列，尤其在体细胞基因治疗领域存在巨大的价值。除医疗目的外，CRISPR/Cas 还可以用于农业（绿色生物技术）和工业，如生产转基因酶、细胞或微生物。为了有效利用 CRISPR/Cas 并发挥其潜力，需要进一步加大相关方面的基础研究和应用研究。为此，EFI 建议采取以下措施：一是加快审批程序，主要包括建立以保证安全和遵守道德为准则的批准程序，以减轻研究人员的行政审批负担；完善审批部门的人员配比，在审批数量增加的情况下保证审批程序的效率和质量；捆绑申请程序和审批程序，并在各州之间保持标准的一致性。二是巩固尖端 CRISPR/Cas 研究成果，在德国具有国际竞争力的城市扩建或新建几个具有灯塔效应的项目，在这些项目运行过程中高度重视其成果的转化应用。三是支持科学发现的相关工作,包括发起和推动跨学科研究和合作小组,通过研究实验和临床实践的早期结合产生持续不断的创新;讨论建立德国基因治疗中心的必要性和合理性,由该中心承担基础研究和临床研究成果的转化应用工作,同时为研究人员和各种利益相关者建立沟通联系的平台;通过设立更有力的审批标准来提高临床试验的可行性,例如快速、高效、详细的审批程序;继续支持科学发现的转化应用,如"GO-Bio initial"项目,并为其提供充足的财政支持。四是修改私人风险投资和增长资本(growth capital)介入的基本条件,设立未来基金(future fund)支持生物技术领域开创性技术的研发和初创企业的发展。五是定期向社会通报与 CRISPR/Cas 相关研究的潜力和风险,以便后续进行更深入的社会讨论。六是坚持开放科学原则,加速科学知识的传播和 CRISPR/Cas 领域的进一步发展。

在"科学出版物"方面,2021 年 EFI 发布报告《科学出版物》[13]。大部分新技术和服务都是基于已有的科学成果发展而来的,因此,文献计量指标和度量标准被用作科学绩效的衡量标准,以定量和定性的方式评估绩效。该报告使用 Web of Science(WoS)数据库中的引文数据,比较分析各个国家的科学家在全球科学期刊上的论文发表情况,通过引用频次来体现这些科学出版物的重要性。研究表明,选定的国家和地区在 2009 年和 2019 年科学出版物的份额(publication shares)上产生了很大的变化,包括德国、法国、英国和美国在内的大部分国家的科学出版物份额有所下降,德国从 5.3% 下降到 4.1%,英国从 5.5% 下降到 4.3%,法国从 3.8% 下降到 2.5%,美国从 23.7% 下降到 17.8%。与此相反,中国的科学出版物份额却从 2009 年的 9.3% 大幅增长至 2019 年的 22.5%。就期刊的国际认可度(international alignment)而言,德国学者科学出版物的质量指数得分从 2009 年的 14 下降到 2017 年的 10,但仍然高于平均水平。中国学者科学出版物的质量指数得分虽仍不及比利时、丹麦、德国、法国、英国、荷兰、瑞士和美国,但其出版质量有较大的提升,从 2009 年落后于平均水平的负值增加至 2017 年的 4。就科学出版物的关注度(scientific regard)而言,德国科学出版物的关注度指数得分从 2009 年的 7 下降到 2017 年的 2,不及中国和意大利学者科学出版物的关注度。

在"大学研究"方面,2019 年 EFI 发布报告《高等教育机构数字化》[14]。该报告指出虽然德国高等教育机构自称其非常重视数字化,但根据相关分析发现,德国高等教育机构在研究、教学和管理中并没有体现出较高的数字化水平。因此,EFI 建议德国高等教育机构持续推进数字化改革,通过制定具有明确目标和计划的数字化战略,实现现代化管理,必要时可以与软件、平台、云服务等机构合作。就高等教育政策而言,EFI 建议采取一次性教学费用支出的方式实现高等教育机构的教学数字化改革,支持其开发和维护数字基础设施和应用程序,扩展数字教学和学习产品的使用场景。

7.2.3　创新指标

关于德国在研究与创新方面的表现的分析是 EFI 年度报告中不可或缺的一部分。基于对各项指标的评估,EFI 的年度报告汇总得出了德国研究与创新系统的结构和趋势。近年来,EFI 创建了较为固定的创新指标,并在年度报告中使用,分别为教育和资格,研究与开发,研究与创新资助,创业公司,专利,生产、价值创造和就业。该报告主要评估了德国及其主要竞争国家在各个指标方面的差距,同时对比分析了德国不同时期、不同州的创新体系绩效。

在教育方面的投资以及高水平的资格认证,对一个国家中长期的创新能力和经济增长至关重要。在教育与资格方面,2021 年 EFI 的报告提供了各国教育与资格认证的状况以及德国在该方面的优势和劣势[15]。

研发过程是创造新产品和服务的必要先决条件。从理论上来说,高研发强度对国家的竞争力、经济发展和就业都存在着正向影响。公司、高等教育机构和公共部门的研发投资活动是评估国家科研实力的重要指标。在研究与开发方面,2021 年 EFI 的报告比较了德国和其他国家在研究与开发活动、各州的投资程度以及主要的研究密集型产业方面的差距[16]。

商业融资特别是研发活动融资对于年轻的创新型公司而言是一项关键挑战。由于最初的营业收入很少或根本没有营业收入,导致这些公司几乎不可能用自己的资源融资。银行等投资方因为很难评估创新型初创企业的成功概率,也很少进行实质性资金投入。公司融资的其他替代方式包括筹集股本或风险投资以及通过政府融资。在研究与创新资助方面,2021 年 EFI 的报告比较了德国和其他国家风险资本和公共部门研发资金的可用性[17]。

初创企业尤其是研究和知识密集型行业的初创企业,需要以创新的产品、流程和商业模式挑战老牌公司。在创业公司方面,2021 年 EFI 的报告描述了新技术领域中业务结构动态变化的过程,年轻的公司在新的需求趋势出现以及科学成果开发转化为新产品和新工艺的早期阶段具有优势,能够打开新的市场,实现创新理念的快速突破[18]。

专利是新技术发明的工业产权,是创新成果商业化、市场化的基础,同时也是创新系统中不同利益相关者相互协作,实现知识和技术转移的工具。在专利方面,2021年EFI的报告通过量化选定国家的专利活动,对比分析这些国家在高价值技术和尖端技术领域的专业化程度[19]。

国家在研究密集型和知识密集型产业的劳动力投入和增加值份额反映了产业经济的重要性,并在一定程度上可以反映国家的技术水平。在生产、价值创造和就业方面,2021年EFI的报告介绍了不同国家研究密集型产业和知识密集型服务的增值、生产率水平及其发展,表明了德国在研究密集型产业和知识密集型服务方面的贸易地位[20]。

参考文献

[1] Expertenkommission forschung und innovation [EB/OL]. [2021 - 11 - 28]. https://www.e-fi.de/en/.

[2] EXPERTENKOMMISSION FORSCHUNG UND INNOVATION. Area for action: digital change[R/OL].(2017 - 02 - 15)[2021 - 11 - 28]. https://www. e-fi. de/fileadmin/Assets/Themenverzeichnis/Inhaltskapitel _ EN _ 2017/EFI _ Report _ 2017 _ Chapter_A6.pdf.

[3] EXPERTENKOMMISSION FORSCHUNG UND INNOVATION. Implementation of the high-tech strategy 2025[R/OL].(2020 - 02 - 19)[2021 - 11 - 28]. https://www.e-fi.de/fileadmin/Assets/Themenverzeichnis/Inhaltskapitel_EN_2020/EFI_Report_2020_A1.pdf.

[4] EXPERTENKOMMISSION FORSCHUNG UND INNOVATION. Priorities for R&I policy in the A3 coming legislative period[R/OL].(2021 - 02 - 24)[2021 - 11 - 28]. https://www. e-fi. de/fileadmin/Assets/Themenverzeichnis/Inhaltskapitel _ EN _ 2021/EFI_Report_2021_A3.pdf.

[5] EXPERTENKOMMISSION FORSCHUNG UND INNOVATION. Area for action: governance[R/OL].(2017 - 02 - 15)[2021 - 11 - 28]. https://www.e-fi.de/fileadmin/Assets/Themenverzeichnis/Inhaltskapitel_EN_2017/EFI_Report_2017_Chapter_A5.pdf.

[6] EXPERTENKOMMISSION FORSCHUNG UND INNOVATION. New mission orientation and agility in research and innovation policy[R/OL].(2021 - 02 - 24)[2021 - 11 - 28]. https://www. e-fi. de/fileadmin/Assets/Themenverzeichnis/Inhaltskapitel _ EN _ 2021/EFI_Report_2021_B1.pdf.

[7] EXPERTENKOMMISSION FORSCHUNG UND INNOVATION. Challenges of European research and innovation policy[R/OL].(2018 - 02 - 29)[2021 - 11 - 28]. https://www. e-fi.de/fileadmin/Assets/Themenverzeichnis/Inhaltskapitel_EN_2018/EFI_Report_2018_

B2.pdf.

[8] EXPERTENKOMMISSION FORSCHUNG UND INNOVATION. Impact of COVID - 19 crisis on research and innovation[R/OL].(2021 - 02 - 24) [2021 - 11 - 28]. https://www.e-fi.de/fileadmin/Assets/Themenverzeichnis/Inhaltskapitel_EN_2021/EFI_Report_2021_A1.pdf.

[9] EXPERTENKOMMISSION FORSCHUNG UND INNOVATION. Science policy [R/OL].(2020 - 02 - 19) [2021 - 11 - 28]. https://www.e-fi.de/fileadmin/Assets/Themenverzeichnis/Inhaltskapitel_EN_2020/EFI_Report_2020_A2.pdf.

[10] EXPERTENKOMMISSION FORSCHUNG UND INNOVATION. East Germany as a location for innovation - 30 years after reunification[R/OL].(2020 - 02 - 19) [2021 - 11 - 28]. https://www.e-fi.de/fileadmin/Assets/Themenverzeichnis/Inhaltskapitel _ EN _ 2020/EFI_Report_2020_B1.pdf.

[11] EXPERTENKOMMISSION FORSCHUNG UND INNOVATION. Innovation behaviour in the business sector[R/OL].(2021 - 02 - 24) [2021 - 11 - 28]. https://www.e-fi.de/fileadmin/Assets/Themenverzeichnis/Inhaltskapitel _ EN _ 2021/EFI _ Report _ 2021 _ C3.pdf.

[12] EXPERTENKOMMISSION FORSCHUNG UND INNOVATION. Gene editing and CRISPR/Cas[R/OL].(2021 - 02 - 24) [2021 - 11 - 28]. https://www.e-fi.de/fileadmin/Assets/Themenverzeichnis/Inhaltskapitel_EN_2021/EFI_Report_2021_B3.pdf.

[13] EXPERTENKOMMISSION FORSCHUNG UND INNOVATION . Scientific publications [R/OL].(2021 - 02 - 24) [2021 - 11 - 28]. https://www.e-fi.de/fileadmin/Assets/Themenverzeichnis/Inhaltskapitel_EN_2021/EFI_Report_2021_C7.pdf.

[14] EXPERTENKOMMISSION FORSCHUNG UND INNOVATION. Digitalization of tertiary education institutions[R/OL].(2019 - 02 - 27) [2021 - 11 - 28]. https://www.e-fi.de/fileadmin/Assets/Themenverzeichnis/Inhaltskapitel_EN_2019/EFI_Report_2019_B4.pdf.

[15] EXPERTENKOMMISSION FORSCHUNG UND INNOVATION. Education and qualification[R/OL].(2021 - 02 - 24) [2021 - 11 - 28]. https://www.e-fi.de/fileadmin/Assets/Themenverzeichnis/Inhaltskapitel_EN_2021/EFI_Report_2021_C1.pdf.

[16] EXPERTENKOMMISSION FORSCHUNG UND INNOVATION. Research and development[R/OL].(2021 - 02 - 24) [2021 - 11 - 28]. https://www.e-fi.de/fileadmin/Assets/Themenverzeichnis/Inhaltskapitel_EN_2021/EFI_Report_2021_C2.pdf.

[17] EXPERTENKOMMISSION FORSCHUNG UND INNOVATION. Financing research and innovation[R/OL].(2021 - 02 - 24) [2021 - 11 - 28]. https://www.e-fi.de/fileadmin/Assets/Themenverzeichnis/Inhaltskapitel_EN_2021/EFI_Report_2021_C4.pdf.

[18] EXPERTENKOMMISSION FORSCHUNG UND INNOVATION. New businesses [R/OL].(2021 - 02 - 24) [2021 - 11 - 28]. https://www.e-fi.de/fileadmin/Assets/Themenverzeichnis/Inhaltskapitel_EN_2021/EFI_Report_2021_C5.pdf.

[19] EXPERTENKOMMISSION FORSCHUNG UND INNOVATION. Patents [R/OL].

（2021 - 02 - 24）［2021 - 11 - 28］. https：//www. e-fi. de / fileadmin / Assets / Themenverzeichnis/Inhaltskapitel_EN_2021/EFI_Report_2021_C6.pdf.

［20］EXPERTENKOMMISSION FORSCHUNG UND INNOVATION. Production，value added and employment［R/OL］.（2021 - 02 - 24）［2021 - 11 - 28］. https：//www.e-fi.de/fileadmin/Assets/Themenverzeichnis/Inhaltskapitel _ EN _ 2021/EFI _ Report _ 2021 _ C8.pdf.

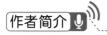

常旭华 同济大学上海国际知识产权学院

第8章

积极响应社会问题的高校智库
——英国苏塞克斯大学科学政策研究所

陈秋萍

苏塞克斯大学科学政策研究所（The Science Policy Research Unit，简称SPRU）位于英国伦敦，由经济学家克里斯托弗·弗里曼（Christopher Freeman）于1966年创建，是世界上较早成立的科学技术政策领域跨学科研究中心之一。SPRU致力于了解和应对当今世界面临的关键挑战，以推动建立一个更美好的世界。在专业知识上的优势，让SPRU的研究处于世界前沿，SPRU的跨学科特色和专业知识积累使其能够适应时代发展需求，在发生重大变化的时候能够持续提供严谨的、创造性的分析和解决方案。本章基于2017年至2021年间SPRU官网上的公开研究成果，梳理其聚焦的科技创新相关议题及主要观点。

8.1　机构简介

SPRU团队所采取的创新和合作的方法对相关领域理论和实践发展都作出了贡献，同时也激励了无数的研究人员和学生。直至今日，SPRU一直坚持理论与实践的结合，着眼于学术界、政策界和其他方面的外部参与。目前，SPRU有50多名教职员工，聚焦五大研究领域：科学、政治和决策，能源，可持续发展，创新经济学与产业政策，技术与创新管理。SPRU的研究旨在理解各类组织的创新和开发工具，以改善各类组织、不同国家和全球政策层面的创新管理。

SPRU确立了五大定位与愿景：一是连接专家和洞见，将社会科学、自然科学、工程学和人文学科的专家及其见解与学院和学术网络联系起来；二是培育下一代，通过硕士课程、博士课程以及为创新政策领域专业人士提供定制化培训，培养下一代创新领导者和决策者；三是制订领先的研究计划，制订能源政策、可持续发展、科学技术政策、创新和项目管理以及创新经济学方面的领先研究计划;四是广泛开展合作,与诸多合作伙伴和利益相关者合作,包括世界各地的政府、政策决策者、学术界、行业协会和民间社会,为应对全球挑战形成切实可行的解决方案;五是应对关键的全球挑战,利用科学、技术和创新管理来应对气候变化、环境破坏、医疗保健、不平等和不安全等关键的全球挑战,以实现变革。

此外,为推动特定领域的研究活动,SPRU 通过召集跨部门、多学科的人员组成研究动员小组,每个小组都围绕具有战略意义的特定学科领域开展研究工作。SPRU 设置了 20 个方向的研究动员小组,具体方向为:会计与社会,人工智能,商业金融,循环经济,冲突、移民与发展,消费者福祉,经济理论与代理人行为,创新经济学,能源问题,未来工作中心,创新与项目管理,国际商业与发展,国际贸易和外国直接投资,劳动经济学、教育与健康,研究教育学,量化金融技术(QFIN),负责任的企业,科学、政治与决策,供应链 4.0 中心,可持续发展。

8.2 研究领域及主要议题

2017 年至 2021 年间,SPRU 共发布了百余篇系列工作文章,涉及五大研究议题:创新经济学与产业政策,科学、政治和决策,可持续发展,能源,技术与创新管理[1]。由于 SPRU 的系列工作文章于 2019 年起进行了明确的议题归类,为了更精准地提炼该智库的研究议题,本部分以其 2019 年至 2021 年间的系列工作文章为主,辅以 2017 年和 2018 年具有代表性的工作文章。2019 年至 2021 年间,SPRU 共发布 54 篇工作文章,各议题文章数量分别如下:创新经济学与产业政策议题 33 篇,科学、政治和决策议题 9 篇,可持续发展议题 4 篇,能源议题 6 篇,技术与创新管理议题 2 篇。可见,创新经济学与产业政策议题是 SPRU 研究的重中之重。下文将系统梳理 SPRU 近五年在上述五大研究领域的研究进展及主要观点。

8.2.1 创新经济学与产业政策

现代资本主义面临失业率上升、气候变化、贫困严重等一系列巨大的社会挑战,推动引导经济增长和可持续性发展所需的创新至关重要。从历史上看,创新经济学一直是 SPRU 多元化研究组合的支柱,为产业政策、创新政策和发展政策等方面的研究提供了关键的理论工具和实证工具。SPRU当前在创新经济学与产业政策议题上的研究集中在产业政策、经济发展和增长、企业增长和产业动态、融资创新和金融化四个主要领域。

第一，在政策创新方面，SPRU提倡进行创新政策试验。SPRU的报告《试验性创新政策》指出，政策创新的主要目的是支持新的技术、产品、流程或商业模式的试验，并加速其在整个经济和社会中的传播。然而自相矛盾的是，创新政策本身并不具有试验性，主要原因有三：一是创新体系本身是个复杂系统，不确定性很高；二是创新体系在不断演化，目前的演化速度比过去更快；三是缺乏证据表明需要指导政策。虽然面临以上困难，该报告仍然强调了政策试验的必要性，并提出一些进行政策试验的建议。首先，政策试验能够降低总体政策成本。通过尽早开始小规模地测试政策的有效性，可以让试图规避风险的组织更容易对新方法进行取样，进入更具创新性的领域，而不必在此过程中投入大量资源。其次，若想开展政策试验，需要考虑到现有试验方法的范围，以支撑选择合适的方法。这取决于所问的问题、对潜在解决方案的了解、发展阶段、实施干预的水平或显示结果所需的时间[2]。

第二，在企业创新方面，SPRU研究了诸多影响企业创新的要素。一是分析了企业绩效与第四次工业革命有关的技术知识储备的相关性。SPRU的报告《走向革命：第四次工业革命技术发展对公司业绩的影响》从企业视角提出三点启示：① 当新技术出现时，进入的时机具有高度相关性，率先行动将比竞争对手更具明显的优势；② 与技术领域的复杂性和互联性有关，专注于应用技术和其他技术领域的企业将获得显著的绩效结果；③ 不同技术的结合存在差异，这需要对过去积累的经验进行深入分析，并对现有技术进行细致审查[3]。二是研究了补贴在初创企业绩效中的作用。SPRU的报告《创业补贴：政策工具是否重要？》发现赠款和补贴贷款能够促进有形投资、就业和收入增长。与贷款相比，赠款更适合于研发投资。补贴贷款与赠款相结合，有助于通过有形资产投资将研究成果转化为适销对路的产品。在创新绩效、就业和未来收入方面，参与这两类计划的初创公司都优于只接受赠款的公司[4]。

第三，在人工智能技术方面，SPRU研究了人工智能本身的发展及其社会影响。一是解释了人工智能技术的兴起在半导体行业引起的变化。SPRU的报告《在大脑的基础上：通用芯片中由神经网络激发的变化》研究了技术不连续性对高技术产业中的产品设计和生产策略的影响。芯片的发展受到芯片性能、处理速度、灵活性和能源效率这些基本特征的限制。由于认识到灵活性的重要性,芯片生产商正转向关注芯片中可实现的替代结构,这种与行业既定技术路线相关的技术不连续性是芯片制造商目前面临的主要挑战[5]。二是研究人工智能的本质及其对产业政策的影响。SPRU 的报告《人工智能的新衣:从通用技术到大型技术系统》认为就目前而言,"人工智能(artificial intelligence,AI)等于通用技术(general purpose technology,GPT)"的观点还为时过早。人工智能不像通用技术那样是一种独立的技术,而是一种可以显示基础设施属性的系统性技术:它具有双重性质,既可以作为一种人工技术产物,又可以作为一种社会技术网络。该报告提出了一个从大型技术系统(large technical system,LTS)文献中提炼的替代框架,该框架更适合展现人工智能的本质。利用 LTS 框架,将人工智能的经济分析范围扩展到科技社会学和科学技术研究的相关领域[6]。

第四,在数字化转型背景下,SPRU 主张制定重新分配数据价值的政策,并就应对数字化转型带来的就业结构变化进行研究。SPRU 的报告《数据的价值:建立一个重新分配数据的框架》指出,数字化转型为现代劳动力市场创造了巨大的机遇,但也带来了挑战。自数字化转型实施以来,数据的经济价值急剧增加,亟须基于当前的全球数据治理结构讨论数据价值的分布框架。制定重新分配数据价值的政策,需要彻底反思当前技术环境下以及现有无形投资和无形资本语境中数据的性质。该报告阐明了一个数据价值分配框架,以此来区分数据作为资本、作为劳动力或作为知识产权的不同价值[7]。SPRU 的报告《数字时代的工作构成及其对英国企业的影响》指出,尽管人们普遍担心技术变革会导致工作岗位减少,尤其是那些易受自动化高度影响的从业者,但目前有理由就技术对劳动力的影响持乐观态度。研究结果表明,一方面,专注于脑力型工作的企业劳动力不会面临彻底的失业,技术变革反而可能对这类企业的整体就业产生积极影响;另一方面,技术变革容易对从事常规手工工作的企业劳动力产生负面影响[8]。

8.2.2　科学、政治和决策

在当前背景下,思考如何更好地构建科学、研究和政策之间的关系,推动制定高质量的科学发展建议和科学政策意义重大。SPRU 在本议题下的研究重点围绕化学和生物武器的治理与政策挑战。

第一,SPRU 主张通过前瞻性评估关键政策工具以刺激创新。在国际上对激励抗耐药性(antimicrobial resistance,AMR)诊断创新的政策越来越感兴趣的背景下，SPRU 的报告《评估研究政策工具组合：在六个欧洲国家进行的管理抗菌素抗性的诊断创新的多标准映射研究》使用多标准映射（multicriteria mapping，MCM）来评估一系列政策工具，以了解其潜在绩效，同时强调此类干预措施在复杂环境下可能产生的对利益相关者的不确定性。该报告展示了来自六个欧洲国家（德国、希腊、意大利、荷兰、西班牙和英国）的调查结果，研究结果揭示了哪些政策工具被认为最有可能表现良好及其原因，在不同利益相关者群体和国家中找出共性和差异性。这种方法的一个关键特征是系统地探索不同环境和利益相关者视角中的不确定性。重要的是，该报告给出的结论对设计抗耐药性的政策工具组合具有国际影响，对创新政策工具组合的总体评估也在战略和实践方法方面产生影响[9]。

第二，SPRU 研究了如何培养和保持跨学科实践的基本能力。SPRU 的报告《跨学科研究的能力：来自 ESRC Nexus 网络的评估框架和经验》指出，面对气候变化、公共卫生和可持续发展目标等复杂的跨领域问题，需要研究和设计跨学科解决方案。跨学科研究所需的能力各不相同，包括研究能力、技能、演绎方法、领导力、超越纪律和机构设置的能力，以及与各种专家、非专业参与者和利益群体进行国际合作的能力。研究结果表明，为了解决实际问题、积累更多的专业知识，并不是要从众多细分的学术领域中汇集最好的专家。相反，解决实际问题需要培养跨界能力[10]。

第三，SPRU 探索了如何对合作研究进行评估。SPRU 的报告《敢于与众不同？将多样性启发式方法应用于合作研究的评估中》介绍了一种多元化评估方法（diversity approach to research evaluation，DARE）用以评估合作研究：多元化评估方法一方面揭示了各个团队成员之间的背景和经验差异，会使研究协作既有价值又具有挑战性；另一方面提供了这些团队如何合作的见解，提倡研究人员与其合作者建立互动关系，这种互动是知识创造和应用的必要前提[11]。

第四，SPRU 研究了新冠疫情期间数字追踪工具的影响。SPRU 的报告《新冠肺炎密接者追踪应用的传奇：数据治理的经验》认为，任何数字解决方案都不应最终导致歧视或进一步形成不平等，而需要建立一个健康的制度结构，规范大型科技平台（如谷歌和苹果）以及公共机构在管理数据方面的作用。考虑到在收集和存储个人数据（尤其是健康数据）、用户同意和监控方面的技术、法律和道德问题，该报告呼吁在数据治理方面关注以下议题：① 从技术上讲，公众应该能够理解他们决定采用的任何数字工具的技术特征、有效性和用途；② 从法律上讲,数字工具的部署应该基于人权而非隐私权来保障;③ 从伦理和社会角度来看,应当预测并相应规范地使用数字追踪工具,及早识别潜在的数据偏见和歧视风险[12]。

第五,SPRU 评估了中国针对新冠疫情的相关政策是否可以构成新的任务导向方法,以及这些政策是否影响了中国在抗生素领域的技术创新。SPRU 的报告《探索中国抗生素创新体系和研发政策:使命导向创新》发现,中国自 2008 年以来关于抗耐药性(AMR)的最新行动包含了许多任务导向的创新政策要素,包括:① 成立专门的研究机构;② 通过一系列政策工具扩大了投资;③ 颁布了一系列塑造市场的政策,这些政策(包括 2016 年国家行动计划)激发了科学界对抗生素研究的兴趣,并为这一领域提供了更多支持。该报告也分析了中国创新体系中的"举国体制",强调政府在动员全国资源以实现关键目标方面的作用[13]。

8.2.3　可持续发展

SPRU 的可持续发展研究借鉴了其五十多年政策研究中的跨学科咨询和教学经验,可持续发展研究旨在挑战和宣传政府、企业和民间社会的既定做法。如果要取得必要的变革性进展,许多生活方式以及更广泛的公共话语和政治文化也需要进行深刻的变革。SPRU 一直围绕这些问题开展全球辩论,目标是帮助世界找到可持续发展的多样化途径,专注于以科学、技术以及各方面的知识和创新来解决可持续发展问题。

第一,SPRU 探讨了工程与可持续性的关系,以指导工程实践领域更加坚定地与可持续发展保持一致,避免潜在危害。SPRU 的报告《工程与可持续性:现代性中的控制与关怀》认为,现代性塑造和制约着各种各样的工程,尽管在特定的社会背景下取得了一定的进展,但往往会对普遍存在的不平等、不公正和环境退化产生巨大影响。该报告强调,如果社会真的想让人们更好地关心彼此和地球本身,那么应当注意到,这不仅需要集体行动,更需要工具性的政策干预。上述行动可能最有助于摆脱控制现代性的固执己见、谬误和失败的方式。在寻求实现更人性的可持续发展过程中,工程领域的机构及其实践更为重要(他们的行动也可能更具影响力)[14]。

第二,SPRU 分析了变革性创新政策试验与制度变迁、政策组合的互动机制。SPRU 的报告《转型政策组合中的政策试验和制度变革的相互作用:芬兰的移动性服务案例》阐释了变革性创新政策(transformative innovation policy,TIP)如何以新的方式解决全球可持续性问题。研究结果表明，潜在的破坏性创新可以追溯到更长的行政调整和重组环节，再结合一系列政策和重大监管变化，有助于在政策试验、构建新愿景和学习周期中找到创新之所以失败的原因。如果有政治方面的支持，并且吸收了政策试验中的经验教训，那么制定的新政策更有可能导致政策组合发生重大变化[15]。

第三，SPRU 研究了问责制和可持续发展之间的关系，为可持续转型中的各主体提供责任分析框架。SPRU 的报告《问责制和可持续发展的过渡》认为，可持续性转型的前提是能量转换的合法性流动，因此需要围绕监管这些流动建立问责制，并且通过评估在社会物质变化过程中各方所发挥的作用，问责制可以厘清制度设计和治理中所需要的社会包容度和透明度[16]。

第四，SPRU 研究了绿色技术的地理分布及相关国家的创新环境特征。SPRU 的报告《专业化、多样化和绿色技术发展的阶梯》提出两个发现：一是各国正在向绿色技术多样化目标迈进；二是各国正在沿着专业化的累积路径向更复杂的绿色技术发展。气候行动和发展目标相辅相成，加快开发和部署新的低碳技术仍然是环境政策组合的一个关键组成部分[17]。

在可持续发展议题下，SPRU 不仅进行了理论研究，还开展了两项具有影响力的实证研究。第一个实证研究是"科学、技术和创新的新方法有助于实现联合国可持续发展目标"。该研究的成果已被联合国采纳，并正在形成世界各国政府利用科学、技术和创新来减少贫困和实现联合国可持续发展目标的方式。该实证研究介绍了五种新的创新方法，提出《利用创新促进可持续发展：科学、技术和创新政策审查框架》。该框架概述了发展中国家的科技与创新政策审查如何利用变革性创新政策试验，比如利用试验行动和政策参与来挑战不可持续的做法。迄今为止，埃塞俄比亚和赞比亚的科技与创新政策审查中已经应用了这个新框架，并计划在其他国家即将进行的审查中使用该框架[18]。第二个实证研究即"以变革性思维应对全球重大挑战"，由 SPRU 共同创立的变革创新政策联盟（Transformative Innovation Policy Consortium，TIPC）在全球各国开展工作，帮助实现公正和包容性的可持续发展。变革创新政策联盟已经在全球范围内产生新的框架、标准和表述，特别是在哥伦比亚。SPRU 撰写了一份战略性的科技和创新政策文件《绿皮书——国家科学和创新政策促进可持续发展》。该文件后来被哥伦比亚上升为本国法律。此外，TIPC 于 2020 年建立了拉丁美洲中心，汇集了来自哥伦比亚、智利和墨西哥的十个机构，开展的项目涉及健康、食品和区域可持续性[19]。

8.2.4　能源

SPRU 是苏塞克斯能源集团(The Sussex Energy Group)的一部分,该集团联合了苏塞克斯大学和苏塞克斯发展研究所的研究人员,致力于解决能源问题。

第一,在数字金融的大背景下,SPRU 研究了金融系统与可持续转型的互动机制。SPRU 的报告《将金融系统与可持续性转型联系起来:挑战、需求和维度》认为,到目前为止,可持续性转型研究未能与国际上对金融系统应当具备可持续性这一要求接轨,仅对金融系统转型过程提供有限的理论分析。一方面,金融体系能够通过大规模基础设施投资推动经济发生变革性变化;另一方面,反复发生的金融危机也表明金融系统能够造成重大的经济和社会损失。如果没有金融体系,可持续性转型将难以实现其所扮演的角色[20]。

第二,在如何推动可持续转型方面,SPRU 进行了两项涉及中国的案例研究。一是分析生态位参与者如何与制度参与者达成未来共识以及如何促进生态位发展。SPRU 的报告《由利基和制度行为者之间的期望动态驱动的利基加速:中国的风能和太阳能发展》认为,生态位参与者和制度参与者的期望之间的动态一致性可以被视为生态位发展的良好预兆[21]。二是研究相关参与者如何推动可持续性转型的方向。SPRU 的报告《塑造可持续性转型的方向:中国两省太阳能光伏的不同发展模式》发现,理解不同发展模式有三个关键方面:颁布机构工作的具体组合、利基和制度行为者之间的互动类型、省级行政主体对国家一级机构条件的选择性杠杆作用[22]。

第三,SPRU 探究了发展中国家的政权稳定和社会转型的影响机制。SPRU 的报告《"逻辑之轮":南半球走向概念化的政权稳定性及其转型》基于社会技术系统变革的制度逻辑,提出新的"逻辑之轮"框架,揭示了发展中国家可持续性转型过程中的复杂性。该报告认为,制度可以有多种形式的动态稳定性,每种形式都与制度框架所提出的特定转型模式相关。该项研究有助于解决一些实践瓶颈,比如,评估正在进行的变革是否朝着理想的方向发展,在体制变革中确保社会经济环境公正和合理分配资源等[23]。

此外,SPRU 聚焦气候技术,开展了名为"气候相关创新系统构建者推动国际气候目标实现"的著名实证研究。在该项研究中,联合国和世界银行采用了由SPRU 研究人员设计的新政策方针,以帮助发展中国家应对气候紧急情况。该研究强调，过去 30 年的全球气候政策在很大程度上未能促进贫困国家发展气候技术。相反，其中许多政策只惠及了较富裕的发展中国家和提供技术的国际公司。气候相关创新系统构建者（climate relevant innovation-system builders，CRIBS）主张为了成功应用气候技术，必须首先加强国家创新体系建设，包括从企业和非政府组织到政府部门和大学的创新机构网络。因此，将眼光放在技术之外很重要，必须考虑社会背景和政治经济障碍，成功的气候技术转化需要社会技术创新体系的发展。气候相关创新系统构建者现已成为联合国 103 亿美元绿色气候基金筹资机制的一部分，并被纳入世界银行对发展中国家气候技术方法的审查机制中。气候相关创新系统构建者在非洲产生了重大影响。来自 9 个非洲国家的组织使用气候相关创新系统构建者支持其全球气候基金提案，获得了近 1 000 万美元的资助，以帮助实现国际气候目标[24]。

8.2.5　技术与创新管理

创新正在颠覆私营、公共、制造业和服务业等一系列部门的现有产业结构。创新带来的好处不会自动发生，创新需要管理。在竞争日益激烈的国际环境中，有效地管理技术和创新已成为成功的关键。

第一，SPRU 研究了具有超高技术不确定性的大型研究基础设施（large scale research infrastructures，LSRIs）与领导力需求之间的动态演化机制。SPRU 的报告《根据大型研究基础设施的特定阶段需求调整领导力》表明，大型研究基础设施项目在美国费米国家加速器实验室和欧洲核研究中心这两个实验室占据主导地位，因此高层领导的决策也受到项目的限制。一般来说，随着项目进展会形成从民主到专制的领导风格转变，但 LSRIs 表现出一种反向转变，这可能也是由这些机构的高技术能力水平导致的。从更广义的意义上讲，该研究结果对其他类型的大型项目和私营部门的大型组织具有价值。因此，在完成大型研究基础设施项目后，可能需要引入新的调查，将社区的长期需求纳入研究战略[25]。

第二，SPRU 研究了大型基础设施项目的风险管理。SPRU 的报告《希思罗机场 2 号航站楼施工中的风险工程》对希思罗机场 2 号航站楼（T2）进行了深入的案例研究，描述了中介工具在使风险可见和可操作方面的中心作用。在理论层面上，该报告揭示了时间性和路径依赖性在研究风险基础设施形成中的重要性。这对政策建议具有重要的实际意义。通过关注哪些风险类别被排除在风险管理架构之外，T2 得以持续取得新进展[26]。

参考文献

［1］https：//www. sussex. ac. uk/business-school/people-and-departments/spru/research.

［2］ALBERT BRAVO-BIOSCA. Experimental innovation policy［EB/OL］.［2022－01－29］. https：//www. sussex. ac. uk/webteam/gateway/file. php? name＝2019-19-swps-bravo. pdf & site＝25.

［3］MARIO BENASSI，ELENA GRINZA，FRANCESCO RENTOCCHINI，et al. Going revolutionary：the impact of 4IR technology development on firm performance［EB/OL］.［2022－01－29］. https：//www. sussex. ac. uk/webteam/gateway/file. php? name＝2020-08-swps-benassi-et-al. pdf & site＝25.

［4］HANNA HOTTENROTT，ROBERT RICHSTEIN. Start-up subsidies：does the policy instrument matter?［EB/OL］.［2022－01－29］. https：//www. sussex. ac. uk/webteam/gateway/file. php?name＝2019-23-swps-hottenrott-and-richstein. pdf & site＝25.

［5］EKATERINA PRYTKOVA，SIMONE VANNUCCINI. On the basis of brain：neural-network-inspired change in general purpose chips［EB/OL］.［2022－01－29］. http：//dx. doi. org/10.2139/ssrn. 3536389.

［6］SIMONE VANNUCCINI，EKATERINA PRYTKOVA. Artificial intelligence's new clothes? From general purpose technology to large technical system［EB/OL］.［2022－01－29］. https：//www. sussex. ac. uk/webteam/gateway/file. php? name＝2021-02-swps-prytkova-and-vannuccini. pdf & site＝18.

［7］MARIA SAVONA. The value of data：towards a framework to redistribute it［EB/OL］.［2022－01－29］. https：//www. sussex. ac. uk/webteam/gateway/file. php? name＝2019-21-swps-savona. pdf & site＝25.

［8］MABEL SÁNCHEZ BARRIOLUENGO. Job composition and its effect on UK firms in the digital era［EB/OL］.［2022－01－29］. https：//www. sussex. ac. uk/webteam/gateway/file. php?name＝2019-24-swps-sanchez. pdf & site＝25.

［9］JOSIE COBURN，FREDERIQUE BONE，MICHAEL M HOPKINS，et al. Appraising research policy instrument mixes：a multicriteria mapping study in six European countries of diagnostic innovation to manage antimicrobial resistance［EB/OL］.［2022－01－29］. https：//www. sussex. ac. uk/webteam/gateway/file. php? name＝2021-03-coburn-et-al. pdf & site＝18.

［10］CIAN O'DONOVAN，ALEKSANDRA（OLA）MICHALEC，JOSHUA R MOON. Capabilities for transdisciplinary research. An evaluation framework and lessons from the ESRC nexus network［EB/OL］.［2022－01－29］. https：//www. sussex. ac. uk/webteam/gateway/file. php?name＝2020-12-swps-odonovan-et-al. pdf & site＝25.

［11］FRÉDÉRIQUE BONE，MICHAEL M HOPKINS，ISMAEL RÀFOLS，et al. Dare to be different? Applying diversity heuristics to the evaluation of collaborative research[EB/OL]. [2022 - 01 - 29]. https://www.sussex.ac.uk/webteam/gateway/file.php?name=2019-09-swps-bone-et-al.pdf&site=25.

[12] MARIA SAVONA. The saga of the Covid - 19 contact tracing apps: lessons for data governance [EB/OL]. [2022 - 01 - 29]. https://www.sussex.ac.uk/webteam/gateway/file.php?name=2020-10-swps-savona.pdf&site=25.

[13] YUHAN BAO, ADRIAN ELY, MICHAEL HOPKINS, et al. Exploring the antibiotics innovation system and R&D policies in China: mission oriented innovation? [EB/OL]. [2022 - 01 - 29]. https://www.sussex.ac.uk/webteam/gateway/file.php?name=2021-04-bao-et-al.pdf&site=18.

[14] ANDY STIRLING. Engineering and sustainability: control and care in unfoldings of modernity [EB/OL]. [2022 - 01 - 29]. https://www.sussex.ac.uk/webteam/gateway/file.php?name=2019-06-swps-stirling-october-2019.pdf&site=25.

[15] PAULA KIVIMAA, KAROLINE S. Rogge interplay of policy experimentation and institutional change in transformative policy mixes: the case of mobility as a service in Finland[EB/OL]. [2022 - 01 - 29]. https://www.sussex.ac.uk/webteam/gateway/file.php?name=2020-17-swps-kimivaa-and-rogge.pdf&site=25.

[16] SIDDHARTH SAREEN, STEVEN WOLF. Accountability and sustainability transitions [EB/OL]. [2022 - 01 - 29]. https://www.sussex.ac.uk/webteam/gateway/file.php?name=2020-07-swps-sareen-and-wolf.pdf&site=25.

[17] FRANÇOIS PERRUCHAS, DAVIDE CONSOLI, NICOLÒ BARBIERI. Specialisation, diversification and the ladder of green technology development [EB/OL]. [2022 - 01 - 29]. https://www.sussex.ac.uk/webteam/gateway/file.php?name=2019-07-swps-perruchas-et-al.pdf&site=25.

[18] New approaches to science, technology and innovation help to meet UN sustainable development goals [EB/OL]. [2022 - 01 - 29]. https://www.sussex.ac.uk/business-school/research/impact/meeting-un-stg.

[19] Transformative thinking tackles grand global challenges [EB/OL]. [2022 - 01 - 29]. https://www.sussex.ac.uk/business-school/research/impact/tipc_colombia.

[20] CHANTAL P NAIDOO. Relating financial systems to sustainability transitions: challenges, demands and dimensions [EB/OL]. [2022 - 01 - 29]. https://www.sussex.ac.uk/webteam/gateway/file.php?name=2019-18-spwps-naidoo.pdf&site=25.

[21] KEJIA YANGA, RALITSA HITEVAA, JOHAN SCHOTB. Niche acceleration driven by expectation dynamics among niche and regime actors: China's wind and solar power development [EB/OL]. [2022 - 01 - 29]. https://www.sussex.ac.uk/webteam/gateway/file.php?name=2020-03-swps-yang-et-al.pdf&site=25.

[22] KEJIA YANG, JOHAN SCHOT, BERNHARD TRUFFER. Shaping the directionality of sustainability transitions: the diverging development patterns of solar PV in two Chinese Provinces [EB/OL]. [2022 - 01 - 29]. https://www.sussex.ac.uk/webteam/

gateway/file.php?name＝2020-14-swps-yang-et-al.pdf&site＝25.

［23］BIPASHYEE GHOSH. The "Wheel of Logics"：towards conceptualising stability of regimes and transformations in the global sout［EB/OL］.［2022 - 01 - 29］. https://www.sussex.ac.uk/webteam/gateway/file.php?name＝swps-2021-06.pdf&site＝18.

［24］CRIBS approach provides a push for international climate goals［EB/OL］.［2022 - 01 - 29］. https://www.sussex.ac.uk/business-school/research/impact/cribs.

［25］DAVID EGGLETON. Tailoring leadership to the phase-specific needs of large scale research infrastructures［EB/OL］.［2022 - 01 - 29］. https://www.sussex.ac.uk/webteam/gateway/file.php?name＝2020-15-swps-eggleton.pdf&site＝25.

［26］Riskwork in the construction of Heathrow Terminal 2［EB/OL］.［2022 - 01 - 29］. https://www.sussex.ac.uk/webteam/gateway/file.php?name＝2020-20-swps-vine.pdf&site＝18.

陈秋萍 上海市科学学研究所

第9章

俄罗斯科技智囊团

——斯科尔科沃科学技术研究所

郭凤丽

俄罗斯在苏联解体后科技实力惨遭重创,在现代高科技领域一度大范围落后于世界领先国家。然而,不可否认的是,俄罗斯凭借深厚的科研底蕴,在军工、航空航天、核能、医学等多领域保持了其特有优势,至今仍是不可小觑的科技大国。科技创新是当前中俄两国最富前景的合作领域之一,为进一步扩大中俄在科技创新领域的合作,两国元首还发起了 2020—2021 年"中俄科技创新年"活动。在此背景下,对俄罗斯最具代表性的专业科技型智库进行系统研究和持续关注,具有十分重要的意义。而俄罗斯先进技术领域的领导者和国家科技"智囊团"斯科尔科沃科学技术研究所(Skolkovo Institute of Science and Technology,简称 Skoltech),作为与政府保持密切联系的俄罗斯首个聚焦科技发展与创新的专业科技型智库,有理由成为我们调研的不二之选。

9.1 机构简介

斯科尔科沃科学技术研究所成立于 2011 年,是由美国麻省理工学院和俄罗斯政府联合创建的一所私立研究型大学,也是俄罗斯首个聚焦科技发展与创新的专业科技型智库。Skoltech 位于有"俄罗斯硅谷"之称的斯科尔科沃创新中心园区内,与斯科尔科沃创新中心同为俄罗斯前总统梅德韦杰夫在任时倡议的《经济发展和创新经济计划》的一部分。该机构自成立之初便承担着为俄罗斯实现经济转型和科技发展出谋划策、培养高素质科技人才的使命,受到俄罗斯政府的高度重视[1]。2021 年,Skoltech 发布《2021—2025 年战略报告》,进一步明确了自身的定位——产生巨大经济影响的世界领先大学,俄罗斯知名科技智库,优势科技领域研发中心。其中，该报告特别指出，接下来的五年（2021—2025 年）Skoltech 将致力于成为俄罗斯先进技术领域的领导者和国家科技"智囊团"，助力国家制定和实施科技计划、政策和标准[2]。Skoltech 对自身的最新定位亦是对其十年发展历程中所取得的荣誉和成果的概括总结。

十年间，Skoltech 已成为《自然指数》期刊上学术活跃度最高的世界年轻大学之一。2018 年，Skoltech 因其快速增长的高质量科研产出在《自然指数》上的突出贡献，被 Clarivate Analytics 公司授予"引文影响新星奖"（Rising Star of Citation Impact）[3]。根据 2019 年《自然指数》世界年轻大学排行榜，Skoltech 成为跻身全球年轻大学 100 强的唯一一所俄罗斯大学[4]。同年，Skoltech 的四名成员（Egor Zakharov、Aleksandra Shishey、Egor Burkov 和 Viktor Lempitsky）合写的一篇关于人脸识别和合成技术的文章成为年度最受关注的研究，且成为"Altmetric Top 100"①诞生七年来分享范围最广的论文[5]。

从成立之初，Skoltech 的科研和教育活动就紧密围绕俄罗斯经济发展的关键领域展开。截至 2020 年，形成了以下 6 大重点研究领域[6]：① 数据科学和人工智能；② 生命和健康科学；③ 先进工程方法和先进材料；④ 能源效率；⑤ 光子学和量子技术；⑥ 前瞻性研究。

不同于世界经济与国际关系研究所（IMEMO）、莫斯科国际关系学院（MGIMO）等俄罗斯综合性主流智库，Skoltech 致力于成为专业科技智库的"后起之秀"，且已经在一些前沿科技领域（如人工智能、光子学、5G 技术、物联网 6G 相关技术等）取得了突破性成果，与俄罗斯政府建立了更为紧密的联系[7]。2018 年 6 月，俄罗斯政府在 Skoltech 内部设立"无线通信技术和物联网"领域的国家技术倡议②能力中心。该中心于 2019 年起草了关于智能设备通信的国家标准项目 OpenUNB（Open Ultra-Narrowband）③，旨在帮助俄罗斯商业和国有企业克服技术障碍，在物联网和无线通信技术领域（尤其是新一代移动通信 5G 和

---

① "Altmetric Top 100"收录了每年最受公众关注的 100 项研究，该年度榜单基于 Altmetric 收集的数据。自 2013 年以来，每年都会发布新榜单，包含了年度在线关注最高、讨论最广的研究，这些线上平台涵盖专利和公共政策文献、主流媒体、博客、维基百科以及社交媒体等。

② 国家技术倡议是俄罗斯面向未来 15～20 年可能决定世界经济格局的高技术市场而启动的一项长期系统性发展计划，其目的是为俄罗斯企业占领新兴高技术市场创造有利条件。普京总统在 2014 年 12 月向联邦议会发表的国情咨文中，将国家技术倡议能力中心列为国家政策的重点方向之一。据悉，俄联邦在 2017—2020 年拨款 78 亿卢布支持《国家技术倡议》计划。

③ OpenUNB 标准允许在大量的发射设备和网络网关之间建立无线连接。其最有前途的应用之一是在住房和公用事业部门的智能计量。

6G、工业物联网和工业数据处理领域），为全球市场创造有竞争力的产品和服务[8]。2019 年，Skoltech 被俄罗斯通信部委以重任，成为《俄联邦数字经济规划》框架内为俄罗斯实施 5G 网络制订统一的数字化平台解决方案的"领头羊"[9]。同年，设在 Skoltech 的国家技术倡议能力中心启动了俄罗斯首个 5G 基站，并为俄罗斯无线电设备开发商部署了试验区；2020 年 9 月，Skoltech 的科学家们研制出用于开发俄罗斯第六代通信系统（6G）组件的设备，新设备可允许模拟波长为 1.5 微米的光辐射，频率为 10 GHz 的电信号。Skoltech 的专家们计划将频率范围扩大到数百 GHz，并增加制造元件的范围，且正在考虑扩大此类设备在第六代网络光纤部分基础设施生产中的应用范围的可能性[10]。在取得突破性科研成果的同时，Skoltech 还为俄罗斯政府、研究机构、非商业组织提供咨询服务，编写有关国家技术倡议重点领域的分析报告（如国家技术革新、数字经济计划服务等），直接影响政府决策。

Skoltech 的经费来源多元，总体上可归纳为三大渠道：① 基金会资助。Skoltech 的预算很大一部分来自由俄罗斯政府主导设立的非营利性机构——斯科尔科沃基金会（Skolkovo Foundation）的专项拨款，此外还受到"俄罗斯基础研究基金会"和"俄罗斯科学基金会"的大力资助及其他多项研究拨款的资助[11]。② 项目合同收入。除了常见的承接研究项目（其中包括承接政府订单）之外，该智库还通过为企业提供专业教育和培训获得收入。③ 社会捐赠。在 Skoltech 成立之初，捐款由俄罗斯政府强制执行。2011 年，时任总统梅德韦杰夫命令国有企业将年净利润的 0.5%～3%捐给 Skoltech[12]。自 2012 年普京接任总统后，在国有企业负责人的集体要求下取消了梅德韦杰夫的命令，捐款改为自愿形式[13]。

Skoltech 的教师队伍由全球知名科学和技术专家组成，目前共聘有近 200 名教授，其中约 30%为非俄罗斯公民。所有教授都兼任研究人员，在 Skoltech 的前沿实验室开展研究。Skoltech 的核心领导层均由俄罗斯政界、商界或学术界要员组成。Skoltech 的校级领导层由创始人大会、董事会和学术委员会成员构成，由校长（总裁）、副校长和副总裁领导。Skoltech 的第一任总裁兼校长是麻省理工学院教授爱德华·克劳利（Edward Crawley）。2016 年至今，Skoltech 由俄罗斯科学院院士亚历山大·库列绍夫（Alexander Kuleshov）领导。Skoltech 董事会第一次会议于 2012 年举行，在 2014 年之前，其董事会主席由普京的头号战略顾问、时任俄联邦政府副总理的弗拉季斯拉夫·苏尔科夫（Vladislav Surkov）担任。2014 年至今，该职位由俄联邦前副总理阿尔卡迪·德沃尔科维奇（Arkady

Dvorkovich)①担任[14]。Skoltech 学术委员会成立于 2016 年，由 Skoltech 的领导层代表、教授及受邀专家组成[15]。

9.2　主要研究议题和成果

Skoltech 与俄罗斯政府保持密切联系，接受政府订单是其获得科研经费的重要途径。2013 年，该机构起草的光子学发展规划被俄罗斯教育和科学部（Ministry of Education and Science of the Russian Federation）采纳。Skoltech 自 2015 年起开始受俄罗斯教育和科学部委托，每年撰写特定科学技术领域的政策报告[16]。2015—2017 年间，该机构共发布了 10 篇季度报告，追踪俄罗斯和世界科技的发展状况；除上述季度报告之外，2017 年至 2021 年，该机构共发布了 26 篇报告，可总结归纳为三大研究主题：俄罗斯科技创新政策、俄罗斯科学的国际化、高新技术产业和前沿科技发展治理。下面将根据以上主题，对其基本内容和观点分别进行解读。

9.2.1　俄罗斯科技创新政策

这一主题的报告主要包括以下方面的研究内容：俄罗斯科技创新政策的特点及评估、俄罗斯科学和创新政策发展相对缓慢的原因及进一步促进俄罗斯科技创新政策发展的建议。此外，该机构在对这一主题进行分析时，还特别关注了俄罗斯科技发展中人力资源的结构和特点。

关于科技发展中的人力资源情况，2018 年 Skoltech 发布了《俄联邦（科研领域）人力资源发展报告》，指出俄罗斯现有科研人员的规模和结构不利于俄罗斯科学的有效发展，这主要体现在：① 科研人员总数下降。1995 年至 2017 年，俄罗斯研究人员总数减少了 30.6％。虽然高等教育机构中的研究人员增加了 26.8％（主要因为大学中研究人员数量的基数小），但企业中的研究人员减少了 43.5％。② 科研队伍年龄结构不合理。该报告认为，在最具竞争优势的科研队

① 自 Skoltech 成立至今，其董事会主席均由俄罗斯政府要员担任。第一任董事会主席（2012—2014 年）苏尔科夫为普京的头号战略顾问，被视为俄罗斯现行政治体系的主要设计者。接任苏尔科夫的现任董事会主席（2014 年至今）阿尔卡迪·德沃尔科维奇为俄罗斯前总统梅德韦杰夫的亲信。两任董事会主席都曾担任俄联邦政府副总理和总统助理。

伍中,中年人(40~59岁)为科研队伍中的主力军(占比为62%),而俄罗斯科研人员队伍则呈现主力军不足的特点——40~59岁经验丰富、工作能力强的研究人员仅占研究人员总数的31.2%(见图9-1)。为了进一步优化俄罗斯科研队伍结构,提高其科学发展的竞争力,该报告提供了以下建议:① 增强科研人员的流动性,以提高其科研生产力;② 扩大激励措施的覆盖群体,而不再仅仅是针对年轻人,以改善科研人员的年龄结构;③ 通过公司参与培训、大学参与研究,建立科学与商业之间的联系;④ 进一步完善对科研人才的激励机制,改变片面将科研项目和经费数量、专利数量等与科研人员晋升直接挂钩的做法[17]。

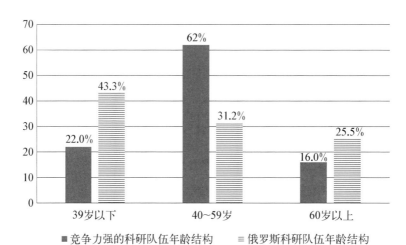

图9-1 俄罗斯科研队伍年龄结构

资料来源: SKOLKOVO INSTITUTE OF SCIENCE AND TECHNOLOGY. Человеческий потенциал для развития науки и технологий[EB/OL]. [2021-08-30]. http://ecoline.ru/wp-content/uploads/people-and-innovation-2018-presentation.pdf.

关于俄罗斯科技创新政策的特点,Skoltech在其报告中指出,俄罗斯促进科技发展的许多政策都是借鉴国外的先进经验:技术平台和技术集群主要是借鉴欧洲的经验,经济特区主要是借鉴中国的经验,研究基金的设立则参考了美国和德国的经验。但这些看似类似的政策工具取得了相当不同的效果[18]。明显区别于世界其他国家研发资金主要来源于商业,俄罗斯的科研资金严重依赖国有企业,这些企业依托其行政资源在创新领域处于垄断地位。此外,俄罗斯的创新发展并非是自发的,往往是受形势所迫的被动应对。因此,亟须为俄罗斯科学和创新的发展创造良好的竞争环境。2008年至今,国家在助推科技发展中的作用持续增强,其在该领域的预算支出增长率超过了企业投资部分,包括大学科研机构在内的公共科研部门得到了进一步重视,科学产出的数量参数出现了积极转变。其中,大学成为俄罗斯科学政策改革的最大受益方。但体制改革在强化高等教育机构地位的同时,也导致了原科研机构地位的不稳,以至于研究机构和大学之间的竞争加剧,研究质量却没有得到明显改善。此外,在俄罗斯,无论是大学还是研究实验室,都日益倾向于根据各种标准优先选择科研项目领导人,这种方法有一定的合理性,但也导致了科学界的分层,这可能成为加剧社会不稳定的因素之一。此外,俄罗斯在科学的商业化方面仍相对滞后,尤其是在遭受经济制裁后,情况变得更加棘手,亟须建立一整套系统来为技术公司和项目提供支持[19]。

根据 Skoltech 的报告可总结出导致俄罗斯科学和创新政策发展相对缓慢的三个主要原因:① 过度的政府参与。俄罗斯科技创新的发展属于典型的政府导向型,在这种纵向组织的创新体系中,横向联系薄弱,信息不对称已固化为俄国科技创新发展的严重阻碍。② 政府政策不平衡。比如在某些科技领域,缺乏必要的政策工具支持。这是在横向联系薄弱的环境下,信息不对称问题日益突出所导致的必然结果。③ 国际经济、政治环境使俄罗斯科技创新体系的发展受阻。这主要体现在俄罗斯政府为应对经济制裁而采取的措施与其既定的科技和创新政策背道而驰[20]。

为了进一步促进俄罗斯科技发展,Skoltech 的报告指出,需要商业部门与各地区协同发力,加大对科学研究的支持力度并提高科研成果的商业转化率。在国家层面,当前最重要的是调整对科学发展的激励措施,减少量化指标压力,以免量化指标太多,导致对高效科学研究的"激励扭曲"问题[21]。为此,Skoltech 专家团队提出以下建议:① 增加研发投入。Skoltech 的报告指出,区别于日本、中国、德国和美国等国家,俄罗斯的研发资金主要来源于联邦政府,企业在科研投入中的比例不到 30%。尽管近年来国家和私营部门都在不断增加科研投入,但用于发展科学的投资占 GDP 的比例仍然很低。俄罗斯特殊的国情决定了国家财政支持是俄罗斯科技和创新发展的核心力量。② 重视对科学和创新政策成果的评估。在引入新政策工具时,应对其加强监督,并对现有的政策工具进行修正,以降低信息的不对称性。③ 改善科技人员队伍结构。支持年轻科学家与侨民的合作,并将激励科研人员流动和产业合作作为间接手段予以实施。Skoltech 的报告认为,俄罗斯政府通过对年轻科学家的研究项目进行选择性的短期资助来留住人才的做法是远远不够的,应通过提供更长期的资助,更体面、更稳定的职位和更多的发展机会来留住人才[22]。

9.2.2 俄罗斯科学的国际化

Skoltech 的报告指出,目前俄罗斯科学的国际化主要面临以下问题:国际化机会不平等和国际化水平参差不齐。这主要体现在高等教育机构比国家研究机构的地位更高,且一流大学比其他等级的高等教育机构拥有更多资源。只有少数俄罗斯领先的大学在积极开展国际科学合作,且这些大学同时享有多项国家资助。此外,在俄罗斯科学界工作的外国科学家的平均工资往往比俄罗斯本国科学家高。若提供与俄罗斯本国科学家相同的条件,则无法吸引外国科学家的加入。

对此,Skoltech 的专家团队提出以下建议,以期更正国际科技合作伙伴对俄罗斯科学发展的固有认知,并提升俄罗斯科学成果的知名度和威望:① 确保公共部门的科学组织和大学的相关人员有平等的实习和参加大型国际会议的机会。比如,在申请会议津贴时开展公平竞争。② 大力开展英语教学,为吸纳外国专家进入俄罗斯科学界创造良好的语言环境。③ 在不减少为外国科学家提供短期访问交流机会的前提下,增加长期聘用外国研究人员的名额[23]。

9.2.3 高新技术产业和前沿科技发展治理

自 2015 年起,Skoltech 开始为俄罗斯政府撰写特定前沿科技发展领域长达 260 页以上的年度分析报告。通过将世界主要国家与俄罗斯在这些领域的发展现状进行对比分析,总结俄罗斯在该领域的发展局限,明确发展方向,为俄罗斯政府制定相关领域的政策提供重要参考。下面对 Skoltech 近五年的重点年度分析报告进行要点概述。

1) 神经科学

21 世纪被世界科学界公认为是神经科学的时代。在神经科学备受世界各国关注的大背景下,Skoltech 受俄罗斯政府委托,于 2020 年发布了题为《人类脑资源恢复和扩展技术》的分析报告。该报告指出,预计到 2025 年神经技术的市场规模将达到 2 217 亿～2 258 亿美元,可实现约 5% 的年平均增长率。该报告分析了世界主要国家和地区(尤其是美国、欧盟、日本和中国)的脑科学计划的特点,指出美国和欧盟是神经科学和技术领域无可匹敌的领导者,2000 年至 2017 年间,这两个地区贡献了全球近 38% 的神经科学出版物。该报告认为,中国在该领域的研究正处于快速增长期,且中国在所有神经科学研究方向的发展速度明显高于世界平均水平,而日本在该领域的研究速度则呈下降趋势。对比美国、欧盟、日本和中国在神经科学领域的相关科技发展规划可以发现，美国重视神经技术的发展，欧盟专注于信息和通信基础设施的创建，而中国和日本正致力于创建非人灵长类动物模型。俄罗斯的神经科学正处于发展初期，目前仍只是国内科学的一个小众领域。2017年的数据显示，俄罗斯在该领域的科学论著仅占俄罗斯出版物总量的1%。俄罗斯的神经科学研究由其国内领先大学和其他学术机构开展。在学科设置方面，"医学"和"生物化学、遗传学和分子生物学"处于领先地位。在实际应用方面，治疗神经退行性疾病和脑癌的技术、神经外科干预技术和病人康复治疗的技术在俄罗斯神经科学领域占主导地位。俄罗斯神经科技公司主要集中在以下三个产业：制药、仿生假肢设备和植入物的开发以及神经营销①。

俄罗斯神经科学和技术的发展主要面临来自组织—财政、立法和"纯科学"问题三方面的挑战。组织—财政方面的挑战包括心理数学、生物遗传学和神经生理学研究中心缺乏最先进的设备和其他开展研究的必要资源。此外，虽然俄罗斯神经科学领域的国际合作水平高于全国其他学科的平均水平，但俄罗斯科研队伍在主要国际财团和项目中的参与程度较低。立法限制主要体现在缺乏明确的相关法律规定，科学研究的展开缺乏必要的法律支持。如俄罗斯至今并未将死者脑组织用于科研目的合法化，而这对展开遗传和表观遗传研究又是必要步骤。此外，超人工智能的潜在风险在俄罗斯既没有法律防控监管，也没有引起足够的重视。

根据对俄罗斯具有代表性的神经科技创业公司高管的采访结果，Skoltech报告总结了俄罗斯神经科技市场发展面临的主要障碍。第一个障碍是缺乏资金支持。受访者普遍认为，鉴于目前神经技术市场发展尚不成熟，以及民众对脑科学技术普遍持谨慎和保守的态度，应强化政府财政对该领域的支持力度。通过政府采购政策刺激对该领域产品的需求，尤其是医疗机构对该领域产品的需求。同时需要注意，虽然这种创造需求的工具可能是有效的，但也面临着压制竞争和造成市场垄断的风险。第二个障碍主要体现在政策工具箱的单一性。当前，俄罗斯政府对该领域的主要支持性措施是提供研发经费。如果在脑科技产品发展的下一阶段没有更为丰富的政策工具，依赖这种单一的政策手段可能会导致科

---

① 神经营销（Neuron Marketing）是用先进的功能性磁共振（MRI）技术来更准确地了解和分析消费者的偏好，以此帮助企业提供更符合顾客需求的产品和服务，以及进行更有效的广告宣传。神经营销学并不是控制消费者的购买行为，而是根据对消费者大脑分析的结果更新企业经营策略，使企业的商业营销活动更有针对性。

研经费的低效使用。尤其是在新产品的认证方面，缺乏与相关机构的协作。此外，神经科学和技术的发展也带来了尖锐的社会、伦理和法律问题，比如脑机接口技术的应用就备受争议，被俄罗斯广大民众视为神经技术发展的风险[24]。

最后，Skoltech 的报告探讨了生物医学领域的神经伦理学问题，并指出在实践层面上，神经伦理学的发展应遵循医学惯例，必须在通过伦理委员会的审查批准之后，才能开展相关的研究活动。但对技术追赶型经济体而言，政府监管的困境在于过于强调伦理标准会扼杀开展"大胆"实验和开发领先技术的积极性。因此，在知识和技术的进步与神经技术的伦理和法律标准之间取得平衡，具有日益迫切的重要意义[25]。

2）物联网技术

2019 年，Skoltech 发布了物联网行业的分析报告。该报告由三部分组成：第一部分的核心议题是物联网发展的经济和市场环境，分析了全球物联网行业的发展现状及经验，其中特别关注了美国、中国、德国、法国和俄罗斯的物联网政策；第二部分重点介绍了国际层面和俄罗斯国家层面的物联网行业标准体系建设；第三部分通过对特定案例的分析，讨论了物联网的行业应用领域及应用中的技术问题（如预测性维护和安全问题）。

"物联网"现象本身的复杂性致使专家们在评估物联网市场及预测其发展时观点不一。总体而言，近年来对物联网的投资一直呈增长态势，且预计中期内将持续增长。Skoltech 的报告预计 2021 年消费领域的物联网应用规模将超过工业领域。在技术结构中，软件和服务部门将成为物联网行业增长的主要动力。该报告预计 2020 年软件将成为物联网发展最大的组成部分。就行业而言，物联网市场增长的主要驱动力有：离散制造业、运输业、住房和公用事业、消费和保险等领域。此外，跨行业领域（如智能城市和互联工业）的物联网市场也将得到进一步发展。在区域分布上，主要趋势是以中国为首的亚太地区的物联网发展势头的加强。

Skoltech 的报告指出，国家政策对物联网发展具有重要意义。除了项目融资、补贴或税收优惠等直接形式以外，制定物联网发展的法律法规，包括制定技术建议和标准也是政府支持措施的重要组成部分。美国和中国是物联网领域的领导者；而德国和法国作为发达的欧洲国家，采取了不同的政策手段来刺激物联网的发展。比如，法国有专门的物联网发展计划；而德国没有将物联网政策与促进数字发展的一般措施区分开来。此外，许多国家的物联网政策都包含在支持数字经济发展的总政策体系之内。相比之下,截至目前,中国的物联网发展政策最具连贯性和独立性。中国政府对该领域的扶持政策,包括项目融资和标准制定,都被纳入国家五年发展规划。中央和地方支持性政策同时实施也是中国物联网政策的亮点。此外,法国的物联网政策也为俄罗斯提供了有益的借鉴。法国政府致力于为物联网发展扫清技术和社会障碍,并解决数据安全和数据存储问题。法国政府为物联网发展所提供的财政和非财政支持是通过国家计划(如"新工业法国""法国技术")来实现的,并以电信领域的软监管政策加以补充。其中一项重要的扶持措施就是支持物联网领域初创企业的发展,以至于相关分析团队认为,这些物联网初创企业的成功可使法国在物联网领域占据世界领先地位。

与全球市场相比,俄罗斯的物联网市场仍处于早期发展阶段,预计 2022 年前差距会逐步缩小。俄罗斯物联网市场发展的主要动力是公司的数字化转型、生态系统的建立和解决方案供应商协作的加强以及政府的支持;而市场参与者对投资回报水平缺乏信心以及数据保护和标准化问题,则是其面临的主要限制性因素。对此,《俄罗斯联邦数字经济计划》提议完善必要的基础设施和法律法规,并制定发展标准,将对突破上述限制发挥重要作用。俄罗斯政府促进物联网发展的措施首先是部署《国家技术倡议》。该倡议与《俄罗斯联邦数字经济计划》都强调形成工业物联网的端到端能力。除了工业之外,交通、物流、农业、智慧城市和废物管理领域的物联网发展也有很大的潜力。

Skoltech 的报告指出,物联网发展的一个关键环节是实现物联网的标准化以及国际标准的统筹协调。在国际层面,最尖锐和最具战略性意义的问题是承认工业物联网是一个独立的标准化对象。其中的难题之一是确保物联网系统和设备的互操作性。为克服技术障碍,下一步的工作方向包括:开发表示数据—信息—知识概念的新格式,开展无线接收器的部件器件小型化研究,扩展 IEEE 802.11 标准,寻找进行机器学习的最小数据集。

物联网技术的应用领域正在不断扩大。Skoltech 的报告以农业为例,重点分析了物联网技术对提高农业生产力所发挥的关键作用。俄罗斯政府高度关注数字技术在农业领域的应用。预计在近 7 年内,信息技术和物联网行业在俄罗斯农业领域的市场份额将从 2017 年的 4 000 亿卢布增至 2024 年的 2 万亿卢布。尽管如此,截至目前,俄罗斯农业物联网的发展仍落后于世界物联网行业的领导者。为了进一步促进俄罗斯农业物联网的发展,必须攻克以下障碍:基础设施

（通信网络的覆盖）、人员、经济（创新和投资活动不足）、文化（农民的保守）和法律（法律规范不完善，必须简化各阶段的工作流程）。发展农业物联网的必要措施之一是建立专门的数字基础设施，并实施旨在培训"数字农业"专家的专项教育计划。

最后，Skoltech的报告强调，物联网安全和预测性维护是物联网各行业应用中面临的最迫切问题。提高物联网安全的重点努力方向和关键技术是云系统中的信息安全、有限计算资源系统的安全技术（轻量级密码学）和后量子密码学。预测性维护被视为物联网应用最有前途的市场之一。实现预测性维护的关键技术挑战之一是处理和分析在工业物联网中收集的数据[26]。

3）能源开发

2017年，Skoltech发布年度公开报告《石油、天然气开发和生产的重点技术》，其中指出：技术因素对全球石油和天然气行业的发展发挥着日益重要的作用。考虑到俄罗斯的国情和经济发展特点，实现石油和天然气部门的技术升级至关重要。但俄罗斯石油和天然气部门的组织结构特点——由少数垄断公司主导，中小型公司进入市场的机会有限——成为该行业技术发展的严重阻碍。加之长期以来习惯向国际石油服务公司购买新技术形成的路径依赖，俄罗斯大型生产企业对基于该行业的技术更新兴趣不高，在遭受西方制裁、实施进口替代政策后，俄罗斯政府刺激技术发展的措施虽起到一定的作用，但收效甚微。

在此背景下，Skoltech专家团队分析了促进俄罗斯石油和天然气部门发展的最有前景的技术方向，成为俄罗斯当局制定相关政策的重要参考：① 加大资助力度，鼓励油气公司开发高科技解决方案，提高油井产量。通过引导石油公司和领先的专业大学进行科学合作等措施，建立一个灵活的科技联合体系统，将科学家与从业者团队联合起来，形成一个新的高科技石油和天然气产业。② 加强对新水力压裂技术的开发。由于常规压裂技术已经相当成熟，当前需要就针对特定地质、储层和其他条件的压裂作业进行优化以满足市场需求，为此需要展开与之相关的全面研究（如对地质、地球物理、岩石物理等方向的研究），然后结合当地具体条件，开发新的技术、物理和计算模型。③ 大力发展大数据技术，特别是预测性分析在油气勘探和生产中的使用，以提高含油气的储层描述的准确性，降低运营成本。地理技术、物流、金融和其他数据的数量巨大且结构各异，用于储层特征分析的数字技术将从根本上改变和优化油田开发的工业方法[27]。

除了上述比较系统的分析报告之外，从Skoltech的官网通告以及俄罗斯权威媒体的报告中,亦可以窥见该机构近年的研究动态。其中,大数据和人工智能是 Skoltech 近两年的研究热点。2020 年 3 月,Skoltech 与俄罗斯首个获得 5G 牌照的通信运营商 MTS 签署关于联合成立人工智能实验室的协议,开发基于先进人工智能技术的文本分析系统的原型,致力于自然语言处理方面的研究[28]。2021 年 5 月,Skoltech 和俄罗斯伊尔库茨克国立技术大学及俄罗斯科学院西伯利亚分院马特罗索夫系统动力学和控制理论研究所签署了关于在科学和教育领域建立合作伙伴关系体系的合作协议。根据该协议,三方将在整合教育和基础研究、应用研究方面进行合作,发展现代超级计算基础设施,完善大数据处理技术、机器学习和人工智能技术,并通过数字生态监测技术对其进行检测。协议方合作的主要领域是人工智能、生物技术、节能技术、碳足迹和绿色技术。实施该协议的第一步是建立联合人工智能实验室。已初步成立的联合人工智能实验室将完成使用人工智能进行药物开发、医学图像处理和大数据分析工作的任务[29]。

从 2009 年 10 月时任总统梅德韦杰夫在国情咨文中首次宣布,将参照硅谷模式建设俄罗斯的现代化技术研发中心,到 2011 年成立 Skoltech 作为支撑俄罗斯科技发展的重要智力平台,从 2012 年起俄罗斯着手制订首个国家层面的科技发展计划,并于同年 12 月发布《2013—2020 年国家科技发展规划》,再到 2019 年普京第四任期伊始便明确了重返世界五大科技强国的目标,并出台《2019—2030 年国家科技发展计划》,俄罗斯政府对发展本国科技的重视和决心毋庸置疑。而俄罗斯能否在全面制裁中突围,其科技实力成为它应对重大挑战和实现国家经济结构转型的关键。在此背景下,Skoltech 作为俄罗斯政府一手打造的首个聚焦俄罗斯科技发展的智力平台,其发展和研究动态值得进行持续的跟踪研究。

参考文献

[1] Сколтех: Миссия и стратегия[EB/OL]. [2021 - 08 - 20]. https://www.skoltech.ru/o-nas/missiya-i-strategiya/.

[2] SKOLKOVO INSTITUTE OF SCIENCE AND TECHNOLOGY. Skoltech strategy: 2021—2025[EB/OL]. [2021 - 10 - 30]. https://www. skoltech. ru/app/data/uploads/2019/10/Skoltech-strategy-2021-2025.pdf.

[3] NANO NEWS NET. Сколтех: восходящая звезда цитируемости[EB/OL]. (2018 - 02 - 26) [2020 - 05 - 18]. https://www.nanonewsnet.ru/news/2018/skoltekh-voskhodyashchaya-zvezda-tsitiruemosti.

［4］ТАСС. Сколтех вошёл в сотню сильнейших молодых вузов мира по версии Nature［EB/OL］.（2019 - 10 - 24）［2020 - 04 - 26］. https：//nauka.tass.ru/nauka/7038870.

［5］РИА НОВОСТИ. Учёные Сколтеха стали авторами самой обсуждаемой научной статьи года.Учёные Сколтеха стали авторами самой обсуждаемой научной статьи года［EB/OL］.（2019 - 12 - 18）［2020 - 05 - 18］. https：//ria.ru/20191218/1562511339.html.

［6］SKOLKOVO INSTITUTE OF SCIENCE AND TECHNOLOGY. Annual report 2019［EB/OL］.［2021 - 08 - 30］. https：//www. skoltech. ru/app/data/uploads/2019/10/annual-report-2019-.pdf.

［7］SKOLKOVO INSTITUTE OF SCIENCE AND TECHNOLOGY. Skoltech strategy：2021—2025［EB/OL］.［2021 - 10 - 30］. https：//www. skoltech. ru/app/data/uploads/2019/10/Skoltech-strategy-2021-2025.pdf.

［8］ВЛАДИМИР БАХУР. Cnews. Опубликован проект открытого стандарта интернета вещей OpenUNB. Опубликован проект открытого стандарта интернета вещей OpenUNB［EB/OL］.（2019 - 07 - 29）［2020 - 07 - 20］. https：//www. cnews. ru/news/line/2019-07-29_opublikovan_proekt_otkrytogo_standarta_interneta.

［9］АННА УСТИНОВА. Comnews. Назревшая альтернатива［EB/OL］.（2020 - 02 - 06）［2020 - 07 - 20］. https：//www. comnews. ru/content/204415/2020-02-06/2020-w06/nazrevshaya-alternatival.

［10］РИА НОВОСТИ. В Сколтехе запустили первую базовую станцию 5G［EB/OL］.（2019 - 09 - 12）［2020 - 07 - 20］. https：//ria.ru/20190912/1558621693.html.

［11］НОВОСТИ СКОЛТЕХА. Как устроен Сколтех［EB/OL］.（2019 - 12 - 23）［2021 - 09 - 20］. https：//old.sk.ru/news/b/press/archive/2019/12/23/kak-ustroen-skolteh.aspx.

［12］РИА НОВОСТИ. СколТех начал отбор управляющей компании для своего эндаумента［EB/OL］.（2012 - 05 - 17）［2020 - 04 - 20］. https：//ria.ru/20120517/651108152.html；АНДРЕЙ БАБИЦКИЙ. Forbes. Нематериальные активы иннограда Сколково. Нематериальные активы иннограда Сколково［EB/OL］.（2012 - 03 - 12）［2020 - 04 - 20］. https：//www.forbes.ru/tehno-column/tehnologii/80394-nematerialnye-aktivy.

［13］ВЕДОМОСТИ. Путин отменил приказ Медведева о финансировании «Сколтеха»［EB/OL］.（2013 - 06 - 24）［2020 - 04 - 20］. https：//www. vedomosti. ru/finance/articles/2013/06/24/skolteh_bez_sredstv.

［14］FORBES. Сурков оставил пост главы попечительского совета Сколтеха из-за санкций［EB/OL］.（2014 - 12 - 12）［2021 - 08 - 25］. https：//www. forbes. ru/news/275667-surkov-ostavil-post-glavy-popechitelskogo-soveta-skoltekha-iz-za-sanktsii.

［15］СКОЛТЕХ. Учёный совет［EB/OL］.［2021 - 08 - 25］. https：//www.skoltech.ru/o-nas/upravlenie/uchenyj-sovet_2/.

［16］НОВОСТИ СКОЛТЕХА. Сколтех проанализировал развитие фотоники в России на фоне мировых трендов［EB/OL］.［2021 - 08 - 25］. https：//sk.ru/news/skolteh-proaniziroval-razvitie-fotoniki-v-rossii-na-fone-mirovyh-trendov/.

［17］SKOLKOVO INSTITUTE OF SCIENCE AND TECHNOLOGY. Человеческий потенциал для развития науки и технологий［EB/OL］．［2021 - 08 - 30］．http：//ecoline.ru/wp-content/uploads/people-and-innovation-2018-presentation.pdf.

［18］ДЕЖИНА И Г. Научно-технологическая политика в России［EB/OL］．［2021 - 09 - 15］．https：//postnauka.ru/longreads/98994.

［19］ДЕЖИНА И Г. Наука и научно-технологическая политика: стремление к лидерству［EB/OL］．［2021 - 09 - 10］．https：//cyberleninka.ru/article/n/glava-25-nauka-i-nauchno-tehnologicheskaya-politika-stremlenie-k-liderstvu/pdf.

［20］DEZHINA IRINA G. Science and innovation policy of the Russian government：a variety of instruments with uncertain outcomes［J/OL］．Public Administration Issues，2017（5）：7 - 25［2021 - 09 - 18］．https：//cyberleninka.ru/article/n/science-and-innovation-policy-of-the-russian-government-a-variety-of-instruments-with-uncertain-outcomes.DOI：10.17323/1999-5431-2017-0-5-7-26.

［21］ДЕЖИНА И Г. Наука и научно-технологическая политика: стремление к лидерству［M］//Экономическая политика России. Турбулентное десятилетие 2008—2018. Москва：Издательский дом «Дело» РАНХиГС, c2020：623 - 640.

［22］DEZHINA IRINA G. Science and innovation policy of the Russian government：a variety of instruments with uncertain outcomes［J/OL］．Public Administration Issues，2017（5）：7 - 25［2021 - 09 - 18］．https：//cyberleninka.ru/article/n/science-and-innovation-policy-of-the-russian-government-a-variety-of-instruments-with-uncertain-outcomes.DOI：10.17323/1999-5431-2017-0-5-7-26.

［23］ДЕЖИНА И Г. Интернационализация науки в России: прогресс и неравенство возможностей［EB/OL］．（2019 - 06 - 05）［2021 - 09 - 18］．https：//russiancouncil.ru/analytics-and-comments/analytics/internatsionalizatsiya-nauki-v-rossii-progress-i-neravenstvo-vozmozhnostey/.

［24］ДЕЖИНА И Г，НАФИКОВА Т. Мировой ландшафт нейронаук и место России［EB/OL］．［2021 - 09 - 10］．https：//www.researchgate.net/profile/Irina-Dezhina/publication/344698162_Global_Landscape_of_Neuroscience_and_Place_of_Russia/links/5fbbac2492851c933f50758e/Global-Landscape-of-Neuroscience-and-Place-of-Russia.pdf.

［25］SKOLKOVO INSTITUTE OF SCIENCE AND TECHNOLOGY.Технологии восстановления и расширения ресурсов мозга человека. Публичный аналитический доклад［EB/OL］．［2021 - 09 - 10］．https：//www.skoltech.ru/app/data/uploads/2013/12/Tehnologii-vosstanovleniya-i-rasshireniya-resursov-mozga-cheloveka_Skolteh.pdf.

［26］SKOLKOVO INSTITUTE OF SCIENCE AND TECHNOLOGY.Перспективные рынки и технологии Интернета вещей. Публичный аналитический доклад［EB/OL］．［2021 - 09 - 10］．https：//www.skoltech.ru/app/data/uploads/2014/02/Perspektivnye-rynki-i-tehnologii-Interneta-veshhej.-Publichnyj-analiticheskij-doklad.pdfhttps：//www.skoltech.ru/app/data/uploads/2014/02/Perspektivnye-rynki-i-tehnologii-Interneta-veshhej.-Publichnyj-analiticheskij-doklad.pdf.

［27］SKOLKOVO INSTITUTE OF SCIENCE AND TECHNOLOGY. Актуальные технологические

направления в разработке и добыче нефти и газа. Публичный аналитический доклад[EB/OL].
[2021 - 08 - 30]. https://www. skoltech. ru/app/data/uploads/2014/02/Aktualnye-
tehnologicheskie-napravleniya-v-razrabotke-i-dobyche-nefti-i-gaza-publichnyj-analiticheskij-
doklad.pdf.

[28] SKOLKOVO INSTITUTE OF SCIENCE AND TECHNOLOGY. МТС и Сколтех
подписали договор на создание совместной лаборатории искусственного интеллекта[EB/
OL].(2017 - 01 - 12)[2021 - 08 - 30]. https://sk. ru/news/skolteh-proanaliziroval-
razvitie-fotoniki-v-rossii-na-fone-mirovyh-trendov/.

[29] SKOLKOVO INSTITUTE OF SCIENCE AND TECHNOLOGY. Лабораторию
искусственного интеллекта создают Сколтех，ИРНИТУ и Институт динамики систем и
теории управления СО РАН[EB/OL].(2021 - 05 - 14)[2021 - 08 - 30]. https://sk. ru/
news/laboratoriyu-iskusstvennogo-intellekta-sozdayut-skolteh-irnitu-i-institut-dinamiki-
sistem-i-teorii-upravleniya-so-ran/.

郭凤丽 莫斯科国立莱蒙诺索夫大学政治系

第 10 章

专注于全球治理的智库
——加拿大国际治理创新中心

田贵超　龚　晨

国际治理创新中心(Centre for International Governance Innovation,简称CIGI)于 2001 年成立于加拿大,旨在以更好的全球治理改善人们的生活。2020年,CIGI 在美国宾夕法尼亚大学的"智库与市民社会项目"研究组发布的全球智库排行榜中位列第 30 位(共有 11 175 家智库参评)。研究 CIGI 2017—2021 年的研究报告及在重点议题上的观点,对我国科技智库的发展和相关研究有借鉴和启示意义。

10.1　机构简介

CIGI 是一个独立、无党派、非营利性的智库,其宗旨是更好的全球治理可以改善人们的生活。CIGI 在成立之初,重点是推进与经济和全球政策挑战有关的政策思考。CIGI 由吉姆·巴尔西利(Jim Balsillie)创建。CIGI 的领导层分为董事会和高管层。董事会负责对组织机构的财务稳定性、执行领导力和总体战略进行监督和治理;高管层负责执行组织机构的战略规划,指导其研究计划和运营活动的开展。CIGI 除了拥有专职员工外,还大量聘用外部兼职专家,从而能够对前沿热点研究和政策重点做出快速响应,更好地提供决策咨询服务[1]。

10.2　研究领域及主要观点

CIGI 的研究侧重于全球经济的治理,并与一系列战略伙伴合作,重点研究全球经济治理、全球安全和政治以及国际法，并得到了加拿大政府、安大略省政府以及创始人吉姆·巴尔西利的支持。根据 CIGI 2020 年至 2025 年的战略研究规划可知，CIGI 的研究将更多关注"数字治理"领域，并基于在安全、贸易、法律和经济领域的现有专业知识，聚焦于与大数据和平台治理有关的主题。

2017—2021 年，CIGI 发布了 200 多篇与创新有关的研究报告，报告所用语言为英语和法语，涉及创新投入、高新技术产业、可持续发展、数字经济、知识产权、国际合作和国际金融等多个领域。其中相当一部分研究报告与中国有关，主要涉及中美之间的技术与贸易摩擦、中国高科技产业的发展以及中国的科技创新与国际合作政策。

10.2.1 关于中美竞争的分析

CIGI 虽然属于西方阵营，但对于中美在技术与贸易等方面的摩擦与竞争，主要还是站在第三方的立场进行观察和分析。

一是对美国指责中国"盗窃知识产权和强制技术转让"提出质疑。CIGI 的报告指出，美国政府认为中国企业（包括国有企业和私营企业）通过盗窃知识产权和工业间谍活动获取外国技术，并且从外国直接投资安排中提取外国技术的市场杠杆——所谓的"强制技术转让"。但研究发现，与美国的观点矛盾的是，中国的对内和对外技术收购制度以及更广泛的知识产权制度，正在变得更加正规化和可预测。政策制定者和拥有大量无形资产组合的公司应该为不远的将来做好准备，届时技术转让将从中国流出，而不仅仅是流入中国[2]。

二是对美国为地缘政治服务的供应链管制措施提出质疑。供应链监管可以成为一个强大的工具，以保护一个国家在贸易、投资和熟练劳动力供应意外中断时的复原力。然而，当地缘政治而非经济成为主要目标时，其效用可能会被削弱。美国总统拜登关于美国供应链的行政命令，目的是保护美国的技术领先地位和对中国的安全防范。以半导体为主要目标，美国的供应链控制旨在利用中国半导体供应链最明显的弱点加以封锁，从而阻碍中国及时和低成本地获得基本产品、服务和技术。CIGI 的研究者希望，对改善供应链复原力的追求能够调动足够的力量，将美国的政策重点从为地缘政治服务的供应链管制中转移出来[3]。

三是主张充分利用世界贸易组织（WTO）争端解决机制解决中美争端。美国对其与中国的双边贸易赤字的规模感到担忧，并担心中国的产业政策使其在国际贸易中具有不公平优势。但美国不相信负责制定国际贸易规则的世界贸易组织,而且美国对 WTO 的不信任超出了它对中国的担忧。事实上,如果 WTO 体系崩溃,作为世界上最大的贸易国,中国的损失将会是最大的。因此,中国应在尽力实现其宏观经济目标的同时,加紧在 WTO 改革中发挥领导作用[4]。

10.2.2　宏观经济背景下的创新研发

CIGI 近 5 年的研究直接涉及创新的不多,主要是在宏观经济背景下对创新研发的研究。

一是宏观不确定性对研发产生负面影响。随着政府寻求建立有利于创新的环境,刺激经济增长的努力正在从要素投入向外转移。分析表明,宏观不确定性的增强与研发增长放缓有关,研发支出可能是企业在不确定性较高时期减少支出的主要部分。研发可能不太容易受到某些不确定性指标的影响,例如跨公司的每日股价的波动(可能反映了高于正常的收益潜力),而更容易受到其他因素的影响,例如每日汇率的波动。面对更大的不确定性,产业界进行的研发似乎确实会面临较低的增长,并且没有证据表明政府资助的研发在这些时期以更快的速度增长,以对抗不确定性下投资的不利因素。解决方法是明确对未来政策的意图,并建立有效、一致和可预测的专利制度。通过推行研发税收抵免激励措施和简化政府计划的适用性,可以进一步减少不确定性对创新的影响;在高度不确定的时期,应该推行更积极的创新政策[5]。

二是中国风险投资对研发的支持取得了成功。中国从一个技术落后的国家变成一个技术超级大国,部分原因是其风险投资部门在支持初创企业方面的成功。中国的风险投资市场现在是仅次于美国的世界第二大市场。截至 2019 年,中国产生了比美国更多的“独角兽”企业(私人持有的、快速增长的、早期阶段的技术公司,价值 10 亿美元或以上)。政策制定者可以从中国不断增长的风险投资行业中吸取以下经验:中国利用劳动力市场的激励措施促进了受过高等教育的外籍人士的逆向移民;政府财政如果使用得当,可以助力将风险投资引向有前途的技术公司;一个新兴市场不需要等到财政充裕时才创建资金渠道来支持初创企业和培育企业家精神[6]。

10.2.3　高科技产业

CIGI 对高科技产业的研究主要涉及人工智能、半导体、生命科学等前沿领域,既研究技术创新,也关注产业发展带来的市场变化,同时对中国的高科技产业政策也十分关注。

一是人工智能的发展将引发劳动力市场的重大变革。在计算能力和产业数字化转型呈指数增长态势的推动下，人工智能和机器人技术有望改变经济。虽然这些技术可能会提高生产力并创造大量财富，但它们对劳动力市场的潜在影响令人担忧。一些估算表明，在未来20年内，现有工作中有近一半可能会实现自动化[7]。几乎可以肯定的是，这些技术将进一步加剧不平等：拥有与这些新技术互补的技能的工人将受益，而拥有能被替代技能的工人将面临黯淡的工作前景。需要确保人工智能和自动化的引入方式将尊重工人的人格完整性，且仍能提供承诺的生产力、安全和创新收益。同时，迫切需要进一步开展国际合作以增加税基，因为随着财富和收入变得越来越集中、流动性越来越大，避税可能会成为一个更大的问题[8]。

二是生命科学技术给人类带来的益处和危险须同时得到关注。以基因编辑、基因驱动和基因合成为主要内容的前沿生物技术正在迅速发展和变化。它们像一把双刃剑，在医疗、农业等诸多领域给人类发展带来好处的同时，也给生物安全、人类生存和发展带来了严重威胁。由于COVID-19的大流行，世界各国正在密切关注全球卫生治理和生物安全问题。现在是全球合作应对生物安全威胁的机会之窗[9]。疫情的暴发凸显了加拿大在生物安全方面的短板：风险评估过程中的缺陷，监测的信息缺乏整合；个人防护设备供应不足；实验室用品的物流分配、防疫能力短缺，数据质量和共享问题，以及未经测试的应急计划等。这些问题使加拿大在疫情面前变得脆弱，迫切需要制定相应的生物安全战略，重点关注公共卫生机构的不同系统在预防、准备、检测和应对微生物风险方面应该如何运作和互动[10]。

三是中国在制造业领域的创新战略具有合理性，但中国的科技政策仍存在一些不足。CIGI研究认为，全球商界和决策界的大部分人对中国的产业政策的看法过于狭隘，没有充分注意到长期的全球治理问题。鉴于中国正在努力解决日益普遍的全球贸易困境，中国制造业创新战略的总体目标和支撑这些目标的政策并非不合理。这些问题包括因全球产业集中度不断提高而产生的国际发展问题，以及中国进口和开发技术部件（如半导体芯片）的机会越来越少等。这表明，要解决中国贸易伙伴对中国产业政策的担忧，需要进行全球贸易治理改革，以确保一个公平的、基于规则的全球贸易秩序，满足发展中国家和中等收入经济体为经济发展而获取外资技术部件和知识的合法需求[11]。在过去20年里，中国在很多领域都取得了明显的进步,但在大多数核心技术和先进制造领域(如高端芯片)仍然存在差距。中国的科研系统还存在一些不足,如个别领域的赶超战略,产学研之间的联系不够紧密,以及在以市场为导向的技术收购与以技术突破为导向的自主创新之间的不平衡等,都对国家的创新形成一定的阻碍[12]。

10.2.4　可持续发展

可持续发展是 CIGI 近 5 年最为集中的研究领域,其研究报告从低碳治理机制、金融投资、技术创新、海洋保护等多角度深入探讨了对气候和环境等全球挑战的应对机理。

一是充分发挥世界贸易组织机制在低碳治理中的作用。CIGI 研究认为,世贸组织的既定目标,即参与贸易和其他经济活动的目标与可持续发展目标相一致。CIGI 的报告提出了两项措施建议:① 通过世界贸易组织气候豁免。为了进一步推动碳定价并促进全球经济中必要的绿色转型,世界贸易组织气候豁免的核心应该是对符合低碳目标的国际贸易规则的豁免,这些措施包括:根据产品制造过程中使用或排放的碳和其他温室气体进行区分;符合《联合国气候变化框架公约》定义的气候应对措施;不得以不合理手段或变相限制国际贸易的方式进行歧视。世贸组织气候豁免还应包括支持碳市场和气候俱乐部的贸易限制、化石燃料补贴的贸易纪律以及支持创新成果而非特定技术的绿色补贴。除了气候豁免外,世贸组织成员还应确认,根据贸易规则,碳税符合边境税调整的条件[13]。② 改革世界贸易组织渔业补贴。CIGI 的研究认为,成功的渔业补贴改革将直接有助于《巴黎协定》的实施和联合国可持续发展目标"采取紧急行动应对气候变化及其影响"的实现,因为它具有重要的协同作用。渔业补贴的出发点(如鼓励捕捞)与气候目标之间存在差异,并不能适应气候目标的要求。渔业补贴改革需要五个方面的驱动因素:主要国家和世贸组织秘书处的领导;学术、科学和政策背景分析;民间社会和私营部门的承诺;开发新的方案,替代原先对过度捕捞的补贴;跨制度学习[14]。

二是运用金融手段促进低碳经济发展。一方面,可持续发展目标为金融业参与可持续发展融资提供了机会。可持续发展目标将可持续发展和可持续商业问题(例如负责任的生产和消费)联系起来,同时促进经济增长以创造体面的工作场所。据世界银行估计,到 2030 年实现可持续发展目标每年将需要 5 万亿~7 万亿美元。国内政府将为可持续发展目标提供 50%~80% 的资金,其余资金应来自投资者。因此,可持续发展目标可能是金融业进一步确立可持续性原则并参与可持续发展融资的机会。研究者建议银行业通过整合可持续发展目标来完善金融部门的行为准则，并开发有助于实现可持续发展目标的创新金融产品；政府和金融监管机构也应使金融监管与可持续发展目标保持一致[15]。另一方面，金融手段有助于更有效地实现节能减排目标。据估计，由借款人、被投资方和融资项目造成的间接碳排放量是金融部门直接排放量的 50～200 倍。对金融部门的额外关注导致要求加强对受资助客户的碳绩效信息披露，气候变化可能成为金融部门保持稳定性的重大风险。金融部门应对气候相关金融问题采取更有效的措施，如建立专门为低碳和气候友好项目提供资金的气候融资市场[16]。衡量气候变化对金融市场近期影响的一个重要工具是绿色债券。绿色债券允许投资者进行与气候相关的投资，从而实现减排目标。新兴经济体如印度，可以通过绿色债券吸引更多的外国直接投资，以过渡到一个低碳和具有气候适应能力的未来[17]。

三是通过技术创新落实《巴黎协定》目标。首先，气候变化问题的紧迫性导致了对获得创新、清洁和可持续技术的迫切需求。仅仅资助基本的气候工程模型并不能有效地支持气候干预，需要跨学科、包容性的技术创新。确保负责任的知识创造和行动非常重要[18]。其次，落实《巴黎协定》的核心是建立相互信任的机制以促进协定的有效实施，即"增强透明度框架"。在温室气体清单数据收集、报告和审查过程中不断发展新兴的测量技术，如基于卫星的监测温室气体排放的方法，考虑到在未经国家许可的情况下对领土进行遥感和可能的数据共享，是否会被视为侵犯国家主权并与国家主权背道而驰？建议加强国际合作，以加强对新监测和测量技术的关注，同时鼓励气候信息的收集和获取[19]。

四是重视海洋在全球生物多样性和气候保护中的地位。海洋尤其是公海，是一个重要的生物多样性宝库。CIGI 的研究报告认为，完善对公海海洋生物资源的保护和可持续利用是气候行动和海洋治理融合的重要发展[20]。深海海底采矿制度的独特之处在于，参与活动的国家和非国家实体的组合复杂，国家管辖范围以外的海底区域的归属复杂。而制定深海海底矿物开采国际规则的一个重点是：在对环境、人员和财产造成损害的情况下，制定适当的规则和程序，确保及时支付足够的赔偿以弥补这些问题造成的损失[21]。

10.2.5　数字经济

CIGI 近 5 年对数字经济的研究也相当集中，其研究报告从技术、经济和治理等多个层面分析了数字经济的发展态势。

在技术层面,数字基础设施建设、大数据和区块链等新兴技术构建了数字经济的技术基础。关键基础设施系统——支撑经济和社会运行的资产和网络,无论是实体的还是虚拟的——决定了整个国家的安全、繁荣、福祉和复原力。在这方面,物联网是一个重要的概念,它嵌入了更大范围的联网产品和数字传感器,标志着人类与互联网互动方式的根本转变[22]。数据现在被一些人视为"新石油",民间社会、行业和政府需要制定和实施国际基础标准,并建立测试和认证计划,以刺激创新并从大数据分析中获益,同时尊重隐私、健康、安全和国家主权[23]。区块链和其他分布式账本技术(DLT)正在将一系列以前集中的全球经济活动推向分散的市场结构。各国政府应通过关注分布式账本技术的个别用例而不是其底层支持技术,来解决日益去中介化的全球经济新监管难题[24]。

在经济层面,平台经济和数字货币正在颠覆传统商业模式。许多富裕国家正在向建立在数据基础上的新经济过渡,互联网平台集聚了个人和公司使用数据创造的新商品和服务,并使用数据解决复杂问题。然而,大多数发展中国家和中等收入国家尚未做好数字化转型的准备,甚至无法提供兼顾公民个人数据保护以及公共数据开放访问的基础条件,平台经济也带来了新的社会和经济成本[25]。随着数字支付形式的日益普及,特别是在 COVID‐19 大流行期间,现金不再是王道。中央银行正将注意力转向中央银行数字货币(CBDC),以取代硬币和纸币,并通过数字技术提供其他类型的服务。中央银行数字货币还可以通过使用欧元和美元等国际公认的货币,促进跨境交易[26]。

在治理层面,数字经济的发展带来了跨境数据流动与数据安全、数据共享与数据监管等一系列需要解决的问题。在数字经济环境下,公司、政府和个人使用数据创建新服务,例如应用程序、人工智能和物联网。这些数据驱动的服务依赖于大量数据和相对不受阻碍的跨境数据流(很少有市场准入或治理障碍)。当前通过贸易协定管理跨境数据流的方法并没有形成具有约束力的、通用的或可互操作的规则来管理数据的使用。政策制定者必须设计一种更有效的方法来监管数据贸易,原因在于:① 数据作为跨境交换项目具有独特性;② 交换的数据量极其庞大;③ 跨境交换的大部分数据都是个人数据;④ 尽管数据可能是增长的重要来源,但许多发展中国家还没有准备好参与这种新的数据驱动型经济并开展新的数据驱动型服务[27]。数据经济的快速扩张引发了关于谁"拥有"数据以及"所有权"意味着什么的严重问题。在许多情况下,大量数据存储无法保密,必须在其他地方寻求保护。在欧盟,数据库权利为数据汇编提供了更强有力的保护,但在保护构成此类汇编的作品方面也存在不足[28]。如果贸易政策制定者真正想实现数据自由流动与信任，他们必须解决用户在隐私之外的担忧，包括在线骚扰、恶意软件、审查制度和虚假信息等。因此需要重新思考如何让广大公众参与数字贸易政策的制定[29]。

10.2.6 全球治理与国际科技合作

在国际科技合作方面，CIGI 主要从加拿大视角出发研究国际多边合作和双边合作，同时对中国在国际合作和全球治理中的地位和作用做出了评析。

一是国际多边合作体系较为完善，背离多边主义的趋势值得警惕。目前全球已建立了多层次的国际多边合作体系：① 联合国和相关组织（包括世界银行集团和国际货币基金组织）以及世贸组织；② 区域合作组织；③ 跨领域的多边集团，例如七国集团和金砖国家（巴西、俄罗斯、印度和中国）。当前，一些原有的多边框架主要参与者正在背离多边主义原则，这将对多边主义产生消极影响，值得反思[30]。

二是国际双边合作应以需求、规则和监管为基础。CIGI 的报告主要研究了加拿大与印度在数字贸易、服务贸易和能源领域的双边合作。在数字贸易合作方面，印度和加拿大在数字贸易领域中都有着重要的商业利益，并制定了广泛的社会政策；双方必须通过促进技术研发、基础设施建设、提高融资水平，以及数字基础知识和商业模式培训等措施，克服不平衡的竞争格局，实现在数字贸易中的公平参与。目前，对于如何调整贸易规则以促进数字贸易交易还没有达成国际共识。研究者呼吁加拿大和印度在推进数字贸易议程方面建立伙伴关系并发挥领导作用[31]。在服务贸易合作方面，全球贸易已经从货物贸易转向服务贸易。与商品不同，服务是无形的，由用户直接消费，没有中间方的监督。因此，在合作中保证服务质量的唯一方法是确保服务提供者按照标准提供服务，这是由政府建立的国内监管机构的责任[32]。在能源合作方面，印度和加拿大的能源部门是相互补充的。印度是一个庞大且不断增长的石油进口国，而加拿大是一个庞大且不断增长的石油和天然气出口国。投资加拿大的石油行业可以帮助印度防范油价飙升的风险，并为加拿大提供长期的需求保障[33]。

三是中国政府在全球治理中起到了积极作用。自 2013 年以来，中国在全球治理问题上提出了一系列新的概念和方法，并提出了未来 5 年至 10 年的行动计划，以推动改革和完善现有的全球治理机构，致力于发挥领导作用，承担更多的国际职责。中国的全球治理理念是：推动建立人类命运共同体、新型国际关系、国际共赢伙伴关系，以及互商、共建、共享原则。亚洲基础设施投资银行和"一带一路"

倡议的提出是体现中国积极主动的全球治理改革理念和计划的最好例子。中国全球治理理念成功的关键在于驾驭中美战略竞争，形成国际治理体系改革的共识。中国的全球治理政策为中加在改革和加强国际机构方面的合作提供了机会[34]。

10.2.7　知识产权保护

CIGI 在知识产权领域的研究主要侧重于如何运用知识产权制度保护原住民传统文化和遗产资源①。此外，对知识产权保护的国际规则等也有所涉猎。

一是加强对原住民文化和遗产资源的知识产权保护。传统文化的表现形式可以理解为原住民传统文化的表现方式，包括原住民的传统歌曲、艺术、仪式、手工艺品、故事和舞蹈等。这些通常是代代相传的，没有可识别的作者。传统文化表现形式对于拥有它们的原住民来说非常有价值，它是原住民精神、世界观、社会经济认同和文化的重要表达，在现代经济的背景下也很有价值。例如主要品牌的服装和配饰系列越来越多地将传统文化融入当代时尚潮流中，传统舞蹈、歌曲和节奏也出现在许多重要的音乐和艺术表演中。传统文化表现形式的经济潜力使其成为知识产权制度需要考虑的重要资产，但最大的困难是难以界定传统文化中权益归属的特定主体，这与对知识产权的普遍理论限制相一致[35]。研究者对此提出两种替代法律框架：一种是规定未经授权使用传统知识的行为将导致其失去知识产权保护，以此向私营公司施加压力；另一种是通过创建披露义务保持公众对传统文化来源的正确认知，类似于通常强加给食品、服装和药品生产商的标签要求[36]。

二是完善知识产权国际保护规则。全球新冠大流行和其他独特情况的同时出现，呼唤新的规则以激发各种创新以及促进创新成果在世界范围内的快速传播，包括与无形资产有关的规则，特别是与知识产权的数字表达有关的规则。这为世界贸易组织提供了一个机会，可使其与贸易有关的知识产权的规则更加现代化，充分实现《与贸易有关的知识产权协议》（TRIPS 协议）中排他性使用权和非排他使用权之间的平衡[37]。

参考文献

［1］https://www.cigionline.org/.

---

① 遗传资源是指取自人体、动物、植物或者微生物等含有遗传功能单位并具有实际或潜在价值的材料。

［2］ANTON MALKIN. Getting beyond forced technology transfers：analysis of and recommendations on intangible economy governance in China［EB/OL］.［2022－07－01］. https：//www. cigionline. org/publications/getting-beyond-forced-technology-transfers-analysis-and-recommendations-intangible/.

［3］DIETER ERNST. Supply chain regulation in the service of geopolitics：what's happening in semiconductors?［EB/OL］.［2022－07－01］. https：//www. cigionline. org/publications/supply-chain-regulation-in-the-service-of-geopolitics-whats-happening-in-semiconductors/.

［4］MARK KRUGE. China's macroeconomic policy trifecta and challenges to the governance of the global trading system［EB/OL］.［2022－07－01］. https：//www. cigionline. org/publications/chinas-macroeconomic-policy-trifecta-and-challenges-governance-global-trading-system/.

［5］OLENA IVUS, JOANNA WAJDA. Fluctuations in uncertainty and R&D investment［EB/OL］.［2022－07－01］. https：//www. cigionline. org/publications/fluctuations-uncertainty-and-rd-investment/.

［6］ANTON MALKIN. China's experience in building a venture capital sector：four lessons for policy makers［EB/OL］.［2022－07－01］. https：//www. cigionline. org/publications/chinas-experience-building-venture-capital-sector-four-lessons-policy-makers/.

［7］JOËL BLIT, SAMANTHA S T AMAND, JOANNA WAJDA. Automation and the future of work：scenarios and policy options［EB/OL］.［2022－07－01］. https：//www. cigionline. org/publications/automation-and-future-work-scenarios-and-policy-options/.

［8］PAUL TWOMEY. Toward a G20 framework for artificial intelligence in the workplace［EB/OL］.［2022－07－01］. https：//www. cigionline. org/publications/toward-g20-framework-artificial-intelligence-workplace/.

［9］YU HANZHI, XUE YANG. Biotechnology and security threats：national responses and prospects for international cooperation［EB/OL］.［2022－07－01］. https：//www. cigionline. org/publications/biotechnology-and-security-threats-national-responses-and-prospects-international/.

［10］ADRIAN R LEVY. After COVID：global pandemics and canada's biosecurity strategy［EB/OL］.［2022－07－01］. https：//www. cigionline. org/publications/after-covid-global-pandemics-and-canadas-biosecurity-strategy/.

［11］ANTON MALKIN. Made in China 2025 as a challenge in global trade governance：analysis and recommendation［EB/OL］.［2022－07－01］. https：//www. cigionline. org/publications/made-china-2025-challenge-global-trade-governance-analysis-and-recommendations/.

［12］HE ALEX. China's techno-industrial development：a case study of the semiconductor industry［EB/OL］.［2022－07－01］. https：//www. cigionline. org/publications/chinas-techno-industrial-development-case-study-semiconductor-industry/.

［13］JAMES BACCHUS. The content of a WTO climate waiver WTO［EB/OL］.［2022－07－01］. https：//www. cigionline. org/publications/content-wto-climate-waiver/.

［14］MARKUS GEHRIN. From fisheries subsidies to energy reform under international trade law[EB/OL]. [2022 - 07 - 01]. https://www.cigionline.org/publications/fisheries-subsidies-energy-reform-under-international-trade-law/.

[15] OLAF WEBER. The financial sector and the SDGs: interconnections and future directions [EB/OL]. [2022 - 07 - 01]. https://www.cigionline.org/publications/financial-sector-and-sdgs-interconnections-and-future-directions/.

[16] ZACHARY FOLGER-LARONDE, OLAF WEBER. Climate change disclosure of the financial sector[EB/OL]. [2022 - 07 - 01]. https://www.cigionline.org/publications/climate-change-disclosure-financial-sector/.

[17] OLAF WEBER, VASUNDHARA SARAVADE. Green bonds: current development and their future [EB/OL]. [2022 - 07 - 01]. https://www.cigionline.org/publications/green-bonds-current-development-and-their-future/.

[18] ARUNABHA GHOSH, SUMIT S PRASAD. Shining the light on climate action: the role of non-party institutions [EB/OL]. [2022 - 07 - 01]. https://www.cigionline.org/publications/shining-light-climate-action-role-non-party-institutions/.

[19] TIMIEBI AGANABA-JEANTY. Satellites, remote sensing and big data: legal implications for measuring emissions [EB/OL]. [2022 - 07 - 01]. https://www.cigionline.org/publications/satellites-remote-sensing-and-big-data-legal-implications-measuring-emissions/.

[20] CAMERON S G JEFFERIES. Designing high-seas marine protected areas to conserve blue carbon ecosystems: a climate-essential development? [EB/OL]. [2022 - 07 - 01]. https://www.cigionline.org/publications/designing-high-seas-marine-protected-areas-conserve-blue-carbon-ecosystems-climate/.

[21] CRAIK A NEIL, ALFONSO ASCENCIO-HERRERA, ANDRES ROJAS, et al. Legal liability for environmental harm: synthesis and overview[EB/OL]. [2022 - 07 - 01]. https://www.cigionline.org/publications/legal-liability-environmental-harm-synthesis-and-overview/.

[22] TOBBY SIMON. Critical infrastructure and the internet of things [EB/OL]. [2022 - 07 - 01]. https://www.cigionline.org/publications/critical-infrastructure-and-internet-things-0/.

[23] MICHEL GIRARD. Big data analytics need standards to thrive: what standards are and why they matter[EB/OL]. [2022 - 07 - 01]. https://www.cigionline.org/publications/big-data-analytics-need-standards-thrive-what-standards-are-and-why-they-matter/.

[24] JULIE MAUPIN. Mapping the global legal landscape of blockchain and other distributed ledger technologies [EB/OL]. [2022 - 07 - 01]. https://www.cigionline.org/publications/mapping-global-legal-landscape-blockchain-and-other-distributed-ledger-technologies/.

[25] TAYLOR OWEN. The case for platform governance [EB/OL]. [2022 - 07 - 01]. https://www.cigionline.org/publications/case-platform-governance/.

[26] PIERRE SIKLOS. Central bank digital currency and governance: fit for purpose? [EB/OL]. [2022 - 07 - 01]. https://www.cigionline.org/publications/central-bank-digital-currency-and-governance-fit-purpose/.

[27] SUSAN ARIEL AARONSON. Data is different: why the world needs a new approach to

governing cross-border data flows［EB/OL］.［2022 - 07 - 01］. https：//www.cigionline. org/publications/data-different-why-world-needs-new-approach-governing-cross-border-data-flows/.

［28］TERESA SCASSA. Data ownership［EB/OL］.［2022 - 07 - 01］. https：//www. cigionline. org/publications/data-ownership/.

［29］SUSAN ARIEL AARONSON. Listening to users and other ideas for building trust in digital trade［EB/OL］.［2022 - 07 - 01］. https：//www. cigionline. org/publications/listening-to-users-and-other-ideas-for-building-trust-in-digital-trade/.

［30］DAVID M MALONE, ROHINTON P MEDHORA. International cooperation：is the multilateral system helping?［EB/OL］.［2022 - 07 - 01］. https：//www. cigionline. org/publications/international-cooperation-multilateral-system-helping/.

［31］DON STEPHENSON. Fostering growth in digital trade through bilateral cooperation in the development of trade rules［EB/OL］.［2022 - 07 - 01］. https：//www. cigionline. org/publications/fostering-growth-digital-trade-through-bilateral-cooperation-development-trade-rules/.

［32］AKSHAY MATHUR, PURVAJA MODAK. Cooperation in trade inservice［EB/OL］.［2022 - 07 - 01］. https：//www.cigionline.org/publications/cooperation-trade-services/.

［33］AMIT BHANDARI. India-Canada energy cooperation［EB/OL］.［2022 - 07 - 01］. https：//www.cigionline.org/publications/india-canada-energy-cooperation/.

［34］WANG YONG. China's new concept of global governance and action plan for international cooperation［EB/OL］.［2022 - 07 - 01］. https：//www. cigionline. org/publications/chinas-new-concept-global-governance-and-action-plan-international-cooperation/.

［35］BRIGITTE VÉZINA. Traditional cultural expressions：laying blocks for an international agreement［EB/OL］.［2022 - 07 - 01］. https：//www. cigionline. org/publications/traditional-cultural-expressions-laying-blocks-international-agreement/.

［36］WILLIAM FISHER. Toward global protection for traditional knowledge［EB/OL］.［2022 - 07 - 01］. https：//www. cigionline. org/publications/toward-global-protection-traditional-knowledge/.

［37］JAMES BACCHUS. TRIPS-Past to TRIPS-Plus：upholding the balance between exclusivity and access［EB/OL］.［2022 - 07 - 01］. https：//www. cigionline. org/publications/trips-past-to-trips-plus-upholding-the-balance-between-exclusivity-and-access/.

作者简介

田贵超　上海科技管理干部学院
龚　晨　上海科技管理干部学院

第 11 章

韩国国家科技智库
——科学技术政策研究所

田贵超　龚　晨

韩国的科学技术政策研究所(Science and Technology Policy Institute,简称 STEPI)成立于 1987 年,是一家由韩国政府资助的科技智库。STEPI 在美国宾夕法尼亚大学的"智库与市民社会项目"研究组近年来发布的全球智库排行榜中的排名逐年提升,2021 年其排名跃居第 5 位。研究 STEPI 2017—2021 年的研究报告及在重点议题上的观点,对我国科技智库的发展和相关研究有重要的借鉴意义。

11.1　机构简介

STEPI 致力于科技政策及政策替代方案的研究,其设立目的是通过研究分析科学技术活动及与科学技术相关的经济社会问题,为韩国国家科学技术政策的制定和科学技术的发展作出贡献。STEPI 的三大价值是强化国家竞争力、发展科学技术以提高生活质量和为国际社会发展作贡献。STEPI 的总部位于韩国新行政首都世宗市,受韩国经济人文社会研究会的监督。STEPI 主要设有研发战略研究部、未来创新战略研究部、全球创新战略研究部、科技人力资源政策研究中心、前沿技术亚太战略中心等业务部门[1]。

11.2　研究领域与主要观点

STEPI 的研究领域主要是对科学技术、研发活动及技术创新进行调查分析,对科学技术政策和战略开展研究并提供咨询服务,就科学技术和经济社会的相互作用进行跨学科研究,对科学技术的区域合作、国际合作及科学技术政策的全球动向进行调查分析。总体来说,其研究领域集中在创新政策、产业创新、全球政策、未来研究等议题上。

2017—2021年,STEPI发布了80多篇研究报告,均以英文发布,涉及创新创业、科技政策、数字经济、可持续发展、知识产权、国际合作等多个领域,还有个别报告关注公共卫生和互联网。中国也是其十分关注的研究对象,STEPI有数篇研究报告与中国有关,主要研究中国的创新发展以及韩国的应对策略等。

11.2.1 创新理论与政策

创新是STEPI研究的重点,在其2017—2021年的研究报告中,与创新直接相关的报告约占2/3,主要涉及以下几方面。

1) 创新理论研究

一是高学历(博士)人才就业情况不容乐观。STEPI研究了在私营部门工作的理工科博士的特征。研究发现,博士劳动力市场状况趋于恶化,民营企业的需求与博士的能力之间存在着不小的差距。随着博士后科研人员数量的增加和课程形式的多样化,传统的博士后科研人员概念逐渐变得模糊。进入21世纪以来,随着国家科学技术水平的提高,在国家科学技术中心的支持下,博士学历人数显著增加。但学术界未能容纳所有的人,这使新博士的劳动力市场状况恶化[2]。

二是融合研发(Convergence R&D)需要更多制度和法律保障。随着创新环境的变化,需要新的公共研发角色和制度。融合环境和社会问题的复杂性不断加深,协同解决公共问题的创新生态系统的出现,均鼓励扩大与公共研究机构的合作。由于现行法律没有规定促进融合研发的具体方向,因此可持续、战略性和稳定政策的实施受到限制。即使在制定了第三个融合研发激活总体计划(2018—2027年)之后,对基本法律的要求仍然没有改变。为了促进融合研发,各种能够满足市场实际需求或解决任何困难的支持均需依法备案。建立一个融合的研发项目体系和各种支持需要明确的法律基础[3]。

2) 产业创新研究

一是要加强技术孵化,促进成果转化。虽然韩国政府从21世纪初就开始实施许多促进技术商品化的政策,但对公共研究机构的技术商品化活动仍有很多负面评价。STEPI研究认为,只要专注于创新,就一直会面临商业化的问题。目前,商业化在技术、资金、专家、文化等方面存在很多问题。商业化在技术方面的主要问题是实验室研究人员提供的技术与市场上企业的技术需求之间的成熟度差距[4]。技术孵化是缩小差距的有效工具。实验室研发出来的技术必须成熟,才能应用于产品或服务中。通常,这个过程被称为"技术孵化",它需要很多资源。最重要的资源是具有专业知识并了解实验室研发和市场的人才[5]。

二是要制定符合创新环境变化方向的技术产业化政策。随着研发投入规模的不断扩大,人们对技术商业化的兴趣和认识水平不断提高,技术商业化作为创新增长的中轴作用和价值不断增强。根据《技术转让和商业化促进法》,政府的作用和支持项目的依据已经确定,相关部门的技术商业化支持机构和项目推广适用法律已经延展:从保障研究成果扩大到支持研究成果的利用。有必要在过去20年建立的商业化促进能力的基础上,建立符合创新环境变化方向的技术商业化政策优化方向[6]。

3)创新政策研究

一是研发投入绩效不高。在韩国,政府的研发投资从2011年开始每年平均增加4%。自2016年以来,政府的研发投资总额已超过190亿美元。政府的研发投入虽然有所增加,但效果并不好。在专利方面,韩国的研发效率只有美国的一半左右。2017年,韩国在科学技术竞争力方面的世界排名从2016年的第6位下降到了第8位[7]。

二是需要建立完整的科技创新政策体系。包括对公共资助研究活动的评价、科学知识的定价(即通过政府行动提高科学知识的价值)、建立科学政策决策支持系统,并有必要就促进科技立法和创新政策治理达成一致意见。同时,由于经常需对项目和计划进行评估,而投入产出具有模糊性和复杂性特点,因而急需建立高层政策的评价模型[8]。

三是制定中国创新崛起的应对战略。中国一贯积极支持传统产业的精细化发展和结构调整,同时扩大对传统产业的政府援助,放宽对未来核心技术的限制,通过以科学技术革新为基础的创新,在产业、经济、科学技术等领域迅速缩小与韩国的差距。而韩国却没有相应的应对战略。据预测,中国的创新增长对韩国的影响最大。因此,需要在深入分析中国的基础上制定韩国的应对战略[9]。

4)企业创新研究

一是企业研发投入有所下降。韩国企业在国家研发投入中占比较高,约占

75％,上市公司在企业研发投入中也占有相当大的比例,约占75％。但近年上市公司经营业绩不佳,近两年销售持续萎缩,研发投入也连续两年下降。与首都圈一同成为韩国产业支柱的东南部地区,在很多指标上都持续下降。值得注意的是,化学行业——尤其是生物和制药行业——在员工数量、研发投资、专利等指标上都显示出了明显的进步[10]。

二是中小企业的创新投入很少有助于其产出。STEPI的研究者对韩国、美国、日本、德国和法国五个国家的中小企业创新活动进行了比较。与其余四国的中小企业相比,韩国的中小企业显著增加了研发投入,特别是研发资金和人员投入。然而,它们的经济表现却非常令人失望。中小企业的创新投入很少有助于其产出,为了解决这一问题,应该重新设计针对中小企业的革新政策[11]。

三是政府有必要加强对家族企业的支持。引导家族企业进行稳定的长期投资,并将积累的知识和经验传给下一代。家族企业的传承支持体系是为了支持企业的持续成长和创新而建立的,但由于该体系的不稳定性,准备传承的企业家对该体系的利用率较低或使用意愿较低。同时,中小型企业的企业家们为了维持税收优惠以实现企业的成长和创新而回避新的投资。因此有必要改变家族企业只在家庭内部传承的传统观念,并改革对中小企业风险投资和持续创新的支持政策[12]。

四是完善企业创新支持体系。在人才支持方面,促使优秀人才支持多元化,设计并运营"优秀人力支援系统"。该系统是一种间接支援系统,优秀人才不是按照企业的需要聘用,而是派遣到国家联合研究所,从而避免中小企业雇用优秀人才所带来的高额成本,将中小企业的人工费负担降到最低。在聘请优秀的人才后,还需要对其进行持续的职业路径管理,如支持优秀研发人员的学位项目和奖励支付。在资金支持方面,促进筹资方法的多样化,引进市场和企业所希望的金融支援方式,在间接支持(如创新凭证、创新采购等)方面扩大资金支持领域。在技术支持方面,激活以企业或技术为中心的技术交易平台,根据公司特点、所在行业和公司规模设计研发支持项目[13]。

11.2.2　数字经济发展

一是通过数字经济的转型谋求消费者福利。虽然越来越多的数字业务,包括搜索引擎、智能手机、电子商务、智能移动和共享经济被引入市场,但随着数字转型的加速,越来越多的服务免费或以更低的价格提供给消费者。虽然消费者幸福感或消费者剩余在上升,但这些并没有被 GDP 指标恰当地捕捉到。数字经济的转型给人们的生活带来的变化以及随之而来的幸福感改善是积极的,但并没有在 GDP 中得到适当反映[14]。

二是重视数据行业监管问题。要分析利益相关者之间的冲突,探寻问题产生的原因并为正确的反应提出建议。在这方面,可以从对监管沙盒的微观机制研究中提出对未来政策方向的建议[15]。

三是关注元宇宙虚拟世界数字创新。① 强化核心技术,实现身临其境的元宇宙。这需要战略投资和支持来开发核心要素——技术,以应对显示形式因素的多样化和因元域服务的传播而增加的需求。② 研发项目注重适应性和开放性。要增强创作工具的兼容性,培养专业人才,使其能够灵活地与各个领域的新内容环境相连接,并能轻松地整合设计内容。③ 营造一个支持创造力和经济活动的环境。在不侵犯公司自主权的前提下准备好元宇宙中的版权指南[16]。政府需要考虑在扩大的数字世界中加强对个人财产权的认可和保护,以及它们与现实世界法规的联系。此外,还需要启动一个在元宇宙中运行的全局协调实体,设计出能够保护国家利益的技术或系统,使其免受可能由黑客恶意破坏、恶意使用元宇宙或数字孪生体引起的国家或国际危机的影响[17]。

11.2.3　知识产权问题

一是知识产权日益成为企业价值的衡量指征。随着知识经济的到来,企业价值越来越多地以知识产权而不是以实物资产来衡量,这一趋势使得推动技术转让和商业化变得至关重要。过去 40 年,全球市场上的资产比例发生了巨大变化。过去,实物资产或有形资产的比重比知识产权等无形资产的比重高,但随着知识产权等无形资产的占比将超过 90%,这一趋势会发生逆转。在这种情况下,包括全球新技术许可在内的技术出口的重要性将超过以往任何时候,仅次于产品出口[18]。

二是韩国在知识产权等无形资产的全球市场上仍然处于落后地位。技术出口不是随意追求的选择,而是第二或第一优先事项,它可以与产品出口或进一步发展独立的商业模式联系起来。在世界市场上的技术商用化方面,包括技术出口在内,韩国在经济合作与发展组织成员中处于中等水平,而在专利注册和标准必要专利方面分别排在第 4 位和第 5 位。更糟糕的是,韩国在技术与产品出口比率上的排名处于经合组织成员中的最低一档,仅高于加拿大、墨西哥、中国。

为此，STEPI 研究者认为应当提高人们对国家通过指定国家核心技术等措施防止技术外泄的关注[19]。

11.2.4　可持续发展

一是实现 2030 年温室气体减排和创造经济增长引擎。为了实现 2030 年的国家减排目标，有必要整合现有的绿色技术和其他技术，提高社会的可接受性，并创建一个产业部门。通过融合电力、工业、建筑和交通领域中的绿色技术，研究具有最大工业增长潜力的建筑业，将能源生产、存储、IT 技术、物联网、大数据、人工智能等与建筑技术相结合，将其应用到建筑领域[20]。

二是实现可持续社会技术系统的转型。这不是为了确保新的增长动力而设置的产业转型框架，而是在形成以可持续发展为导向的新产业生态系统的框架内，应对产业创新的战略。以可再生能源产业为例，通过与社会、政府和新的创新实体的互动实现产业转型，以应对韩国社会的主要挑战[21]。

11.2.5　国际科技合作

一是密切观察国际形势的变化并做出战略应对。由于大国之间的霸权竞争、新型传染病的传播、气候变化等原因，国际社会的不确定性日益加剧。美国参议院 2021 年 6 月通过的《创新与竞争法案》，显示出美国对中国经济增长的明显牵制和危机感，加剧了国际社会的紧张局势[22]。韩国与中国、朝鲜、日本处于特殊的地缘政治关系中，需要制定中长期国家战略，密切观察国际形势的变化，并在不确定的未来中创造可持续发展的社会。韩国应增加对国际社会的贡献，加强与美国在政治、外交、工业、科技等领域的合作[23]。

二是积极开展与小国的科技援助合作。科学、技术和创新是韩国官方发展援助政策的关键领域之一。2017 年，STEPI 开展了"2017 K - Innovation 官方发展援助计划"（以下简称"计划"），以提高伙伴国家的科技创新政策能力。建议根据伙伴国家的需求和发展阶段制订方案，从国家层面的科技创新政策愿景和计划开始，到国家技术路线图、科技创新园区建设、技术转移等详细的行动方案。被选为合作伙伴的国家有埃塞俄比亚、秘鲁、厄瓜多尔、坦桑尼亚、柬埔寨、阿塞拜疆等。这些国家对与韩国的合作表现出极大的兴趣，并希望了解韩国在科技创新发展方面的经验。在与埃塞俄比亚的合作方面，STEPI 支持埃塞俄比亚科技部完成糖、皮革、水泥等 20 个领域的国家技术路线图[24]。

参考文献

［1］https：//stepi.re.kr/.

［2］KIBEOM PARK，HYUNJUN PARK. Number and characteristics of postdoctoral researchers in Korea［EB/OL］.［2022 - 07 - 01］. https：//stepi.re.kr/common/report/Download.do?reIdx＝22&cateCont＝A0508&streFileNm＝A0508_22.

［3］JONGHWA CHOI，SEONGMAN JIN，SEUNGWOO YANG，et al. Ways to reform related law for convergence R&D activation［EB/OL］.［2022 - 07 - 01］. https：//stepi.re.kr/common/report/Download.do? reIdx＝19&cateCont＝A0508&streFileNm＝A0508_19.

［4］CHAE YOON LIM. A study on commercialization process of generic technology developed by PRIs［EB/OL］.［2022 - 07 - 01］. https：//stepi.re.kr/common/board/Download.do?bcIdx＝560&cbIdx＝1303&streFileNm＝rpt_560.

［5］SOO J SOHN. Diagnosis of technology incubation paths to promote technology commercialization and their efficiency model［EB/OL］.［2022 - 07 - 01］. https：//stepi.re.kr/common/board/Download.do?bcIdx＝543&cbIdx＝1303&streFileNm＝rpt_543.

［6］SU JEONG SHON，HYUNG JUN AHN，MINJI KANG，et al. Outcomes of technology commercialization policy over 20 years and tasks［EB/OL］.［2022 - 07 - 01］. https：//stepi.re.kr/common/report/Download.do?reIdx＝41&cateCont＝A0508&streFileNm＝af37d9a3-74ef-4072-bb6d-0c7888f7de13.pdf.

［7］MYONG HWA LEE. Exploring science and technology policy evaluation models［EB/OL］.［2022 - 07 - 01］. https：//stepi.re.kr/common/board/Download.do?bcIdx＝550&cbIdx＝1303&streFileNm＝rpt_550.

［8］GOUK TAE KIM. A "mode 3" science policy framework for south Korea-toward a responsible innovation system［EB/OL］.［2022 - 07 - 01］. https：//stepi.re.kr/common/report/Download.do?reIdx＝114&cateCont＝A0509&streFileNm＝3a02758e-f714-4e04-941c-f40f01768a1a.pdf.

［9］SEOIN BAEK，EUNJUNG SON，YEOJIN YOON. China's innovation growth and Korea's response strategy［EB/OL］.［2022 - 07 - 01］. https：//stepi.re.kr/common/report/Download.do?reIdx＝16&cateCont＝A0508&streFileNm＝A0508_16.

［10］DOO HYUN AHN. Corporate R&D investments and their performance in 2017［EB/OL］.［2022 - 07 - 01］. https：//stepi.re.kr/common/board/Download.do?bcIdx＝554&cbIdx＝1303&streFileNm＝rpt_554.

［11］CHAE YOON LIM. Evaluating SME's innovation capability and analyzing sme innovation policy（Ⅷ）［EB/OL］.［2022 - 07 - 01］. https：//stepi.re.kr/common/board/Download.do?bcIdx＝556&cbIdx＝1303&streFileNm＝rpt_556.

［12］YOONHWAN OH，EUN-A KIM，CHAN SOO PARK. Policy plan to support innovation-friendly inheritance of family business［EB/OL］.［2022 - 07 - 01］. https：//stepi.re.kr/

common/report/Download.do?reIdx=28&cateCont=A0508&streFileNm=A0508_28.

[13] HEEJONG KANG, SUAH SON, JEONGWOO LEE. International comparison of the status of business innovation and direction for revitalizing[EB/OL]. [2022 - 07 - 01]. https：//stepi.re.kr/common/report/Download.do?reIdx=48&cateCont=A0508&streFileNm=d670db4b-c322-4dc9-9d5a-11cb0c80bfc8.pdf.

[14] SEOGWON HWANG. Digital economy & measurement of consumer welfare：GDP-B [EB/OL]. [2022 - 07 - 01]. https：//stepi.re.kr/common/report/Download.do?reIdx=15&cateCont=A0508&streFileNm=A0508_15.

[15] ILYOUNG JUNG, KWANGHO LEE. Stakeholder-based regulatory issues in data industry and countermeasures [EB/OL]. [2022 - 07 - 01]. https://stepi.re.kr/common/report/Download.do?reIdx=17&cateCont=A0508&streFileNm=A0508_17.

[16] JUNGHYUN YOON, GAEUN KIM. The outlook and innovation strategy for the metaverse virtual world ecosystem [EB/OL]. [2022 - 07 - 01]. https://stepi.re.kr/common/report/Download.do?reIdx=54&cateCont=A0508&streFileNm=54a58d32-75fd-4fa8-9dcf-26e88eee16b4.pdf.

[17] SOO J SOHN. Intellectual property(IP) related issues to be addressed for promoting metaverse-based co-creation [EB/OL]. [2022 - 07 - 01]. https://stepi.re.kr/common/report/Download.do?reIdx=52&cateCont=A0508&streFileNm=cca85fef-9f64-4fb6-94cf-d7532139d06e.pdf.

[18] YOON-JUN LEE. Global technology commercialization of PRIs and SMEs- focused on technology export [EB/OL]. [2022 - 07 - 01]. https://stepi.re.kr/common/board/Download.do?bcIdx=544&cbIdx=1303&streFileNm=rpt_544.

[19] SEOKBEOM KWON, SEOKKYUN WOO. Intellectual property rights (IPR) regime and innovation in a developing country context [EB/OL]. [2022 - 07 - 01]. https://stepi.re.kr/common/report/Download.do?reIdx=110&cateCont=A0509&streFileNm=18d41fbb-668e-4b0a-a87d-e7e5c6085bce.pdf.

[20] HWANIL PARK. Policy for improving industrial outcomes through convergence of greenhouse gas reduction technologies：promoting technology convergence in building sector[EB/OL]. [2022 - 07 - 01]. https://stepi.re.kr/common/board/Download.do?bcIdx=542&cbIdx=1303&streFileNm=rpt_542.

[21] WICHIN SONG. Strategy for socio-technical system transition (year 3)：system transition and building sustainable industries [EB/OL]. [2022 - 07 - 01]. https://stepi.re.kr/common/board/Download.do?bcIdx=558&cbIdx=1303&streFileNm=rpt_558.

[22] JEONGSUB YOON, EUNAH KIM. Direction of new science and technology cooperation：agendas of science and technology in rok-US summit [EB/OL]. [2022 - 07 - 01]. https://stepi.re.kr/common/report/Download.do?reIdx=47&cateCont=A0508&streFileNm=2c69a596-9008-4ff7-90de-c11a696c0574.pdf.

[23] DAEUN LEE, JEONGHYUN YOON, BYEONGWON PARK. Future scenarios and implications from the U.S. NIC global trends 2040[EB/OL]. [2022 - 07 - 01]. https://

stepi. re. kr/common/report/Download. do? reIdx＝46&cateCont＝A0508&streFileNm＝
d069aed2-97bc-4af4-b771-0c5ea3fa5eed. pdf.

［24］DEOK SOON YIM. 2017 K-Innovation ODA program［EB/OL］.［2022－07－01］. https：//
stepi. re. kr/common/board/Download. do? bcIdx＝562&cbIdx＝1303&streFileNm＝
rpt_562.

作者简介

田贵超　上海科技管理干部学院
龚　晨　上海科技管理干部学院

第 12 章

印度领先的气候与能源智库
——科学、技术和政策研究中心

梁　偲

科学、技术和政策研究中心（Center for Study of Science，Technology & Policy，简称 CSTEP）是一家专注于气候、能源和可持续发展的印度领先智库，有望成为印度最重要的政策创新和分析机构。本章主要围绕其 2017—2021 年发布的 50 多篇研究报告，针对报告的基本内容和观点，做了较为系统的梳理和总结，包括气候、环境和可持续发展，能源和电力，材料和战略研究，人工智能与数字实验室，计算模拟五大研究主题。

12.1　机构简介

CSTEP 是印度领先的智库之一，其使命是利用科学和技术的创新方法促进决策制定，以形成可持续、安全和包容的社会的目标，其愿景是成为"印度最重要的政策创新和分析机构"。CSTEP 的研究涉及气候、环境、可持续性、能源、人工智能的社会影响和新材料等领域，其研究利用基于科学和技术的创新理念来解决发展的挑战，并将人工智能、计算工具和建模与社会影响相结合，同时还与政府和机构合作，利用科学技术为印度的复杂发展问题提供解决方案。

事实上，CSTEP 是一个长期深耕于气候、能源和可持续发展领域的专业性较强的智库。其研究往往不只是提出政策建议，更着眼于社会和政策变化，基于全球科学评估和印度的国家背景及当地实际情况，提出了务实的解决方案。

CSTEP 得到了各方的资助，包括大学、实验室、基金会、私人和公共机构等，其优势在于研究的输出是公正的。CSTEP 的输出成果主要有报告、评论、著作、工作简报、期刊或会议文章、年报、博客、采访稿、新闻稿等。为了确保 CSTEP 的每一项研究输出都是高质量的,其内部从四个方面来考量研究成果的质量——研究质量、写作质量、演示和与利益相关方的连接。同时,CSTEP 聘请外部专家对研究输出进行审查,通过这些机制和流程来提高研究和产出质量。

CSTEP 有来自公共政策、社会科学、经济学、工程学、管理学和自然科学等领域的专家。其中,工程学、自然科学和管理学方面的专家占比较高。CSTEP 强调机构是围绕人建立的,人决定了机构的产出质量,因此开设了"政策研究"课程,以增强研究人员的技能,使他们能够更好地应对广泛而复杂的政策研究问题,成为各个领域的"意见领袖"[1]。

12.2　研究领域及主要观点

CSTEP 的研究方向主要包括:气候、环境和可持续发展,能源和电力,材料和战略研究,人工智能与数字实验室,计算模拟。其中,气候、环境和可持续发展研究聚焦于应对气候变化、适应和恢复力、空气污染和环境可持续性方面的问题;能源和电力研究聚焦于扩大可再生能源、改善电网基础设施、研究高效技术方案限制能耗等;材料和战略研究聚焦于电池(锂离子)及关键材料、光伏组件制造、电动汽车和公交车、清洁能源及储存方面的新兴技术等;人工智能与数字实验室研究聚焦于人工智能及相关的技术创新,用于解决健康、国防和智慧城市治理相关问题;计算模拟研究聚焦于为政策研究开发模型和模拟工具,为政策对话和决策提供计算、数据分析和可视化支持。

12.2.1　气候、环境和可持续发展

气候、环境和可持续发展领域的愿景是通过对技术选择和深入分析,为长期发展和政策决策提供信息支持,并根据全球科学研究和本国背景确定印度气候危机的解决方案。

在应对气候变化风险方面,《卡纳塔克邦电力部门的气候风险》报告认为,已有足够的科学证据表明气候变化已经发生,并且预计在未来几十年会以越来越快的速度发生。当前世界需要了解气候变化对各方面发展的影响及产生的风险,并制定应对措施,增强发展韧性。国际灾害数据库的数据显示,1998—2017

年间,印度每年平均经历 16 次极端天气事件,造成的总经济损失为 450 亿美元,极端天气导致了生命损失、农业生产力下降和基础设施损坏等后果[2]。

在电力基础设施方面,《卡纳塔克邦雨养农业面临的气候变化风险:增强韧性》报告认为,基础设施投资规模庞大且周期较长,需要识别和减少气候风险并增强发展韧性,如开发气候灾害与风险地图,评估气候风险对热能、太阳能和风能基础设施的影响;优先考虑适应未来气候条件的设计和项目;为定期审查、维护和升级基础设施提供资金保障;起草维护与升级基础设施的相关法规,制定基础设施提供标准;创建研发和创新的技术联盟,促成更好的设计、开发弹性技术、改进标准和部署新技术;建立气候风险数据生成和传播网络[3]。

在应对农业生产力下降方面,《零预算自然农业和非零预算自然农业的生命周期评估》报告认为,需要将洪水和干旱战略管理更好地结合起来;创新现有机制,如农作物保险、基于预测的社会保护融资机制;让私营企业参与农林业,提供一个有保障的市场,建立一个完整的农林业价值链;进行技术创新,如零预算自然农业强调通过特定的方法有效利用资源,避免无机肥料、杀虫剂和除草剂的使用,以更少的耕作获得更高的产量,其对气候变化具有较强的韧性,降低了种植成本和温室气体排放量,改善了国民健康,提高了农民收入[4]。

在应对温室气体排放和空气污染方面,《印度次国家级能源部门温室气体排放估算》报告认为,印度政府环境、森林和气候变化部启动了国家清洁空气计划,提出了减少空气污染的战略。2005—2015 年,发电是印度温室气体排放最高的类别,2015 年,它占能源部门总排放量的 68.3%;其次是交通,占总排放量的 17.8%;其他方面,如住宅、商业、农业、渔业、建筑砖窑、废物燃烧、燃料生产对温室气体排放量贡献也较大。燃料燃烧和排放是温室气体排放的主要构成,而煤炭是排放量最大的燃料。印度通过国家太阳能计划和加速部署新的可再生能源等各种政策措施,使发电部门温室气体排放量的增长率降低了。但是,由于交通运输需求的增加,交通运输温室气体排放增加得更快了[5]。

CSTEP 的系列清洁空气计划报告中提到,国家清洁空气计划确定了 122 个空气质量未达标的印度城市,穆扎法尔布尔[6]、加雅[7]、巴特那[8]位列世界上污染最严重的城市榜单之中,也是国家清洁空气计划中未达标的城市。就颗粒物而言,穆扎法尔布尔 2018 年 $PM_{2.5}$ 的排放总量约为 2.7 万吨,2030 年预计将达到约 3.4 万吨。重工业(包括发电厂)和交通行业是污染最严重的行业。政府应进一步加强对环境质量的持续监测,以进行更有效的监测,这有助于更准确地确定污染热点并进行模拟研究,从而制定适当战略;针对不同的行业,制定有针对性的政策,如改善公共交通基础设施,推广清洁汽车技术,推广共享移动服务新模式[9],在城市中引入电动汽车,推广先进工业技术,减少固体燃料的使用,实施有效的废物管理策略等;政府应与社会密切合作,让市民增强环保意识;现有的政策如交通法规、建筑和拆迁垃圾管理规则等的执行效果并不好,需要进一步改进。

在平衡经济增长与实现气候目标方面,《评估经济增长轨迹对气候目标的影响:印度可计算一般均衡框架》报告提到,印度希望实现每年 6%～8% 的持续经济增长,这是其长期发展议程的一部分。因此,其发展政策集中在一些重点领域,以促进经济增长,创造工作岗位,如"印度制造"。与此同时,印度也强化了其对可持续发展的承诺。一些制造业是能源消耗和排放密集型的,印度要实现可持续发展的目标,迫切需要调整产业结构,加快能源需求与排放的脱钩;通过服务业继续推动印度经济发展。随着能效措施的加强实施和服务导向型经济的发展,印度有望实现 2030 年国家自主贡献目标[10]。《印度的钍利用途径》报告提出,印度应在目前运行的核反应堆中尽早引入钍燃料。印度目前虽然处于全球钍研究的前沿,但与铀和钚相比,关于钍燃料的数据库和操作经验是有限的,需要大量的研发才能实现产业化[11]。

12.2.2　能源和电力

能源和电力领域的愿景是将大量可再生能源并入电网,扩大清洁能源的使用范围,通过技术分析为政策制定提供信息,为可再生能源及提高能源效率的政策提供支撑,并解决能源问题。

在可再生能源方面,《印度南部高可再生能源对电网的影响》报告评估了可再生能源的潜力及并网的可行性,以实现到 2030 年获得 450 吉瓦可再生能源的宏伟目标。这包括屋顶太阳能、农业光伏和运河顶部光伏、光伏废物管理及回收利用等。然而,由于可再生能源电力的间歇性,可再生能源并网给电力系统带来了较大的技术挑战,需要有精心规划的输电网络和发电源的灵活运行。为了解决这个问题,CSTEP 进行了可再生能源规划研究,包括对现有和未来的输电网络的传输能力进行全面检查,以评估将大量可再生能源电力并网的影响。首先是确定了当前和潜在的可再生能源区。事实上,印度南部地区有潜力安装大约329 吉瓦太阳能和 188 吉瓦风能,但同时还要考虑资源可用性和已有电网基础设施等因素,并对现有和潜在的太阳能和风电场进行分析。到 2030 年,印度南部地区有足够的可再生能源潜力来满足预计的负荷,而无需任何新的常规发电。为了满足 2030 年的电网需求,印度需要投资 8 860 亿卢比升级网络基础设施,南部地区的传输网就可以处理这些可再生能源的并网发电。在季风季节,印度南部地区预计将产生过剩的能源,有向其他地区出口这种能源的潜力[12]。

在电力政策改革方面,实施能源企业担保(Ujwal DISCOM Assurance Yojana,UDAY)计划。《持续支持在卡纳塔克邦实施 UDAY 计划》报告提到,电力分配被认为是印度电力行业价值链中最薄弱的一环,在过去的 20 年里,印度进行了三次改革尝试。2015 年 11 月,印度政府推出了 UDAY 重点计划,旨在改善国有配电公司的财务状况,提高财务效率,减少技术和商业损失[13]。《UDAY 计划实施路线图》报告显示,截至 2015 财年,这些配电公司遭受了 3.8 万亿卢比的巨额累计损失。政府发行了 UDAY 债券,即一种以政府信用为担保的债券,以降低企业的贷款利息负担。政府还建议各州在三年内将所有现有的消费电表转换为智能预付费电表,以提高计费和数据收集效率,确保提前发放补贴,并定期进行能源审核,最终提高国家的财务和业务效率[14]。

在减少能源消耗方面,使用替代方案。《节能灌溉泵》报告指出,卡纳塔克邦是印度第二大干旱邦,近年来降雨量的减少,导致卡纳塔克邦越来越依赖地下水来满足农业用水需求。这需要大量的电力消耗,因为大多数用于泵送地下水的灌溉泵装置是电动的。大多数现有泵组的运行效率非常低,电力消耗却很高。此外,现有的灌溉泵未进行数量统计,但又以高补贴率向农民提供电力,这反过来又给州政府带来了巨大的负担。CSTEP 评估了在卡纳塔克邦用节能灌溉泵替换 50 万个低效泵的可行性。更换设备为节能提供了巨大的可能性,且卡纳塔克邦政府每年可从补贴支出中节省约 90 亿卢比,政府可以单独投资该项目,或与能源服务公司合作为该项目提供资金[15]。

12.2.3　材料和战略研究

材料和战略研究领域的愿景是对材料、能源储存和对国家具有战略意义的相关领域提供及时的投入和支持,重点关注这些领域科学和技术的方向选择。

《向全电动公共交通过渡：能源资源评估》报告提到,2017 年,印度宣布了到 2030 年向全电动公共交通转型的计划。然而,由于电动汽车的高成本、缺乏相关的基础设施和用户意愿不强的影响,到目前为止,电动汽车在印度的使用率并不高。电动汽车的大规模普及,伴随着各个部门的规划受挑战,需要交通、城市规划和电力部门之间的协调规划。印度的国家电动出行计划和再生能源目标之间的协同作用将有助于制定一个强大的清洁交通路线图。2017 年,卡纳塔克邦成为印度第一个宣布电动汽车政策的邦。CSTEP 与班加罗尔大都市运输公司、班加罗尔电力供应公司密切合作,为班加罗尔的公共电动巴士交通制定长期实施计划[16]。《班加罗尔公共巴士交通电气化实施计划》报告建议:要充分发挥规模作用,低成本只有在大批量、高度自动化的制造单元中才能实现;需要政府的激励和投资来刺激新行业的需求及增长并扩大规模;需要认识到快速充电和电池交换等基础设施的需求存在的挑战并不断改进;增强电池系统的研发和制造;制订一项计划,以提高公众对以清洁能源为基础的公共交通及其好处的认识;创建新的市场,如建立电池二次使用的解决方案,退役的电动汽车电池可以用于太阳能领域;促进商业模式创新,以满足客户的需求,并在补贴停止后继续增长[17]。

印度政府在电动汽车和可再生能源方面的目标是将在未来几年创造对电动汽车系统的巨大需求,但印度缺乏达到商业规模的国内制造能力,主要从中国和美国进口锂电池。锂电池和相关组件约占电动汽车总成本的 40%～50%,印度正考虑建立一个产能为 50 千瓦时的工厂,预计其成本将在全球有一定竞争力。《锂电池制造本土化:技术经济可行性评估》报告建议:在印度,制造锂电池时使用的一些原材料是稀缺的,而国际太阳能联盟等组织可以发挥重要作用,该联盟的许多成员拥有丰富的原材料,印度可与其合作;印度应与适合的国家签署连续供应原材料的备忘录;鼓励印度制造商自主合成电池级石墨,降低生产成本,减少进口依赖;确保本土电池的稳定市场需求,以创建一个可持续的制造业生态系统[18]。

印度政府在 2010 年推出了国家太阳能计划,旨在使印度在太阳能装机容量和光伏技术制造方面成为全球领导者。印度政府一直通过各种激励措施鼓励国内光伏制造业的发展,如资本投资补贴、利率补贴、印花税减免、电力补贴等,印度拥有可靠的模块制造基地。《光伏组件制造的国家级政策分析》报告重点分析了光伏组件的制造。该报告表明,原材料(70%～80%)和营运资金(12%～15%)占制造成本的大头,因此投资的激励措施对降低制造成本的帮助不大。而需要解决可能无法获得营运资金、国产模块需求降低(进口模块便宜)、高利率、原材料库存成本高等挑战,模块制造才能具有相应的市场竞争力。为了应对这些挑战,该报告建议:要保证市场对新制造商产品和服务的需求;通过政府支持的绿色债券贷款,以较低的利率提供营运资金;促进公共部门的消费达到要求,以确保国内模块需求并帮助当地创造就业机会[19]。但是，《模块可靠性对印度大规模公共太阳能光伏电站的技术经济影响》报告认为，在印度，观测到的沙尘和气溶胶光学深度非常高，这可能会影响光伏系统的性能；模块退化也会对光伏系统性能造成消极影响。因此，污染损失和模块可靠性尤其值得关注，前者依赖于维护和清洁周期，后者影响工厂的长期技术和经济稳定性。要使清洗频率、周期以及模块的退化率达到最优化，才能更好地平衡成本与效益[20]。

12.2.4 人工智能与数字实验室

人工智能与数字实验室的愿景是通过包括包容性设计、管理部署和政策创新在内的全面解决方案产生重大的社会影响[21]。

在健康与营养方面，CSTEP 正在扩大与卫生部门的合作，以开发用于管理儿童健康和营养不良的智能框架，以保护儿童和新手妈妈的健康。CSTEP 为健康和营养不良方面的管理创建了一个全面的从检测到治疗的数字平台，它将整合卡纳塔克邦约 300 万儿童和 110 万妇女的数据。平台采用最佳设计原则和移动技术，并在后端使用强大的流程和数据集成，允许跨部门了解和追踪儿童、妇女的健康状况。具有高级分析和机器学习功能的人工智能将为节点机构提供风险评估、因果分析和建议。而区块链作为一种新兴技术，可作为人工智能和大数据技术的有效补充，进一步完善解决方案，其中智能合约和联合账本是区块链技术最重要的方面。

在国防方面，自 2008 年 11 月 26 日孟买受到恐怖袭击之后，CSTEP 与印度国防研究与发展组织人工智能和机器人中心合作启动了一个紧急事件与灾害管理项目，目标是开发一个决策平台——智慧生活实验室（living lab），帮助模拟灾害的发生规模和范围，完善机构安排、资源配置和资产管理，并在各个响应机构中培训人员，进行集体决策，多个机构之间的有效协调对于减少事件造成的损失至关重要。该平台是一个虚拟环境，可以在其中测试和评估不同的制度安排、程序和政策。此外，CSTEP 正在协助印度海军进行供应链和物流管理，开发了基于人工智能的工具 SORIN，可优化供应链和物流管理的效率，降低管理成本；CSTEP 为印度国防部开发了下一代基于人工智能的预测分析工具 SAJAG。

在城市治理方面，CSTEP 开发了一个包容性的、由社区主导的数字平台——Spoorthi 系统，创建了一个关于社区供水、卫生和医疗基础设施及其访问权限的空间数据库，以改善班加罗尔城市社区的供水、卫生和医疗条件，从而做出更好的决策。CSTEP 还开发了城市观测台,它进一步展示了如何围绕特定主题收集、分析和可视化多个来源的数据,以呈现完整的故事,支持政府机构及其官员确定政策问题、提供政策洞见、采取更好的行动,并确保行动的透明度,这些尝试为国家层面的智慧城市建设提供了支撑。

12.2.5　计算模拟

计算模拟领域的愿景是建模和开发仿真工具,以实现更有效的政策分析。这些工具集成在一个名为"研究和规划决策分析"的平台中,对政策解决方案的模拟进行了展示。

通过模拟工具构建未来场景。《能源和排放对印度理想生活质量的影响:需求估算》报告提到,许多发达国家已经宣布了零排放目标,并向联合国气候变化框架公约提交了 21 世纪中叶的长期战略。然而,发展中国家面临着平衡发展目标和气候目标的艰巨挑战,如印度须优先考虑其发展目标,但同时也通过批准《巴黎协定》和制定国家自主贡献目标来强调其对气候行动的承诺。CSTEP 通过使用名为"印度可持续替代未来"(SAFARI)的交互式模拟工具,帮助创建印度长期低碳发展情景。情景一:一切照常。在这种情况下,假设历史趋势和当前政策的实施不变,但在短期内,由于受新冠疫情的影响,经济将放缓。情景二:实现发展目标。预计到 2030 年,基本发展目标将通过在新冠疫情后增加投资实现,但在可持续发展和低碳发展方面做出的努力不多。情景三:可持续发展 1。在这种情景下,发展目标假定到 2030 年实现,通过技术和效率改进,实施了相对容易实现的可持续性干预措施,例如,适度普及电动汽车、使用高效电器、提高工业能源利用效率等。情景四:可持续发展 2。在这种情况下,应对气候变化和促进国家发展同等重要,因此需要更多的努力才能两者兼顾。例如,行为转变——吃更多的小米而不是大米,在城市和旅行中更多地使用公共交通工具。情景四的效率提高比情景三更显著。情景五:过度消费。在这种情况下,人们的愿望是达到国际生活和消费标准(基于经合组织成员)[22]。《通过 SAFARI 建模工具研究能源和排放对印度理想生活的影响》报告认为,经过分析发现,可持续发展是印度唯一有效的前进道路。情景三与情景二相比,到 2050 年可累计减少 12 吨当量二氧化碳排放,采取的措施包括:在水泥和钢铁行业提高能源利用效率;使用具有更低的排放和更好的热性能的替代建筑砌块;增加精确灌溉覆盖率,使用节能灌溉泵提高用水效率。情景四到 2050 年可累计减少 24 吨当量二氧化碳排放，采取的措施包括：到 2050 年，铁路在总货运中的份额将增加到 35%，乘客采用共享交通模式的比例也将增加；2025 年后不再新建燃煤电厂，需求的减少使得电力行业的温室气体排放量在 2035 年左右达到峰值；要实现零排放，还需要实施碳捕集、绿色氢和电动车等技术。SAFARI 构建了政策评估的有效试验台，为关键的综合政策选择提供参考[23]。

通过模拟工具进行可行性分析和评估。《太阳能光伏技术经济模型》报告提出，为了实现使用清洁能源的目标，印度正在积极建立大型太阳能电厂、屋顶光伏和微型电网等。CSTEP 通过一个基于网络的开放获取工具——太阳能光伏技术经济模型，对印度各地基于光伏和电池的微型电网系统进行可行性分析和评估，模型的输入包括设计选择依据、微型电网的地点和工厂信息、技术细节、成本和财务指标等；模型的输出包括资源可用性（太阳能可用性、日照时间）和土地需求，系统设计和选型（光伏组件、电池系统），发电量和功率输出，系统的资金和运营成本，评估技术性能指标（如产能利用率、堆积密度、电力效率等）。构建的太阳能光伏技术经济模型基于公开的信息和政府批准的规范等，可以支撑决策者、开发人员和研究人员为建立微型电网做出明智的决策[24]。《用于改善能源获取的太阳能微型电网》报告提到，利用这个模型，"用于改善能源获取的太阳能微型电网"项目探索了实施设计微型电网的一般方法，为面临贫困的偏远地区提供可持续、经济可行和可靠的电力供应。该项目涉及的研究包括地面勘探、能源消耗分布、微型电网场地筛选和优化、太阳能资源评估、技术评估和选择、存储容量评估、电池和负载管理、系统建模、微型电网运营模式探讨和成本效益评估，以及实施后评估，即是否促进了当地的经济发展和生活质量改善等[25]。

针对缓解气候变化的政策建立了评估框架。CSTEP 研究了一些政策、计划、法律等的实施可能对气候产生的影响及相关目标实现的情况。《古吉拉特邦气候缓解政策评估框架》报告认为，政策实施效果评估可以使政策设计得到及时调整。该研究从能源、工业、农业以及废物回收和利用等方面进行分析。① 能源领域。由于在促进可再生能源设施建设方面实施的政策，2005 年至 2015 年间减少了约 3 300 万吨二氧化碳当量排放量，太阳能、风能、大型水电站和核电站等能源和设施在脱碳过程中发挥了关键作用；与配电相关的国家电力政策在 2005—2015 年为能源部门减少了 750 万吨二氧化碳当量排放量；建筑行业减少了 660 万吨二氧化碳当量排放量；快速公交系统的温室气体排放影响估计最小。② 工业领域。屋顶太阳能计划、工业执行及交易计划和清洁发展计划的实施效果较好,这些计划使温室气体排放减少量约为 135 万吨二氧化碳当量;与制造业相关的措施,如对中小企业的技术和质量升级、执行信贷补贴计划以及质量认证补贴等间接促进了温室气体减排。虽然印度出台了鼓励使用天然气的政策,但天然气的普及率仍较低,煤炭燃烧仍是温室气体排放的主要来源。③ 农业领域。评估了饲料开发计划、牲畜(牛)开发计划、社会林业计划、国家微灌项目等,但由于缺乏判断所需的数据,无法很好地评估整体影响。④ 废物回收和利用领域。尽管生活污水处理使碳排放增加了,但该行动也对清洁度、公共卫生和生活质量产生了积极影响,改进的废水处理系统还具有较高的甲烷生成潜力,能产生清洁能源,从而减少碳排放。最后,值得注意的是,评估期间可用数据的质量和可用性方面存在差距,这限制了对相关政策影响的进一步全面评估[26]。

参考文献

[1] CENTER FOR STUDY OF SCIENCE, TECHNOLOGY & POLICY. About CSTEP [EB/OL]. (2021 - 12 - 01) [2022 - 02 - 02]. https://cstep.in/index.php.

[2] PRATIMA BISEN, VIDYA S, KRITIKA ADESH GADPAYLE, et al. Climate risk profile for power sector in Karnataka [EB/OL]. (2021 - 03 - 25) [2022 - 02 - 02]. https://cstep.in/publications-details.php?id=1557.

[3] KRITIKA ADESH GADPAYLE, VIDYA S, PRATIMA BISEN, et al. Climate change risks to rainfed agriculture in Karnataka: implications for building resilience [EB/OL]. (2021 - 02 - 18) [2022 - 02 - 02]. https://cstep.in/publications-details.php?id=1487.

[4] SURESH N S, SPURTHI R, ARUNITA B. Life cycle assessment of ZBNF and Non-ZBNF: a preliminary study in APP [EB/OL]. (2020 - 01 - 29) [2022 - 02 - 02]. https://cstep.in/publications-details.php?id=932.

[5] RIYA RACHEL MOHAN, NIKHILESH DHARMALA, MURALI RAMAKRISHNAN, et al. Greenhouse gas emission estimates from the energy sector in india at the sub-national level [EB/OL]. (2019 - 09 - 01) [2022 - 02 - 02]. https://cstep.in/publications-details.php?id=1037.

[6] PRATIMA SINGH, UDHAYA KUMAR V, ANIRBAN BANERJEE. Comprehensive clean air action plan for Muzaffarpur [EB/OL]. (2020 - 09 - 23) [2022 - 02 - 02]. https://cstep.in/publications-details.php?id=1279.

[7] PRATIMA SINGH, UDHAYA KUMAR V, ANIRBAN BANERJEE. Comprehensive clean air action plan for Gaya [EB/OL]. (2020 - 09 - 23)[2022 - 02 - 02]. https://cstep.in/publications-details.php?id=1278.

[8] PRATIMA SINGH, ANIRBAN BANERJEE, UDHAYA KUMAR V. Comprehensive

clean air action plan for the city of Patna [EB/OL]. (2019 - 11 - 01) [2022 - 02 - 02]. https://cstep.in/publications-details.php?id=861.

[9] ANANTHA LAKSHMI PALADUGULA, ASWATHY K P, SPURTHI RAVURI, et al. App-based shared mobility: an exploratory study [EB/OL]. (2020 - 01 - 28) [2022 - 02 - 02]. https://cstep.in/publications-details.php?id=935.

[10] SHWETA SRINIVASAN, ANURADHA VENKATESH, NIKHILESH DHARMALA. Assessing impacts of economic growth trajectories on climate goals: a CGE-TIMES framework for India [EB/OL]. (2020 - 02 - 01) [2022 - 02 - 02]. https://cstep.in/publications-details.php?id=1044.

[11] KAVERI ASHOK. Thorium-utilisation pathways for India [EB/OL]. (2019 - 11 - 01) [2022 - 02 - 02]. https://cstep.in/publications-details.php?id=860.

[12] ABHIJIT POTDAR, HARIKRISHNA K V, MILIND R, et al. Grid impact for high RE scenarios in southern India [EB/OL]. (2021 - 01 - 19) [2022 - 02 - 02]. https://cstep.in/publications-details.php?id=1424.

[13] RISHU GARG, MALLIK EV, HANUMANTH RAJU GV, et al. Continual support for implementation of UDAY initiatives in Karnataka [EB/OL]. (2020 - 09 - 23) [2022 - 02 - 02]. https://cstep.in/publications-details.php?id=1276.

[14] RISHU GARG, SANDHYA SUNDARARAGAVAN. Strategic roadmap for implementation of UDAY scheme [EB/OL]. (2017 - 12 - 01) [2022 - 02 - 02]. https://cstep.in/publications-details.php?id=271.

[15] CENTER FOR STUDY OF SCIENCE, TECHNOLOGY & POLICY. Energy-efficient irrigation pumps [EB/OL]. (2019 - 02 - 05) [2022 - 02 - 02]. https://cstep.in/publications-details.php?id=523.

[16] HARSHID SRIDHAR, THIRUMALAI N C, VAISHALEE DASH, et al. Transition to all electric public transportation: energy resource assessment [EB/OL]. (2018 - 08 - 12) [2022 - 02 - 02]. https://cstep.in/publications-details.php?id=1048.

[17] MRIDULA DIXIT BHARADWAJ. Implementation plan for electrification of public bus transport in Bengaluru [EB/OL]. (2018 - 04 - 01) [2022 - 02 - 02]. https://cstep.in/publications-details.php?id=250.

[18] TANMAY SARKAR, BHUPESH VERMA, EPICA MANDAL SARKAR, et al. Indigenisation of lithiumion battery manufacturing: a techno-economic feasibility assessment [EB/OL]. (2018 - 07 - 01) [2022 - 02 - 02]. https://cstep.in/publications-details.php?id=255.

[19] BHUPESH VERMA. State-level policy analysis for PV module manufacturing in India [EB/OL]. (2017 - 06 - 01) [2022 - 02 - 02]. https://cstep.in/publications-details.php?id=163.

[20] HARSHID SRIDHAR, THIRUMALAI N C. Effect of module reliability on techno-economics of a utility-scale solar photovoltaic plant in India [EB/OL]. (2018 - 11 - 01) [2022 - 02 - 02]. https://cstep.in/publications-details.php?id=260.

［21］CSTEP. AI and digital lab［EB/OL］.（2021－12－01）［2022－02－02］. https：//cstep. in/verticals. php?id＝890.

［22］KAVERI ASHOK，POORNIMA KUMAR，RAMYA NATARAJAN，et al. Energy and emissions implications for a desired quality of life in india part 2：demand estimation ［EB/OL］.（2020－01－01）［2022－02－02］. https：//cstep. in/publications-details. php? id＝874.

［23］SHWETA SRINIVASAN，KAVERI ASHOK，POORNIMA KUMAR，et al. Energy and emissions implications for a desired quality of life in India via SAFARI［EB/OL］. （2021－07－02）［2022－02－02］. https：//cstep. in/publications-details. php?id＝1707.

［24］HARSHID SRIDHAR. CSTEP's solar techno-economic model for photovoltaics （CSTEM PV）：solar and financial models［EB/OL］.（2019－09－01）［2022－02－02］. https：//cstep. in/publications-details. php?id＝876.

［25］MRIDULA DIXIT BHARADWAJ，VINAY S KANDAGAL，AMMU SUSANNA JACOB. Solar mini-grid for improved energy access［EB/OL］.（2020－09－09）［2022－02－02］. https：//cstep. in/publications-details. php?id＝1259.

［26］CENTER FOR STUDY OF SCIENCE，TECHNOLOGY ＆ POLICY. Climate mitigation policy evaluation for the state of Gujarat［EB/OL］.（2020－06－02）［2022－02－02］. https：//cstep. in/publications-details. php?id＝1100.

作者简介

梁　偲　上海市科学学研究所

下篇

全球科技智库重要议题分析

上篇中我们针对全球代表性科技智库进行了案例研究,介绍了各智库在过去5年中的重要研究议题。而基于上篇各章对全球代表性科技智库研究议题的分析,我们发现有一些议题是全球各国都广泛关注的。因为是广泛关注的议题,所以值得我们把所有智库的观点都放在一起,来观察各个智库之间的异同。当然,还有一些议题也是我国正在热议的,分析国外智库的观点对我们也有借鉴意义。

　　基于以上考虑,我们选定了6个议题进行专题讨论,分别是科技竞合、人工智能、集成电路、生物医药、气候变化以及创新体系。科技竞合是世界各国当前都普遍关心的议题;人工智能、集成电路和生物医药是全球也是我国的科技和产业发展方向,可能也是竞争最激烈的几个领域;气候变化是全球性的议题,需要各国通力合作,各国也都需要提出自己的应对方案;创新体系是科技创新战略政策的基本知识框架,是所有智库的解决方案的理论基础。我们希望通过比较分析,能够展现出全球智库界关于这些共性议题的解决方案。

第 13 章

科技竞合议题

田贵超　龚　晨

当今国际社会的不确定性日益加剧,"全球化"和"逆全球化"思潮不断交锋。中美两国战略关系的发展变化引领着世界格局的发展趋势。国际科技合作与竞争态势对世界政治、经济发展有着举足轻重的影响,对一国的国际地位和国内经济发展的影响也十分明显,因此它成为各大智库的重要研究议题。

13.1　科技竞争与合作议题较为集中

在国际科技竞争与合作议题中,中美科技竞合是各智库最为关心的热点议题。尤其是美国的几家智库,均以中国为最大的战略竞争对手,从多个侧面研究"战胜"中国的策略。美国国际战略研究中心关注美国全球商业利益和国家安全受到的"冲击";美国信息技术与创新基金会重点分析了中国在高科技领域对美国领先地位的挑战;美国兰德公司关注中美 5G 技术竞争和中国的创新治理体系;新美国安全中心注重中美战略竞争以及美国与中国在印太地区的竞争;布鲁金斯学会对中国在世界上日益增强的作用进行了评估;美国战略与国际问题研究中心(CSIS)重点研究应对中国"数字丝绸之路"的竞争;美国新智库"中国战略组"(China Strategy Group)研究了未来中美两国在基因编辑和下一代芯片这两个关键科技领域的竞争及应对措施;美国人工智能安全委员会(NSCAI)侧重于研究美国如何在人工智能领域保持领先地位并赢得与中国的技术竞赛;美国国家科学院(NAS)从维持美国全球科研领导力的角度研究对华战略。其他国家的智库对中美竞争的评价相对客观。加拿大国际治理创新中心对美国指责中国的主要理由进行了分析,肯定了中国在国际合作和全球治理中的地位和作用,并就中美争端的国际解决机制提出建议；英国牛津能源研究所（OIES）着重分析中美贸易摩擦对全球能源市场的影响。

除此之外，各智库还围绕本国参与国际合作和全球治理体系的相关议题进行了研究。加拿大国际治理创新中心主要研究了加拿大与印度在数字贸易、服务贸易和能源领域的双边合作；韩国科学技术政策研究所研究了与发展中小国的科技援助合作；德国弗劳恩霍夫学会系统与创新研究所分析了"技术主权"的理念；英国苏塞克斯大学科学政策研究所评估了中国针对新冠疫情的政策措施；德国波恩大学全球研究中心（CGS）以全球 5G 竞赛及其地缘政治影响为例，分析了高科技领域的全球治理问题；西班牙智库埃尔坎诺皇家研究院（Real Instituto Elcano）研究了欧盟与拉美地区的合作；美国人文与科学院（AAAS）分析了国际科技合作伙伴对美国的重要性；德国墨卡托中国研究中心（MERICS）和德国研究与创新专家委员会均就深化中德科技交流与合作提出了建议。

13.2 智库关于科技竞争与合作议题的主要观点

从近 5 年全球主要智库的研究重点来看，中美科技竞争无疑是国际科技竞争与合作中最为热门的议题。美国各大智库对此分析的角度不同，有各自的判断，但基本观点较为一致，将高科技领域的发展与政治、军事和国家安全紧密联系，认为美国与中国竞争的主要目的是消除美国经济发展和国家安全的最大威胁，而且要加强美国自身实力，并联合盟友构建新的国际规则。同时，各智库还对全球创新治理体系问题，特别是本国如何参与全球治理展开研究。

13.2.1 对中国科技创新发展的评价

一是美国智库将中国视为最大的竞争对手，对中国的创新政策持武断的批评态度。美国国际战略研究中心认为，改革开放四十多年来，中国取得了举世瞩目的发展成就。但伴随中国的迅速崛起，美国的全球商业利益正遭受来自中国的冲击，企业服务国家安全的能力被削弱，美国国家安全面临挑战[1]。美国信息技术与创新基金会武断地认为，中国政府的创新政策损害了美国利益[2]。美国需要先进的产业技术政策来与之竞争[3]。同时，在地缘政治层面，印度在美国制衡中国的政策中具有重要地位[4]。美国兰德公司认为，中国不仅是美国在全球

5G 领域的主要竞争对手,而且是美国在全球科技创新进程中强有力的竞争对手,中国的创新治理体系具有独特性和复杂性的特点,美国需要一个动态的测度框架来研究快速发展的中国创新体系[5]。

二是其他国家的智库研究视角相对中立,对中国的崛起基本持较为肯定的态度。加拿大国际治理创新中心就美国指责中国"盗窃知识产权和强制技术转让"以及为地缘政治服务的供应链管制措施提出质疑,认为中国的技术收购制度和知识产权制度正在变得更加规范化,并具有可预测性[6]。美国的供应链控制主要目的是阻碍中国及时和低成本地获得基本产品、服务和技术[7]。加拿大国际治理创新中心主张充分利用世界贸易组织争端解决机制解决中美争端[8]。韩国科学技术政策研究所预测,中国的创新增长对韩国的影响最大,要在深入分析中国的基础上制定应对战略[9]。英国牛津能源研究所分析了中美贸易摩擦对全球能源市场的影响,认为中美贸易摩擦给能源产品领域中期前景带来了不确定性,有可能引发能源技术领域的有意识脱钩,中国政府将越来越多地寻求解决能源供应不安全带来的风险,并减少其对美国的技术依赖,这将继续影响全球能源市场和贸易流动[10]。

13.2.2　美国智库阻止中国快速发展的遏制措施

一是主张美国与中国开展全方位战略竞争。新美国安全中心提出,美国正与中国进行长期的、多领域的、以技术竞赛为核心的地缘战略竞争,美国过去一直保持的技术领导力如今正处于危险之中。美国政府应把与中国的战略竞争作为当务之急,制定科技、经济、军事、外交等跨领域的全面战略,增强美国自身的竞争力,并与盟友和伙伴合作构建新的规则、规范和制度[11]。面对中美技术竞争,美国政府必须制定相应的国家技术战略,以保持其在创新和技术领域的领导地位。美国决策者需要重新调整政府在国家创新生态系统中的位置,以最大限度地发挥美国的优势,应对全球技术竞赛的挑战;采取积极的政策,增强能够使美国获胜的能力;充分发挥中国所不具备的战略优势,即由盟友和伙伴国家组成的全球关系网络,开展多边合作,促进国家技术战略成功发挥应有的作用[12]。

二是主张美国通过联合盟友重塑国际规则以对中国施压。美国信息技术与创新基金会就遏制中国的创新战略提出五点建议:① 世贸组织应更加关注创新和贸易扭曲对创新的影响;② 英联邦国家、欧盟、日本和美国等国家之间应更加紧密地合作，以向中国施压；③ 美国及其盟国应限制那些受到中国政府政策支持的创新型产品和服务的市场准入；④ 美国及其盟国应签署正式协议，加强技术政策方面的合作，包括在技术政策方面互利互惠、允许彼此的企业参与对方的国家性技术项目；⑤ 美国及其盟国应建立更强有力的贸易协定，允许创新型产品、服务和数据在盟国间自由流动[13]。此外，美国信息技术与创新基金会还提出，如果美国想要保持其在科技和先进工业领域的全球领导地位，特别是与中国展开有效竞争，政策制定者需要摒弃自由市场和有限政府的旧观念。为全面应对中国崛起的挑战，美国国会和拜登政府可以采取的最重要步骤是，成立一个规模类似于美国国家科学基金会（NSF）、专门负责组织先进工业技术的新机构——国家先进工业和技术署，将应对中国崛起的一些"构想"实体化、落地化[14]。

三是主张美国在重点科技领域对中国开展"非对称性竞争"。美国战略与国际问题研究中心敦促拜登政府应对中国"数字丝绸之路"的竞争，认为"数字丝绸之路"是中国"一带一路"倡议及制造业创新战略的交汇点。"数字丝绸之路"瞄准下一代技术和下一代市场，在推动中国迈向国内技术独立性的同时，也将其推向了全球网络的中心。拜登政府需提出积极的愿景和强有力的替代方案，利用开放式无线接入网应对中国数字技术挑战，提高美国在全球海底电缆网络中的地位，面向国外市场协调扩展经济工具包，将数字基础设施建设作为与伙伴和盟友合作的首要任务，并将智慧城市作为联盟合作的重中之重[15]。美国新智库"中国战略组"提出，基因编辑和下一代芯片是未来中美竞争中有代表性的两个关键科技领域，当前中美竞争的主要"战场"是科技情报信息、人才和高科技产业供应链，建议美国在科技领域对中国开展"非对称性竞争"，建立针对中国的国际多边框架，重新设计美国政府的相关机构[16]。美国人工智能安全委员会认为，美国必须尽其所能保持自身在人工智能领域的创新领导地位，赢得与中国的技术竞赛。为此，建议成立由白宫领导的技术竞争战略组织，加快国内人工智能创新，为微电子设计和制造建立有弹性的国内基地；实施全面的知识产权政策和制度，增强美国的技术优势，并建立对美国有利的国际技术秩序；赢得全球人才竞争和其他相关技术竞赛[17]。美国兰德公司提出，通过将中国信息通信技术企业驱逐出美日及其盟国的技术市场，干预并阻断芯片等关键产品及其替代品的贸易活动，阻止科学、技术、工程和数学领域的中国留学生回流，限制中国信息通信技术企业在美国或日本金融市场上筹集资金等方式，阻止中国5G发展，尽可能地减缓甚至收回中国信息通信技术企业的收益，延缓和打乱中国企业的研发循环,为美国、日本和欧洲的企业研发替代技术争取时间,必要情况下建议政府直接出手主导机构整合,以提升替代技术的研发能力[18]。

13.2.3 提升美国科技创新实力的措施和战略

一是完善美国的创新发展战略,加大研发投入力度。美国国际战略研究中心认为,对先进技术研发的投资是美国在美苏争霸中获胜的关键战略之一,且带来了美国军事科技长期领先和一系列促进经济、造福民生的技术进步。如今研发形势发生了变化,从过去以政府投资为主转变为以企业投资为主,研发活动越来越全球化,因此美国需要制定新的研发投资战略:明确政府投资的定位,弥补企业投资的不足,重点关注企业不愿意投资和回报率低的基础研究、早期研发以及尖端技术的军事化,推动基础研究成果转移转化并保持产业发展能力;加大研发投入,尤其是加大国防研发投入,保持美国在军事技术领域的领先优势。重点投资超声速、电子战、含能材料、网络攻击等军事技术,同时也应关注人工智能、机器人、先进制造、空间技术、生物技术等关键民用技术;保障供应链,投资研发稀土元素等关键材料的替代材料、替代来源,保证国防等关键产业的供应链不被切断和免受威胁;加强与伙伴国家的研发合作,充分调动、利用合作国家的资金、技术等优势资源,共同研发关键技术,引进先进技术,弥补美国的不足;培养、吸引和挽留人才,继续投资科学、技术、工程和数学教育,形成培养人才和吸引海外人才的良好社会氛围,保持对创新者和科学家的吸引力[19]。

二是美国重点发展关键领域的基础研究。美国国家科学院指出,美国的全球技术领先地位正在受到威胁,急需在关键研究领域进行集中和持续投资,建议在关注和支持基础研究的国家科学基金会之上建立一个国家技术委员会,专注和支持高风险关键技术研发。维持美国全球科研领导力应采取五大关键举措:① 完善多学科交叉发展的科技政策体系,重新认识科学效益的国家化特征,扩展融合科学研究和应用的边界;② 重视科学交流与传播,建立科学与公众之间的双向交流机制,为社会和公众创造最大化参与创新的条件;③ 发挥民间资助科学研究的优势,补齐政府资助科学研究的短板,利用民间资本加速变革性技术创新;④ 巩固政府和大学的合作关系,培育科研创新和技术经济的双重引擎,探索政府与研究机构关系中的其他问题;⑤ 基础研究推动技术创新和经济增长,继续增加联邦政府科研经费投入,继续支持基础研究,构建多元化研究体系,重塑学术价值[20]。

13.2.4　全球科技创新治理的框架体系

一是探寻国际多边合作与技术主权之间的平衡点。如德国弗劳恩霍夫学会系统与创新研究所认为,技术主权的概念在全球科技创新治理体系中越来越重要,全球基于技术的竞争不仅加剧,而且越来越与不同政治和价值体系竞争联系在一起。未来的政策必须在技术主权和开放流动之间建立一种动态平衡,防止技术保护主义所带来的危险[21]。加拿大国际治理创新中心认为,一些原有的多边框架主要参与者正在背离多边主义原则,这将对多边主义产生消极影响,值得反思[22]。中国政府在全球治理中起到了积极作用,中国全球治理理念成功的关键在于驾驭中美战略竞争,形成国际治理体系改革的共识[23]。

二是完善高科技领域的全球创新治理体系。德国波恩大学全球研究中心以全球5G竞赛及其地缘政治影响为例,分析了高科技领域的全球治理问题。该中心指出,中国、美国和欧洲在5G领域的发展战略有所不同。中国是通过政府的指导计划,主要依靠大量的公共投资、政府对频谱的支持以及大面积的基站建设发展5G网络;美国5G的发展主要依靠私营企业的投入、研发和推动,同时关注网络安全,力求在全球5G竞赛中获得主导权;欧洲各国在5G竞赛中落后于中美两个领跑者,因此欧盟的目标不是赢得比赛,而是力求在5G竞赛中保持竞争力,并扮演协调者的角色。总体而言,美国、中国和欧盟在5G标准的制定过程中几乎扮演着同样重要的角色。"5G标准"正在成为5G地缘政治的关注焦点,而标准组织第三代合作伙伴计划(3GPP)和国际电信联盟(ITU)是争夺5G标准的主要舞台。对5G的讨论已经超出了技术范畴,对5G的解读也逐渐演变成为国际性冲突。目前对5G有五种不同的认识:便利性、连通性和机会、经济增长和创造就业、网络威胁和国家安全、数字军备竞赛与对国家的忠诚。各参与国对前两点基本达成一致意见,但对后三点,美中之间的分歧较为严重[24]。

13.2.5　国际科技合作的深化

一是通过国际合作确保国家科技创新体系更适应全球化挑战[25]。西班牙智库埃尔坎诺皇家研究院认为,当前国际形势复杂多样,地中海地区一些国家面临不稳定局面,中美战略竞争形势日趋紧张,英国脱欧带来新的挑战。在此情况之下,欧盟应该重新评估与拉丁美洲及加勒比地区(以下简称拉美)的关系,加强与拉美的合作[26]。美国人文与科学院认为,国际科学合作对当今和未来的美国科学事业发展至关重要。受新冠疫情影响、美国退出世界卫生组织、中国科学的崛起、中美科学合作中的利益分配和伦理规范分歧、中国与美国紧张的国际竞争关系等因素的影响,国际科学合作比以往任何时候都更具挑战性。然而,知识进步往往需要国际合作,基础问题和社会问题均较为复杂,且不受国界限制,需要寻求国际科技合作者。美国研发事业的核心是基础研究。但现今基础研究已日趋全球化,如果美国想要成为所有科学领域的领导者之一,并从国内和国际科学研究中获得经济利益,就必须与全球科学界开展更广泛的合作,健康的科学合作伙伴关系也可以成为外交政策和国际关系的重要组成部分。如果没有美国政府对国际合作的支持和承诺,未来美国科学家可能会被排除在一些世界领先的科学项目和相关技术进步之外。因此,美国必须支持并深化国际科学合作,包括与美国关系紧张国家(如中国)的合作,任何对联邦政府资助的国际合作的限制必须具有充分证实的理由和仔细、清晰的界定。此外,还必须随时准备好参与国际大科学研究合作,包括对在美国境外开展的科学合作提供支持[27]。

二是通过国际合作提升本国在全球科技创新治理体系中的地位,促进国内科技和经济发展。美国信息技术与创新基金会提出,不断发展的贸易和创新将持续增加新的国家安全风险。随着越来越多旨在加强国家安全的政策与贸易、技术和供应链风险管理的政策相互交叉,为加强政府与行业之间的合作,并发挥美国在创新、商业和国际合作方面的历史优势,美国应加强国家安全、技术与贸易领域的国际合作。鉴于商品、服务和数据的不断跨境流动,美国政府必须与诸如欧盟、日本、英国、韩国、加拿大和澳大利亚等经济体密切协调与技术相关的国家安全政策,采取共同的方法应对与技术相关的国家安全风险[28]。韩国科学技术政策研究所提出,韩国与中国、朝鲜、日本处于特殊的地缘政治关系中,需要密切观察国际形势的变化,加强与美国在政治、外交、工业、科技等领域的合作,在不确定的未来中创造可持续发展的机会[29],同时积极开展与小国的科技援助合作[30]。加拿大国际治理创新中心主要研究了加拿大与印度在数字贸易、服务贸易和能源领域的双边合作,呼吁加拿大和印度在推进数字贸易议程方面建立伙伴关系并发挥领导作用[31],在服务贸易合作中加强监管,确保服务提供者按照标准提供服务[32],通过能源合作为加拿大提供长期的需求保障[33]。德国墨卡托中国研究中心提出,随着近年来中国在全球经济发展和解决全球挑战中发挥的重要作用,以及中德两国合作的不断深化,德国需要全面认识中国,增进对中国的了解,在中小学、高校和其他研究合作中培养相关人员与中国相关方成功合作的能力[34]。德国研究与创新专家委员会对深化中德科技交流与合作提出建议：一是为德国和中国企业的直接投资创造平等的竞争环境；二是全面审查外国投资者在敏感技术领域的公司收购行为，首先提出所涉及的技术领域，其次制定清晰、透明的审查标准，同时使这一切与欧盟建立的外国直接投资监管框架协调一致；三是提高德国科研人员对与华合作特点的认知，尤其在军民两用方面；四是建立一个为德国科研人员在合作相关法律问题上提供专业咨询的核心机构；五是加强有助于了解中国当前政治、经济和社会发展的研究和教学，注重对汉语知识的传授；六是就中德科技合作的框架条件和前景进行深入、持续的交流。在"中国战略"和中德创新平台合作结束之后，应建立进一步的合作关系[35]。

13.3　总结与展望

13.3.1　科技成为中美战略竞争的核心要素

美国智库几乎都以将中国作为战略竞争对手为前提，以美国如何防范中国的超越和"威胁"为中心开展研究。其中，美国智库对中美在科技领域的竞争尤为关注，并将其与国家安全、地缘政治甚至意识形态紧密联系。美国智库基本承认中国的创新发展成就，但不少智库对中国的创新政策和发展战略加以指责，强调中国创新对美国的挑战和威胁，主张联合盟友对中国采取针对性措施，全方位遏制中国发展。其他国家的智库对中美竞争态势也十分关注，但观点相对中立，一般能较为客观地分析中美两国的政策措施和发展前景，并对本国如何应对这一态势提出建议。中美之间科技创新发展形势的变化深刻影响着国际局势，未来与之相关的议题将是国际科技竞争与合作领域的关注焦点。

13.3.2　国际科技创新治理需防范技术民族主义

当前全球的国际多边科技合作体系已经形成，但技术民族主义和保护主义有所抬头。例如美国智库十分关注完善甚至重构国内创新发展战略，提升国家科技创新实力，强调"技术主权"，将其作为在中美战略竞争中获得领先优势、维持和巩固美国在全球的霸主地位的根本保证。如何在充分保护各国技术权益的基础上，开展充分的科技创新合作、交流、共享，共同应对全球挑战，是各国共同面临的难题。未来的研究重点可能是探寻国际多边合作与技术主权之间的平衡点,进一步完善治理框架体系。

13.3.3 全球化仍是国际科技创新合作的主要趋势

尽管全球化与逆全球化思潮在不断交锋,但各主要智库对国际科技合作的必要性基本持正向态度,同时也关注到科技合作与地缘政治之间的结合日益紧密。各智库也非常关心本国在全球科技创新治理体系中的地位和作用,从本国的实际情况出发,为本国参与国际科技创新的双边和多边合作提出建议。逆全球化甚至中止全球化进程都不是解决问题的正确方式,需深入研究如何抓住数字化发展机遇,制定更先进、更包容、更一致和更全面的一揽子贸易、投资和国内政策以推动全球化进程;如何充分发挥数字技术的潜能,消除监管障碍,促进数字创新,帮助人们和企业更多地利用互联网交流与合作;如何制定和实施更多的全球标准,确保治理框架跟上全球化的步伐,使国家体系更适应全球化的挑战。

参考文献

[1] JAMES ANDREW LEWIS, JOHN J HAMRE, MATTHEW P GOODMAN, et al. Center for strategic and international studies [EB/OL]. [2022 - 07 - 01]. https://www. csis.org/analysis/meeting-china-challenge.

[2] STEPHEN EZELL. Moore's law under attack: the impact of China's policies on global semiconductor innovation [EB/OL]. (2021 - 02 - 18) [2022 - 07 - 01]. https://itif.org/ publications/2021/02/18/moores-law-under-attack-impact-chinas-policies-global-semiconductor/.

[3] ROBERT D ATKINSON. The case for legislation to out-compete China[EB/OL]. (2021 - 03 - 29) [2022 - 07 - 01]. https://itif.org/publications/2021/03/29/case-legislation-out-compete-china/.

[4] DAVID MOSCHELLA, ROBERT D ATKINSON. India is an essential counterweight to China-and the next great U.S. dependency [EB/OL]. (2021 - 04 - 12) [2022 - 07 - 01]. https://itif. org/publications/2021/04/12/india-essential-counterweight-china-and-next-great-us-dependency/.

[5] STEVEN W POPPER, MARJORY S BLUMENTHAL, EUGENIU HAN, et al. China's propensity for innovation in the 21st century [EB/OL]. [2022 - 07 - 01]. https://www. rand.org/pubs/research_reports/RRA208-1.html.

[6] ANTON MALKIN. Getting beyond forced technology transfers: analysis of and

recommendations on intangible economy governance in China[EB/OL]. [2022 - 07 - 01]. https://www.cigionline.org/publications/getting-beyond-forced-technology-transfers-analysis-and-recommendations-intangible/.

[7] DIETER ERNST. Supply chain regulation in the service of geopolitics: what's happening in semiconductors? [EB/OL]. [2022 - 07 - 01]. https://www.cigionline.org/publications/supply-chain-regulation-in-the-service-of-geopolitics-whats-happening-in-semiconductors/.

[8] MARK KRUGE. China's macroeconomic policy trifecta and challenges to the governance of the global trading system [EB/OL]. [2022 - 07 - 01]. https://www.cigionline.org/publications/chinas-macroeconomic-policy-trifecta-and-challenges-governance-global-trading-system/.

[9] SEOIN BAEK, EUNJUNG SON, YEOJIN YOON. China's innovation growth and Korea's response strategy [EB/OL]. [2022 - 07 - 01]. https://stepi.re.kr/common/report/Download.do?reIdx=16&cateCont=A0508&streFileNm=A0508_16.

[10] MICHAL MEIDAN. US-China: the great decoupling. [EB/OL]. [2022 - 07 - 01]. https://www.oxfordenergy.org/publications/us-china-the-great-decoupling/.

[11] ELY RATNER, DANIEL KLIMAN, SUSANNA V BLUME, et al. Rising to the China challenge: renewing American competitiveness in the Indo-Pacific [EB/OL]. [2022 - 07 - 01]. https://www.cnas.org/publications/reports/rising-to-the-china-challenge?utm_medium=email&utm_campaign=NDAA%20Report%20Release%20Rising%20to%20the%20China%20Challenge&utm_content=NDAA%20Report%20Release%20Rising%20to%20the%20China%20Challenge+CID_9a828840b6f83474a5ae314d2f923f94&utm_source=Campaign%20Monitor&utm_term=Rising%20to%20the%20China%20Challenge%20Renewing%20American%20Competitiveness%20in%20the%20Indo-Pacific.

[12] MARTIJN RASSER, MEGAN LAMBERTH. Taking the helm: a national technology strategy to meet the China challenge [EB/OL]. [2022 - 07 - 01]. https://www.cnas.org/publications/reports/taking-the-helm-a-national-technology-strategy-to-meet-the-china-challenge.

[13] ROBERT D ATKINSON. Industry by industry: more chinese mercantilism, less global innovation [EB/OL]. [2022 - 07 - 01]. https://itif.org/publications/2021/05/10/industry-industry-more-chinese-mercantilism-less-global-innovation/.

[14] ROBERT D ATKINSON. Why the United States needs a national advanced industry and technology agency [EB/OL]. [2022 - 07 - 01]. https://itif.org/publications/2021/06/17/why-united-states-needs-national-advanced-industry-and-technology-agency.

[15] JONATHAN E HILLMAN. Competing with China's digital silk road[EB/OL]. [2022 - 07 - 01]. https://www.csis.org/analysis/competing-chinas-digital-silk-road.

[16] CHINA STRATEGY GROUP. Asymmetric competition: a strategy for China & technology-actionable insights for American leadership[EB/OL]. [2022 - 07 - 01]. https://beta.documentcloud.org/documents/20463382-final-memo-china-strategy-group-axios-1.

[17] NATIONAL SECURITY COMMISSION ON ARTIFICIAL INTELLIGENCE. Final report [EB/OL]. [2022 - 07 - 01]. https://www.nscai.gov/2021-final-report/.

[18] SCOTT W HAROLD, RIKA KAMIJIMA-TSUNODA. Winning the 5G race with China A U.S. -Japan strategy to trip the competition, run faster, and put the fix in [EB/OL]. [2022 - 07 - 01]. https://www.nbr.org/publication/winning-the-5g-race-with-china-a-u-s-japan-strategy-to-trip-the-competition-run-faster-and-put-the-fix-in/.

[19] JAMES ANDREW LEWIS. Center for strategic and international studies [EB/OL]. [2022 - 07 - 01]. https://www.csis.org/analysis/meeting-china-challenge.

[20] NATIONAL ACADEMIES OF SCIENCES, ENGINEERING, AND MEDICINE. The national academies press [EB/OL]. [2022 - 07 - 01]. https://www.nap.edu/catalog/25990/the-endless-frontier-the-next-75-years-in-science

[21] EDLER, JAKOB, BLIND, KNUT, KROLL, HENNING, SCHUBERT, TORBEN. Technology sovereignty as an emerging frame for innovation policy-defining rationales, ends and means [EB/OL]. [2022 - 07 - 01]. https://books.google.ca/books/about/Technology_Sovereignty_as_an_Emerging_Fr.html?id=Pg-TzgEACAAJ&redir_esc=y.

[22] DAVID M MALONE, ROHINTON P MEDHORA. International cooperation: is the multilateral system helping? [EB/OL]. [2022 - 07 - 01]. https://www.cigionline.org/publications/international-cooperation-multilateral-system-helping/.

[23] YONG WANG. China's new concept of global governance and action plan for international cooperation [EB/OL]. [2022 - 07 - 01]. https://www.cigionline.org/publications/chinas-new-concept-global-governance-and-action-plan-international-cooperation/.

[24] GU XUEWU, CHRISTIANE HEIDBRINK, HUANG YING, et al. Geopolitics and the global race for 5G[EB/OL]. [2022 - 07 - 01]. http://cgs-bonn.de/5G-Study-2019.pdf.

[25] OECD. Fixing globalisation: time to make it work for all[EB/OL]. [2022 - 07 - 01]. http://www.oecd-ilibrary.org/economics/fixing-globalisation-time-to-make-it-work-for-all_9789264275096-en.

[26] Por qué importa América Latina? [EB/OL]. [2022 - 07 - 01]. http://www.realinstitutoelcano.org/wps/portal/web/rielcano_en#myCarousel.

[27] AMERICAN ACADEMY OF ARTS AND SCIENCES. America and the international future of science [EB/OL]. [2022 - 07 - 01]. https://www.amacad.org/publication/international-science.

[28] ITI. Principles for improved policymaking and enhanced cooperation on national security, technology and trade [EB/OL]. [2022 - 07 - 01]. https://www.itic.org/policy/ITI_NationalSecurity_Policy_June2020.pdf.

[29] DAEUN LEE, JEONGHYUN YOON, BYEONGWON PARK. Future scenarios and implications from the U.S. NIC global trends 2040[EB/OL]. [2022 - 07 - 01]. https://stepi.re.kr/common/report/Download.do?reIdx=46&cateCont=A0508&streFileNm=d069aed2-97bc-4af4-b771-0c5ea3fa5eed.pdf.

[30] DEOK SOON YIM. 2017 K-innovation ODA program[EB/OL]. [2022 - 07 - 01].

https://stepi.re.kr/common/board/Download.do?bcIdx=562&cbIdx=1303&streFileNm=rpt_562.

[31] DON STEPHENSON. Fostering growth in digital trade through bilateral cooperation in the development of trade rules [EB/OL]. [2022 – 07 – 01]. https://www.cigionline.org/publications/fostering-growth-digital-trade-through-bilateral-cooperation-development-trade-rules/.

[32] AKSHAY MATHUR, PURVAJA MODAK. Cooperation in trade in service [EB/OL]. [2022 – 07 – 01]. https://www.cigionline.org/publications/cooperation-trade-services/.

[33] AMIT BHANDARI. India-Canada energy cooperation [EB/OL]. [2022 – 07 – 01]. https://www.cigionline.org/publications/india-canada-energy-cooperation/.

[34] China kennen, China können. Ausgangspunkte für den Ausbau von China-Kompetenz in Deutschland[EB/OL]. [2022 – 07 – 01]. https://www.merics.org/sites/default/files/2018-05/MERICS_China_Monitor_45_China_kennen_China_koennen.pdf.

[35] EFI-Jahresgutachten 2020[EB/OL]. [2022 – 07 – 01]. https://www.e-fi.de/fileadmin/Inhaltskapitel_2020/EFI_Gutachten_2020_B3.pdf.

作者简介

田贵超 上海科技管理干部学院
龚　晨 上海科技管理干部学院

第 14 章

人工智能议题

徐 诺 李 辉

本章基于《全球智库报告》"2020 年最佳人工智能政策和战略智库"的相关资料,遴选出其中的 40 余家智库,对其关于人工智能这一新一轮科技革命和产业变革重要驱动力的相关研究成果进行了分析,尝试勾勒出近年全球顶尖智库就人工智能议题的整体研究图景,总结它们关于推动人工智能的发展、治理和竞争等方面的相关思想成果。

14.1 专业性人工智能智库陆续涌现、研究成果大量出现

新一代人工智能正深刻改变着人们的生产与生活方式,成为新一轮科技革命和产业变革的主要驱动力之一。截至 2022 年 11 月,世界上已经有超过 50 个国家发布了国家性的人工智能发展战略和治理原则等文件,以最大限度地发挥人工智能的应用潜力。毫无疑问,"人工智能"已经成为全球科技智库的重点关注议题,不仅传统智库开始投入大量精力对此展开研究与回应,而且一批专业性人工智能智库机构也陆续出现。

关于人工智能,当前全球智库主要关注两方面议题:一方面,视人工智能为智库研究的重要工具,探讨其在哪些方面、哪些领域可能会取代"智"库的部分工作;另一方面,视人工智能为研究对象,分析其所带来的经济、社会、伦理、法律等方面的影响与挑战。2019 年,美国宾夕法尼亚大学发布全球顶尖智库系列报告《全球智库报告》[1],首次在全球智库排行榜单中加入了一个新类别——"人工智能研究前沿智库"(Think Tanks on Cutting Edge of Artificial Intelligence Research)。这一榜单源于《2019 年全球智库报告》所属"智库与市民社会项目"

(以下简称 TTCSP)所筹办的人工智能智库论坛。该论坛邀请了研究人工智能相关问题且正在使用智能技术工具的智库的代表，共同探讨人工智能对智库、治理和社会的影响。继该论坛之后，"智库与市民社会项目"团队又于 2019 年 7 月，在意大利佛罗伦萨举办了高级别政策对话，邀请来自欧洲和北美的智库、企业界专家，就人工智能相关议题进行探讨。

在 2019 年人工智能智库清单的基础之上，TTCSP 在《2020 年全球智库报告》[2]中推出了"2020 年最佳人工智能政策和战略智库"榜单，上榜智库共计 54 家。其中，谷歌 DeepMind 在同一榜单中重复出现 2 次，而印度的开放数据研究中心(Centre for Open Data Research，Public Affairs Centre)和公共事务中心(Public Affairs Centre)2 家上榜智库实质上为同一家智库，因此从严格意义上来说，此榜单共汇总了 52 家智库机构。从智库的地理分布情况看，榜单涵盖了来自美国(27 家)、加拿大(2 家)、英国(4 家)、德国(3 家)、法国(2 家)、意大利(1 家)、比利时(1 家)、瑞士(1 家)、葡萄牙(1 家)、俄罗斯(1 家)、中国(1 家)、日本(1 家)、韩国(2 家)、以色列(1 家)、印度(1 家)、巴西(2 家)和南非(1 家)等 17 个国家的相关智库，其中美国智库的数量占比超过 50%。虽然该榜单并不完美，但它系统梳理了全球范围内聚焦于人工智能领域研究的主要智库，为管窥全球科技智库关于人工智能议题的研究情况提供了基础与参考。

通过对榜单中 52 家人工智能智库进行分析，可以看出，来自政府、产业界和高校的智库均高度关注人工智能议题。在政府智库方面，加拿大人工智能矢量研究所、法国巴黎人工智能研究所、以色列国家安全研究所等智库机构直接参与了本国政府人工智能政策和战略的制定工作；在产业界方面，谷歌、佳能、三星等财团专门设立了人工智能板块，为企业发展建言献策；在高校方面，榜单中 52 家智库机构有 12 家属于高校，世界著名学府如乔治敦大学、斯坦福大学、纽约大学、普林斯顿大学、牛津大学和剑桥大学等，均在近年设立了与人工智能相关的政策研究中心，并组建专门的研究团队，高校智库的优势在于能够从跨学科视角对人工智能伦理、法律等社会议题所涉及的基础性理论问题进行研讨。

众多智库对人工智能议题的关注，使得相关优秀研究成果大量涌现。本章将梳理榜单中所涉智库的官方网站相关资料，系统分析与总结每家智库关于人工智能问题的研究成果。需要说明的是，正如前文所述，宾大《全球智库报告》研究组之所以对人工智能议题感兴趣，其主要原因有二：一是人工智能对智库及其研究工作本身是有影响的，智能技术所带来的新研究工具、新研究方法，可能会取代或者改变传统智库的某些工作；二是人工智能与生物医药、新能源一样，是新一轮科技革命和产业变革的关键组成部分，是科技智库所必须关注的对象之一。但榜单中的 52 家智库，只有一家涉猎第一个方面的研究，即美国城市研究所（Urban Institute）。它是一家非营利性的研究机构，注重运用数据科技进行研究，通过数据分析来提供关键证据，以促进社会流动和机会公平，并向政府、社区组织和公众提供有用、开放的数据，强化社会治理与决策的透明度。2021 年，城市研究所与 IBM 合作，通过深度数据挖掘，及时预测和发现出现衰落或绅士化迹象的社区，并提出相关政策建议，防止无家可归或流离失所情况的大量出现。

　　"2020 年最佳人工智能政策和战略智库"排行榜中的其他智库，都将人工智能视为新一轮科技革命和产业变革的一部分，并基于这一视角来展开研究工作。作为一种新兴技术，人工智能能够极大地提高生产率；作为一种包含了类人行为的智能系统，其行为往往引发道德与伦理争议。总体来看，当前的人工智能智库研究，主要呈现三条主线：一是"发展"议题，相关问题包括应发展什么样的人工智能，如何推动人工智能的研发和应用等，通过这些研究为各国政府推动人工智能发展提供建议；二是"治理"问题，即人工智能的研发和应用需要遵守哪些伦理、法律规范，如何遏制、消弭其可能带来的不可控风险，从而为各国政府规范治理人工智能建言献策；三是"竞争"议题，人工智能的发展快慢、水平高低，将对各国经济、政治、军事竞争产生重要影响，是各国竞争的重要变革力量。此外，人类的道德规范背后所反映的是不同文化间的差异性，因此探讨人工智能伦理规范背后的文化属性，本身也是国际关系、全球治理研究的讨论范畴之一，通过此类研究可为各国政府间的国际合作与竞争提供政策建议。

14.2　怎么发展人工智能

14.2.1　如何发展更"聪明"的人工智能

　　人工智能能够帮助人类更高效地理解、推理、规划、沟通和感知，从而提高人类智力活动的整体效率。但是，当前人工智能在技术发展过程中也面临各种困境，如数据分析的无意识性、缺乏高阶思维能力、易被干扰等，为了更好地服务于人类生活，相关的基础研究工作需有突破性进展，以促进更智能、更聪明的人工智能技术的出现。进入宾大榜单的以下几家智库，便专注于人工智能技术研究与应用的相关工作。

一是人类与自主实验室（Humans and Autonomy Lab）。其前身为麻省理工学院的人类与自动化实验室（Humans and Automation Laboratory），并于2013年秋天转移至杜克大学。人类与自主实验室的研究重点是利用人类思维系统的工程原理，对自主系统进行建模、设计和评估，并确定人类和计算机如何在自主系统中充分利用双方的优势，共同实现高级决策的方法。目前正在进行的研究方向包括：减少自动系统操作人员的工作量，识别和评估从低任务负载过渡到高任务负载的影响，载人和无人混合机器人的环境安全仿真，使用功能性近红外光谱（fNIRS）进行认知状态检测和预测等[3]。

二是人工智能矢量研究所（Vector Institute for Artificial Intelligence）。人工智能矢量研究所是加拿大国家人工智能战略制定的重要参与者、《全球人工智能指数报告》中唯一上榜的加拿大智库，其擅长的研究领域为机器和深度学习。人工智能矢量研究所于2017年3月在加拿大政府、安大略省政府和私营企业的支持下成立，并与多伦多大学等其他科研机构、人工智能初创企业、行业孵化器等合作，推进人工智能的研究、应用、部署和商业化[4]。人工智能矢量研究所未来计划在健康医疗、序列决策（sequential decision making）、模型生成，以及人工智能安全、隐私和公平等领域开展深入研究[5]。

三是谷歌DeepMind。DeepMind创立于2010年，2015年正式成为谷歌母公司Alphabet Inc的全资子公司。DeepMind致力于通过跨学科研究方法，开发更通用、更有解决问题能力的智能系统，所涉领域包括机器学习、神经科学、工程学、数学、模拟和计算基础设施等。此外，DeepMind非常关注人工智能安全和伦理问题研究，在被谷歌收购后，该公司便成立了人工智能伦理委员会，并于2017年成立专门的人工智能伦理与社会研究部门——DMES（DeepMind Ethics & Society），由著名哲学家尼克·博斯特罗姆（Nick Bostrom）等人担任顾问。此外，DeepMind与亚马逊、谷歌、Facebook、IBM和微软一起，创立了"人工智能伙伴关系"（Partnership on AI）组织。

四是巴黎人工智能研究所（Paris Artificial Intelligence Research Institute，PRAIRIE）。它是法国人工智能四大研究所之一。该研究所是法国人工智能国家战略中所创建的数个跨学科人工智能研究机构之一，其核心工作是针对技术方法论的研究，解决人工智能日常应用面临的潜在问题与挑战，如应用规模、技术可靠性和可解释性等。此外,巴黎人工智能研究所还进行跨学科、跨领域研究,融合大规模数据集、新型机器学习方法和领域性科学知识,解决细胞和分子生物学、认知科学和医学领域中的关键问题。除了基础研究外,巴黎人工智能研究所还呼应法国人工智能国家战略的人才培养目标,承担培育人工智能人才的任务,包括提供专业人员终身培训、硕士和博士等教育项目。对于人工智能伦理与法律问题,巴黎人工智能研究所在其官网中提到,其所采取的方式是在授课过程中提出问题并讨论解决方案[6]。

五是开普敦大学(University of Cape Town,以下简称 UCT)。开普敦大学是一所公立研究型大学,成立于 1829 年,是南非最古老的高等教育机构,也是撒哈拉以南的非洲现存最古老的大学。开普敦大学计算机系在 2011 年设立了人工智能研究中心,旨在推动南非发展世界级的人工智能研究成果,是南非人工智能研究的重要学术网络平台。该中心下设 9 个研究小组,就人工智能的各个方面开展基础性、指导性和应用性研究工作,主要研究领域包括自适应与认知系统、人工智能与网络安全、机器学习应用、计算逻辑、人工智能伦理、机器学习基础、知识表示与推理、概率建模等[7]。此外,开普敦大学于 2021 年 9 月首次设立人工智能硕士学位,是南非仅有的几所能够提供人工智能硕士学位课程的高等院校之一。该学位所涉研究方向包括经典逻辑、统计方法、生物启发的人工智能、自然语言处理等。

14.2.2 如何发展更"道德"的人工智能

全球智库中有不少声音呼吁发展"更加符合道德规范的人工智能"。它们强调发展人工智能的目的是服务人类社会,而服务人类社会的关键是符合人类社会的道德规范。进行此类研究的智库主要来自高校的跨学科研究中心、人工智能实验室、非营利性研究机构,以及通过数据研究赋能人工智能治理研究的机构。

在高校的跨学科研究中心方面,美国斯坦福大学尤其重视人工智能的社会影响研究,除 1962 年成立的专注于人工智能技术研究的斯坦福人工智能实验室外,为研究人工智能发展所带来的一系列社会伦理问题,该校在 2019 年初成立了"以人为本"人工智能研究所(HAI)。该研究所致力于开发受人类智能启发式人工智能技术,设计和创建能够增强人类能力的人工智能应用程序。除此之外,该研究所还致力于研究、预测人工智能对人类和社会的影响。HAI 的主要研究分为三大板块:①"人类影响",主要聚焦算法风险、机器和人混合决策中存在的

"责任缺口"、滥用人工智能进行不正当监视、人口控制和发动战争，以及人工智能对社会机构、司法系统、政府、产业结构、劳动力市场、经济增长和跨国贸易的影响等问题；② "增强人类能力"，主要专注开发"以人为本"的设计方法和工具，使人工智能代理和应用程序能更有效地与人类沟通、协作，增强人的能力，并使人工智能的工作内容更符合人类的需求；③ "智能"方面的研究，主要是开发更能理解人类语言和文化环境的智能机器，从理论和实践层面上对相关问题进行基础研究[8]。

此外，为了促进人们对人工智能最新动态的了解，"以人为本"人工智能研究所每年发布《人工智能指数报告》(AI Index Report)，跟踪、整理、提炼、可视化与人工智能发展和应用状况相关的数据，同时，开发"全球人工智能活力工具"(The Global AI Vibrancy Tool)，通过跨国视角，对全球近 30 个国家的人工智能研发与应用活动进行比较分析。该所 2021 年出版的报告，分别从人工智能技术研发、人工智能会议、技术性能、人工智能与经济、人工智能与教育、全自动系统、公众对人工智能的认知、社会对人工智能的接纳与忧虑，以及全球各国发布的人工智能政策文件等方面进行指标设置和数据解析。

2005 年在英国牛津大学马丁学院(Oxford Martin School)成立的人类未来研究所(Future of Humanity Institute，以下简称 FHI)是全球最大的、致力于研究人类文明和人工智能宏观关系问题，并做出技术和政策回应的研究机构。其核心研究主题包括"我们现在可以做什么，从而确保人类未来的长期繁荣"[9]。当前，FHI 主要的研究内容包括：人类应对未来生存性风险的宏观战略、人工智能治理、人工智能伦理等。在人工智能治理方面，FHI 主要研究人类社会过渡到先进智能社会的整体进程与方式，地缘政治、不同的社会治理结构和战略规划如何影响机器智能的发展或部署。此外，FHI 还和 DeepMind、OpenAI、CHAI等实验室合作，就如何构建更灵活、更安全及更符合人类价值观的人工智能系统等问题紧密协作。在人工智能伦理方面，FHI 围绕"心智"哲学问题展开研究，关注哪些计算是有意识的，数字心智应具有什么样的道德地位，以及何种政治体系能够使生物心智和非生物心智和谐共存。

在科技企业方面，OpenAI 被认为是 DeepMind 的竞争对手。OpenAI 于 2015 年底在旧金山成立，由埃隆·马斯克、萨姆·奥特曼等人共同承诺捐赠 10 亿美元来展开相关工作，但马斯克于 2018 年 2 月从 OpenAI 的董事会辞职。该智库的主要目标是促进和发展"人类友好型人工智能"，以造福全人类[10]。此外，在技术优先领域设置层面,OpenAI 主要关注机器的强化学习(reinforcement learning)。

在非营利性研究机构中,2014 年在美国成立的未来生命研究所(Future of Life Institute,以下简称 FLI)较为典型。FLI 专注于研究促进未来人类与科技的和谐共存议题,其中人工智能治理是重点研究板块。2019 年以来,FLI 的主要工作是对世界各国的人工智能政策进行罗列、梳理,并出版一系列科普文章,从而帮助人们更好地了解人工智能领域的背景知识以及世界各国的人工智能治理政策。

14.2.3　如何发展更适用的人工智能

这主要是人工智能的产业赋能问题,即产业界如何更好地应用人工智能。与此议题密切相关的典型智库包括以下四个。

一是斯坦福人工智能实验室(Stanford Artificial Intelligence Laborabotyr,SAIL)。它于 1962 年创立,其宗旨是通过多学科合作,探索通过人工智能增强人机交互的新方法[11]。SAIL 共设有 2 个人工智能实验室,重点研究人工智能在电商物流和自动驾驶方面的应用:① 京东—斯坦福联合人工智能研究计划,重点支持开发可应用于供应链管理、智能客户服务、仓库和配送自动化等支持电子商务自动化的人工智能技术。这些研究课题涉及计算机视觉、自然语言处理、信息网络和知识图谱等领域的跨院系合作[12]。② SAIL -丰田人工智能研究中心,其目的是开展原创性和有影响力的研究工作,实现汽车的自动驾驶,开发辅助人类工作的智能环境[13]。

二是韩国科学技术院(Korea Advanced Institute of Science and Technology,KAIST)。1971 年成立的 KAIST,是韩国政府在国内设立的第一所聚焦科学、工程、技术的综合性研究大学。KAIST 所设立的"可解释人工智能中心"(Explainable Artificial Intelligence Center,简称 XAI),专注于开发、改进机器学习技术,构建可解释的人工智能模型。可解释的人工智能模型可为机器学习和基于现实数据的统计推理开展溯因性工作,从而为决策的科学性、透明性提供技术基础。该中心的研究目标是拓展医疗和金融行业的人工智能应用,并解释、避免相伴生的风险[14]。

三是三星研究人工智能中心(SAIC)。SAIC 于 2017 年 11 月成立,由三星电子企业研发中心所整合的多个与人工智能相关的研究团队构成。SAIC 是三星电子的旗舰研究所,同时也是美国、加拿大、英国、俄罗斯等国联合创立的全球人工智能中心的协调中心。SAIC 主要为企业技术创新提供人工智能方面的支撑,其研究重点是尖端人工智能技术开发、三星产品和服务智能平台研究,以及新业务开发[15]。

四是麦肯锡全球研究所（McKinsey Global Institute，以下简称 MGI）。MGI 成立于 1990 年，是麦肯锡旗下的商业和经济研究机构，主要关注人工智能对人类生活和经济的影响，以加深人们对不断演变的全球经济的理解。麦肯锡全球研究所通过开放数据分析，长期跟踪技术发展趋势，重点关注人工智能、机器人和自动化技术对商业、社会、经济和就业的影响。自 2004 年以来，麦肯锡的全球调查团队对数千名高管和经理进行了调查，以获取商业和经济的最新趋势与动态。其中，该调查项目专门为人工智能的产出与发展情况进行年度跟踪调查[16]，针对人工智能在企业中的应用情况，以及人工智能对社会经济的各种影响提炼关键信息。

人工智能既赋能产业，也赋能社会管理。一个典型的领域是人工智能在对抗"信息毒化"和"真理衰败"（truth decay）过程中所起到的关键作用。社交媒体上的错误、虚假信息的传播，是当前社会各界所面临的一个重大挑战。科技公司和政策制定者仍在努力解决这个问题。Jigsaw（原名 Google Ideas）是谷歌创建的一家技术孵化器，其首席执行官杰雷德·科恩（Jared Cohen）曾是美国政策规划委员会（The Secretary of State's Policy Planning Staff）的顾问。Jigsaw 通过人工智能技术打造各种技术产品，应对"信息毒化"、"真理衰败"、网络攻击、种族歧视、极端主义渗透等信息安全挑战[17]。当前，其典型成果包括：① "Intra"，可使设备免受域名解析的操纵，保护用户在访问新闻网站、社交媒体平台和通信应用程序时免遭恶意拦截；② "Redirect Method"，是一种开源方法，它利用定向广告技术，将在线搜索有害内容的人与建设性的替代信息联系起来，从而防止用户被极端组织在线招募；③ "Protect Your Election"，确保国家公选时免遭网络钓鱼和分布式拒绝服务（DDoS）的攻击，选民可以及时有效地获得新闻和选举信息；④ "Project Sheild"，可保护新闻、人权、选举监控网站免受 DDoS 攻击，为其提供免费服务；⑤ "Perspective"，用机器学习技术识别评论，让在线对话更为健康。

14.3 怎样治理人工智能应用

人工智能对人类社会的影响具有两面性：一方面，人工智能通过技术强化人类的行动能力并助益人类目标的达成；另一方面，人工智能的应用也会造成一系列可预测或不可预测的消极影响。这意味着需要更好地理解人工智能的发展路径和潜在影响,并探索人工智能技术的管理机制。联合国教科文组织在 2021 年以建议书的形式,制定了全球首个人工智能伦理标准文书《关于人工智能伦理的建议》[18]。当前,各个国家、地区和相关组织对于人工智能治理的相关研究主要集中于以下议题:① 在治理目的上,强调以服务人类利益为首要目标;② 在治理方向上,提出要加强对未来风险的预测并完善相应的措施;③ 在治理理念上,强调在守护意识形态和价值观底线的前提下探求多方合作治理。目前,各国人工智能治理准则的制定,主要是就人工智能研发和应用方面提出相关的管理建议。

14.3.1 评估人工智能可能的风险和影响

全球人工智能智库不仅在预测人工智能风险方面做出了诸多努力,还针对相关治理政策的制定和评估进行了大量探讨。

一是伍德罗·威尔逊国际学者中心。该中心成立于 1968 年,为纪念伍德罗·威尔逊总统而设立。人工智能是该中心科技创新研究的重要议题之一,中心致力于探索自主智能系统在当前和未来的应用,邀请关键专家解读人工智能安全方面的问题。目前,该中心正在启动一项新的研究项目"超越禁令"(Beyond Bans)。这一项目以面部识别为起点,探索人工智能伦理问题背后所面临的复杂挑战。该中心出版的《面部识别的政策选择和人工智能大战略的必要性》一书,更是提倡通过更全面的视角来考量面部识别伦理议题,包括相关原则、定义、标准和具体指导方针[19]。

二是纽约大学。纽约大学同样对人工智能风险和社会影响问题非常感兴趣。2017 年,AI Now 研究所在纽约大学坦登(Tandon)工程学院正式成立,旨在加强跨学科领域的合作以及公众参与,确保人工智能的负责任应用[20]。AI Now 研究所的跨学科研究致力于理解和衡量人工智能对社会权利和正义的影响,其研究主要围绕四个核心主题来组织:人工智能对公民权利和自由的影响,人工智能和自动化对传统劳动力的影响,人工智能在少数族裔、残疾人偏见和包容问题上的潜在影响,人工智能对国家安全和关键基础设施的影响。

三是加州大学伯克利分校信息学院的研究和合作中心——长期网络安全中心(Center for Long-Term Cybersecurity,以下简称 CLTC)。CLTC 成立于 2015 年[21],其使命是帮助个人和组织应对未来信息安全所面临的挑战,拓展数字革命为人类社会所带来的益处。CLTC 的"人工智能安全倡议"是一个研究人工智能对全球安全的跨学科研究中心,其长期目标是帮助世界各地社区发展安全、负责任的自动化和机器智能。"人工智能安全倡议"的研究议程集中在对未来人工智能安全轨迹产生最大影响的关键决策点，特别是如何设计、购买和部署人工智能系统的相关决策，这些决策的影响涉及人工智能标准和规范、全球力量的动态变化、可能发生的战争等方方面面[22]。

四是英国查塔姆研究所（Chatham House），也称为英国皇家国际事务研究所。英国查塔姆研究所是独立的国际事务政策研究所，其宗旨是为全球挑战提供解决方案[23]。在人工智能方面，该研究所主要探讨人工智能对于包括医学、公共卫生和法律在内的社会领域，以及国际体系等各方面的重大影响。2018年，查塔姆研究所发布了一份关于人工智能和国际事务的报告，探讨了人工智能的发展及在中短期内给政策制定者带来的一些挑战。该报告认为，为减轻长期风险和确保人工智能不会加剧现有的社会不平等，人们必须在短期内更好地管理人工智能的发展。此外，该报告注意到，当前一些人工智能技术被用于支持虚假信息或干预民主进程，这一动向得到公众越来越多的关注，因此研究所打算在后续工作中加深对这一领域的研究[24]。

五是英国皇家联合军种研究所（Royal United Services Institute，RUSI）。RUSI是一家从事尖端国防和安全研究的独立智库，由英国著名将领惠灵顿公爵于1831年创立[25]，也是世界上最老的军事智库。2020年，受英国政府通信总部委托，RUSI开展了一项关于人工智能用于国家安全领域的独立研究，其目的是为未来有关国家制定安全使用人工智能的相关政策提供支撑信息，并建立独立的证据库。研究发现，人工智能为英国国家安全部门提供了提升现有工作流程效率和有效性的机会。然而，在英国情报机构拥有较大权力的背景下，人工智能的过度使用可能会引发额外的隐私和人权问题，需要在现有的法律和监管框架内进行详细评估。该报告认为，英国政府需要加强指导，审查人工智能在国家安全方面的应用对隐私和人权的影响。

六是布鲁金斯学会。布鲁金斯学会对人工智能治理也展开了丰富的研究。在本书上篇有过专门讨论，其所涉领域主要是人工智能使用所导致的各类负面影响，如人脸识别[26]、医疗保健[27]、金融服务[28]、数据造假[29]、算法偏见和歧视[30]等。

七是普林斯顿信息技术政策中心（Princeton Center for Information Technology Policy，简称 CITP）。CITP 是美国普林斯顿大学的跨学科研究中心之一。它于2017年发起人工智能研究倡议，就人工智能应用对伦理、言论自由、公平、多样性、隐私、安全和经济的影响等政策议题,开展跨学科论证[31],并调查算法和相关数据驱动工具对各个利益相关者的意义和影响。目前,该中心正在进行三个方面的研究:① 人工智能在初创科技企业中的应用情况及应用思路;② 人工智能对劳动力权益保护的影响;③ 公共机构决策制定过程中人工智能的可解释性研究。

14.3.2　评估人工智能军事化的风险和影响

人工智能作为一种通用技术,在民用和军事领域都有不同程度的应用,其在军事领域的应用带来一系列与国防安全相关的安全挑战。这些挑战不仅包括自主武器的行为可解释性和控制问题,还包括引发的新型战争形态如智能网络攻击等。对于此类安全问题,全球智库进行了大量探索。

1) 人工智能引发军备竞赛与权力洗牌

当前许多国家都在努力利用人工智能获得军事优势,从而在地缘政治角逐中获得更多权力和话语权。2015 年,多位著名的人工智能和机器人研究人员签署了一封公开信,警告自主武器大规模应用的危险性。他们写道,当今人类面临的关键问题是全球人工智能军事化应用热潮所引发的军备竞赛,如果所有军事大国都在大力推进人工智能武器研发,那么全球军备竞赛几乎是不可避免的[32]。在各国智库关于人工智能和国家安全问题关系的研究中,像人工智能这样的新兴技术如何赋能国家军事能力,并带来权力洗牌,成为热门议题。

一是新美国安全中心。该中心主要针对近年美国国家安全和国防政策等议题开展研究,而人工智能则是"技术与国家安全"政策研究板块的主题之一[33]。新美国安全中心认为,人工智能技术日益强大,并广泛参与全球军备竞赛,如果各国不顾及其可能带来的全球安全风险,而争先恐后地研发、推广这项技术,则对任何国家都没有好处。以此为出发点,新美国安全中心设立了"人工智能和全球安全倡议",来探讨五大问题:① 人工智能革命是否会带来全球权力的洗牌;② 人工智能革命将如何改变未来冲突和战争的性质、形式;③ 人工智能革命对于军备竞赛和全球稳定的影响;④ 各国和各方参与者对于人工智能安全问题的管控方式;⑤ 如何就人工智能革命所带来的安全问题进行全球合作,以及合作的动机是什么。

二是法国国际关系研究所(French Institute of International Relations,简称 IFRI)。IFRI 是西欧第四大智库,致力于分析国际事务和全球治理等政策议题[34]。IFRI 认为,技术竞争是国际关系地缘政治研究的重要议题,人工智能、

5G、网络安全、机器人、半导体、太空技术等，特别是数字技术，正深刻地影响全人类的活动，由此引发了一系列政治、战略、经济和社会问题，进而影响国际关系。为应对这些挑战，IFRI 在 2020 年秋季启动"技术地缘政治"项目，对人工智能可能引发的军备竞赛和新型战争形式做了深入研究。近年来，IFRI 的主要出版成果涉及议题如下：俄罗斯在全球人工智能竞赛中的地位[35]，高性能计算和量子计算对欧盟技术战略的重要性[36]，人机合作与空中作战的未来前景[37]等。

三是佳能国际战略研究所(Canon Institute for Global Studies，CIGS)。日本佳能公司(Canon Inc.)于 2008 年宣布成立佳能国际战略研究所，其任务是以前沿科技领域为起点，从全球治理的角度来对宏观经济、自然资源、能源和环境、外交和国防等领域进行调查研究[38]。佳能国际战略研究所与人工智能的相关的研究成果，更为强调人工智能对政治结构及战争可能带来的消极影响。如研究所研究总监宫家邦彦(Kunihiko Miyake)分别就人工智能对本国和国际政治的影响做出评论。从国内政治角度看，邦彦认为人工智能可能会被有不良企图的政治家所利用，并用于控制人类；但如果使用得当，人工智能也可以成为削弱这种控制的手段[39]。从国际政治的角度来看，邦彦认为人工智能武器可能在未来取代核武器，成为消除敌人战斗意志的"战略武器"，可在不使用核武器的情况下实现对敌人的"大规模杀伤性"。过去几十年来，全球力量平衡一直是通过核大国之间的核威慑或相互保证不毁灭原则来维持，但人工智能可能会从根本上改变这种平衡[40]。

2) 人工智能将带来新型军事对抗问题

一些智库对未来人工智能的军事应用及可能的影响进行了分析与预测。此外，人工智能在网络攻击等新型战争中所发挥的作用也得到了诸多智库的关注。

一是美国兰德公司。作为以军工议题起家的智库，美国兰德公司对人工智能的相关研究，主要聚焦于其军事应用和风险。在技术层面，兰德公司的研究议题涵盖了军事准备度(military readiness)的测量与分析[41]、情报分析[42]等。关于军事人工智能的应用和风险，兰德公司强调跨国界合作的重要性。兰德公司最近关于人工智能的相关研究，主要是基于比较视角来分析中国和俄罗斯人工智能、自主武器的使用情况及相应的管制措施。兰德公司特别提及中国，认为中国已将人工智能视为提高国家竞争力和保护国家安全的关键技术，如果中国的人工智能计划能够成功，将获得相对于美国及其盟友的实质性军事优势。兰德公司建议，美国国防部除了要强化自身的技术研发和测试水平外，还要与盟友及正在发展人工智能军用技术的其他国家(如中国和俄罗斯),积极寻求技术合作和政策协调,这将有助于共同应对人工智能过度研发与使用所带来的相关风险[43]。

二是哈德逊研究所(Hudson Institute)。哈德逊研究所由战略家赫尔曼·卡恩(Herman Kahn)于 1961 年创立,其研究焦点主要是通过国防、国际关系、经济、卫生保健、技术、文化和法律等领域的跨学科研究,来挑战传统思维,对国家的未来战略转型提出建议[44]。近年来,哈德逊研究所的团队对人工智能与国防问题展开探讨,提出国防部不能继续将人工智能视为工具或产品,它本质上是一种能够提升整体军事作战能力(包括决策、感知、规划等)的智能系统。当前,人工智能算法已渗入日常商业电子产品中,美国军队也需要同样程度的扩散,在这种情况下,士兵需要更清晰地了解他们的新机器队友,并在未来的冲突中获胜。

三是史汀生中心(Stimson Center)。史汀生中心是非营利性的无党派智库,以美国政治家和律师亨利·L. 史汀生(Henry L. Stimson)的名字命名,旨在促进全球和平与安全。关于人工智能议题,史汀生中心近年的研究主要聚焦于其军事化对世界安全的影响,以及相关国家可能采取的应对措施。2019 年 8 月,史汀生中心与斯坦利中心(The Stanley Center)、联合国裁军事务厅合作举办了一场研讨会,并编写了一系列政策文件,来促进各利益攸关方的讨论。该研讨会在联合国总部举行,与会者包括联合国各成员国、工业界、学术界和研究机构的专家,会上从美国、中国和俄罗斯的角度,对人工智能军事化的优点、风险以及治理等话题进行讨论和评估[45]。

四是安全与技术研究所(Institute for Security and Technology,IST)。该研究所成立于 2017 年,其任务是就全球公共领域安全议题提供具有迫切需求的研究工具和解决方案,并强调人工智能是未来几十年国际稳定的最大挑战之一。2018 年,安全与技术研究所举办了一场圆桌会议,研讨人工智能用于军事领域时所可能引发的潜在安全问题(如对国际战略平衡的威胁等),包括当前人工智能领域尚没有解决的一些技术难题,如相关学者警告人工智能目前还存在"技术黑箱"等亟待解决的难题,以应对未来不可预测的威胁[46]。

五是以色列国家安全研究所(Institute for National Security Studies,简称INSS)。以色列国家安全研究所与以色列政府和军方的联系密切,其研究人员中不少人都具有政府和军方背景。该研究所基于社会、经济、军事等战略和战术视角,研究像人工智能这样的先进技术对国家安全的影响。该机构近年发布的研究成果——《以色列人工智能与国家安全》,强调就人工智能带来的国家安全问题展开研究刻不容缓，如网络攻击、决策支持系统、自主武器、军事自主驾驶和军事情报等。该报告最后结合以色列人工智能的发展现状，为应对人工智能技术可能面临的关键挑战提出了详细建议[47]。

六是美国哈佛大学贝尔弗科学与国际事务中心（Belfer Center for Science and International Affairs，BCSIA）。BCSIA设立了"负责任使用人工智能委员会"，专门研究人工智能伦理和治理问题。该中心通过其网络安全项目，探讨人工智能和机器学习对网络安全和网络空间政策的影响[48]。该项目由网络安全项目主管迈克尔·苏美尔（Michael Sulmeyer）领导。BCSIA于2021年专门针对人工智能黑客议题进行深入研究，并指出虽然人工智能可能被用于黑客攻击，但它同样也是抵御网络攻击的有力工具。因此，要确保该技术被"善用"，就需要在它成熟之前便建立鲁棒性的立法和治理结构，以及相应的社会规则，以快速有效地应对黑客攻击[49]。

七是美国乔治敦大学安全与新兴技术中心（Center for Security and Emerging Technology，以下简称CSET）[50]。CSET隶属于美国乔治敦大学沃尔什外交学院，该机构从2019年开始对人工智能相关政策议题进行研究。其中重要的研究方向之一，是探索美国政府如何减少人工智能系统的滥用，特别是自主系统应用所伴生的风险。此外，CSET也关注网络安全中人工智能所可能发挥的作用，相关议题包括人工智能如何改变网络作战态势，以及人工智能的稳健性如何影响其安全可信地发展、部署和作战。

14.4　如何展开人工智能国际竞争

人工智能的发展及深度应用，带来了广泛的经济社会收益，同时，人工智能治理所引发的伦理分歧，均在客观上促进了各国之间就这些议题的竞争、合作与博弈。针对人工智能所引发的一系列地缘政治影响，世界各国为了保持自身的竞争优势和技术主权，陆续制订了一系列应对性的战略计划，各国智库也纷纷就和谁竞争（合作）、如何竞争（合作）等议题进行深入研究。

一是美国布鲁金斯学会。美国布鲁金斯学会是一家综合性的公共政策研究机构，在"2020年最佳人工智能政策和战略智库"中位列第一，其人工智能政策相关的研究极受重视，研究方向几乎覆盖美国政府所关注的所有人工智能相关议题。整体来看,美国布鲁金斯学会关于人工智能发展对美国与他国关系影响问题趋于乐观,支持包容性合作,认为美国应支持、鼓励其他国家在公平条件下强化人工智能技术研发,并进行良性竞争,以及与有相似理念的国家进行广泛合作。美国布鲁金斯学会强调,美国应积极参与"发展有益、值得信赖和强大的人工智能"这一全球性议题,加强与"志同道合"的人工智能强国的合作[51]。对于人工智能和中美关系议题,该智库认为应在确保美国利益的情况下,为两国合作保留政治空间,为此,美国政府需要做到两点:① 对利益冲突点和互惠合作点有清晰的认识,积极促成双方达成共识;② 充分利用美国的经济优势,拉拢有相似价值观的盟友,扩大在人工智能领域中的国际影响[52]。

二是美国哈佛大学贝尔弗科学与国际事务中心(BCSIA)。BCSIA 隶属于美国哈佛大学肯尼迪学院,主要从事国际安全与外交、环境与资源,以及科学和技术政策方面的研究。作为中美地缘政治研究的一部分,BCSIA 强调人工智能在中美国际竞争中具有重要的战略地位,认为美国能依靠智慧战略在这一竞争中胜出。在 2021 年的一篇报告中,BCSIA 将中国称为美国人工智能领域的"全方位竞争者",并提出政治体系的不同在一定程度上造成中美两国人工智能技术发展速度的差异,比如出于对隐私的担忧,美国在面部识别技术方面明显落后于中国。同时,BCSIA 也强调,人工智能在未来的战争中将起到决定性作用。该报告认为,美国若想在中美竞争中胜出,首先需要认清中国人工智能飞速发展并已赶超美国这一现状,建议美国对全球人工智能领域排名前一百的最顶尖人才进行招录;其次,支持美国互联网企业提升用户体验,从而增强中国对美国互联网平台的依赖,并利用全世界广泛普及英语这一优势,来打造好的平台;最后,在核心利益不冲突的情况下与中国合作,从而为美国带来更大的成功[53]。

三是美国信息技术与创新基金会。该智库认为,人工智能技术和数据是美国政府亟待重视的科技政策领域之一,需要政府各部门联动采取相应的措施。该智库为美国赢得全球人工智能竞赛提供了操作指南:① 指导联邦机构、经济发展局等制定人工智能产业战略,以确保人工智能在美国不同行业中的广泛应用和发展;② 指导联邦机构开发关键领域的共享数据池,进行训练和验证,从而支持人工智能的发展;③ 资助美国国家科学基金会创建有竞争力的人工智能奖学金项目,吸引全球人工智能人才;④ 联合信息技术相关部门制定人工智能战略;⑤ 确保国防部优先采用人工智能相关技术,以保护美国的国家安全。

四是乔治敦大学安全与新兴技术中心。除人工智能军事化风险和影响方面的研究以外，CSET 从 2019 年开始，对涉及人工智能的广泛政策议题进行分析，如对人工智能国家竞争力相关驱动因素的研究，CSET 通过分析盟国劳动力、人工智能人才流动和移民、投资和贸易政策、教育体系等因素，来评估美国人工智能创新能力的现状。

五是美国国际战略研究中心（CSIS）。CSIS 位于美国华盛顿特区，成立于1962 年，其前身是乔治敦大学国际战略研究中心。CSIS 关注快速发展的新兴技术和网络安全如何影响 21 世纪的世界格局，所涉及问题包括情报、监视、加密、隐私、军事技术、空间等。作为"技术与创新"议题下的子项目，CSIS 人工智能相关议题的研究主要聚焦于美国机器智能竞争和发展战略，研究机器智能在研发、产业化以及社会影响方面所面临的一系列挑战。CSIS 还与博思艾伦公司（Booz Allen Hamilton）合作，开展了一项探索机器智能影响的研究，并于 2018 年出版了研究报告，为美国如何保持机器智能竞争优势并应对与之相关的风险和挑战等提供建议，以确保机器学习技术的发展符合美国的目标、规范和价值观[54]。

六是卡内基国际和平基金会（Carneigie Endowment for International Peace，CEIP）。CEIP 是一个无党派的国际事务智库，在华盛顿特区、莫斯科、贝鲁特、北京、布鲁塞尔和新德里设有 6 个研究中心。在人工智能领域，CEIP 的目标是预测并应对人工智能应用给国际安全所带来的挑战，包括当前人工智能因意外或滥用所面临的短期（5 年内）挑战，以及未来中长期（5~20 年）范围内人工智能对世界经济和安全的负面影响与挑战[55]。CEIP 近几年发布的若干人工智能报告均与国家安全和信息安全有关，并倾向于强调基于意识形态对人工智能国际阵营进行划分，如建议美国应该与"理念相近"的国家（如印度和日本）进行合作，促进人工智能技术发展，维护国际安全。

七是新责任基金会（Stiftung Neue Verantwortung，SNV）。SNV 是德国的非营利性公共政策研究智库，其研究领域包括数据科学、数据经济、数字权利、数字监管和民主、国际网络安全政策、人工智能、数字公共空间、数字技术和地缘政治等[56]。在人工智能方面，SNV 主要从外交政策和安全问题视角出发研究人工智能的全球治理问题。SNV 与德国联邦外交部和墨卡托研究所（Mercator Institute）就"人工智能与外交政策"项目进行了共同研究，探索的主要议题包括：人工智能全球监管框架中的发言权问题、人工智能的技术风险、国家人工智能战略的实施和管理、机器学习和网络安全等[57]。SNV 提出，尽管人工智能的发展和应用越来越深入，但它尚未被视为外交政策的一个核心挑战，但是人工智能对外交政策的影响已经显现。SNV 认为当务之急是进行能力建设并设置研究议题，以便外交政策界能够以一种有意义的方式为人工智能辩论作出贡献[58]。

八是德国康拉德-阿登纳基金会(Konrad-Adenauer-Stiftung,KAS)。作为一个智库和咨询机构,KAS 通过对科学的深入研究为相关政策的制定提供支持,且每年举办超过 2 500 场活动来促进学术交流和知识共享[59]。在人工智能领域,KAS 与中国有紧密的学术交流与合作,其中 2020 年和海国图智研究院(Intellisia)共同主办了"构建人工智能的未来：政策困境与对策"研讨会,邀请国内外相关领域专家从宏观视角共同探讨人工智能的技术主权竞争,以及人工智能对社会的影响等双边问题[60],批判性地审视现有的人工智能发展,并就制订行动计划提出建议。

九是加拿大国际治理创新中心(CIGI)。CIGI 与加拿大政府合作紧密。在人工智能方面,CIGI 尤其关注人工智能技术对民主阵营和国家安全的威胁,以及由此造成的地缘政治紧张局势[61]。关于这一主题,CIGI 于 2020 年发布了题为《现代冲突与人工智能》的系列文章,认为与人工智能相关的最重大、最复杂的挑战出现在国防、国家安全和国际关系领域。在这方面,加拿大的国防政策"强大、安全、参与"(strong, secure, engaged)将相关问题充分暴露：国家和非国家行动者越来越频繁地在传统武装冲突门槛下的灰色地带,使用多重混合方法来实现其目标,包括协同使用外交、信息、网络、军事和经济手段,在国际社会中制造混乱与不和,增加误解和误判。针对此类问题,该系列文章为政策制定者提出 4 条建议：① 优先发展一个由值得信赖的专家形成的多学科网络,通过定期交流,来探讨人工智能技术的最新发展;② 努力制定灵活战略,以适应技术变革时代的战术变化;③ 私营部门密切合作,投入大量时间和资源,以确定针对特定人工智能应用的治理框架;④ 与现有国际监管机构合作,决策者不仅需要确保人工智能治理框架与本国法规相一致,而且还必须确保从设计到实施的每个阶段都尊重基本的伦理原则,特别是人权[62]。

十是意大利国际政治研究所(意大利语 Istituto per gli Studi di Politica Internazionale,ISPI)。ISPI 是意大利唯一一家登上"2020 年最佳人工智能政策和战略智库"榜单的老牌智库,它也是意大利历史最悠久的、专门研究国际事务的智库[63]。该智库和意大利政府就人工智能议题展开深度合作,对意大利人工智能生态系统与可持续发展进行深度研究。针对意大利 2018 年发布的《关于人工智能在公共领域的使用白皮书》,与意大利教育部、经济发展部和高校等合作制定了《人工智能战略计划 2022—2044》。该计划认为,意大利的人工智能生态系统尚未充分显示其巨大的潜力,并就如何吸纳更多资金扩展 3 个主要领域(人才获取、先进技术研究、技术采纳和应用)的研究提出具体建议,以保持意大利在人工智能领域的技术竞争力,构建更完善的技术生态系统。意大利已经确定了 11 个优先发展领域,ISPI 认为这些领域有助于意大利真正实现快速变革,这些优先发展领域包括工业和制造业、教育系统、农业食品、文化和旅游、健康和福祉、环境、基础设施和网络、银行、金融和保险、公共管理、智慧城市、地区和社区、国家安全、信息技术[64]。此外,ISPI 通过与政治、经济、法律、历史和战略研究领域的全球专家和同行密切合作,对相关议题进行跨学科分析。比如,2019 年 ISPI 和布鲁金斯学会合作,对全球技术竞争进行了深入研究,分析了持续的技术竞争对国际秩序所构成的挑战。

14.5　总结和展望

本章基于《全球智库报告》"2020 年最佳人工智能政策和战略智库"的相关资料,遴选出其中的 40 余家智库,对其关于人工智能这一新一轮科技革命和产业变革重要驱动力的相关研究成果进行了分析,尝试勾勒出近年全球顶尖智库对人工智能议题的整体研究图景,总结它们关于推动人工智能的发展、治理和竞争等方面的相关思想成果。

在如何发展人工智能方面,虽然许多智库的主要研究对象并不是人工智能技术,但它们对如何推动人工智能技术的发展这一议题非常关注,且有些人工智能技术研究机构本身也具有智库性质。可以看到,来自美国、加拿大、法国等国家的一些兼具智库功能的人工智能研究所,正在就未来如何发展人工智能技术、构建人工智能技术发展路线图等进行研究。当然,还有很多智库专注于如何发展"复合道德的人工智能"这一议题,以推动人工智能技术的人性化发展。在人工智能应用方面,一些科技智库强调与产业界联动,针对人工智能如何更好地赋能产业进行研究,也有智库(如 Jigsaw)重点讨论了人工智能在"真理衰败"和"信息毒化"中所起的副作用。

在人工智能治理方面,各智库普遍强调该技术的发展宗旨是为人类服务,针对一系列可能由人工智能所引发的风险和复杂社会效应,许多智库就如何监管这些现象及如何制定相应规则提出自己的建议,以对人工智能的发展进行更好地判断与预测。人工智能治理问题,主要是管理人工智能可能带来的隐私安全、不公平、不透明等伦理和社会问题。但同时,智库研究者们更关心的是,人工智能一旦泛军事化,将面临哪些不可控因素、会造成何种严重后果。因此,全球顶尖智库都在深入研究如何更好地规范人工智能的军事应用。

在人工智能国际竞争方面,各智库就如何构建全球命运共同体、推动人工智能竞争与合作等问题展开广泛研究。人工智能治理所面临的困难,不仅仅在于技术的复杂性和风险的难控性,更在于国与国之间的政治较量与冲突,导致难以通过有效的国际合作来应对人类所面临的共同难题。如何在复杂利益交织、意识形态割裂的国际大背景之下,推动国与国之间求同存异,基于"人类命运共同体"理念来共同促进"与人为益的"人工智能的发展,以及制定有效的治理和监管规则,是未来各国智库所面临的重要命题之一。

整体来看,全球各智库对人工智能相关议题的研究显示,无论是发展问题、治理问题,还是竞争问题,均包含一项共同内容,即人工智能伦理规范。实际上,伦理道德背后是国家文化和意识形态。国家之间围绕人工智能的技术竞争,与不同国家的意识形态、文化站位密切相关,谁的伦理规范准则能够在国际竞争中占据主动,往往意味着其在人工智能治理方面将获得更多的国际主动权和影响力,同时也能够在国际人工智能人才、资源、技术竞争中获得更多助益。

附：2020 年最佳人工智能政策和战略智库[65]

序号	智　库　名　称	国　家
1	布鲁金斯学会(Brookings Institution)	美　国
2	贝尔弗科学与国际事务中心(Belfer Center for Science and International Affairs)	美　国
3	乔治敦大学安全与新兴技术中心(Center for Security and Emerging Technology)	美　国
4	以色列国家安全研究所(Institute for National Security Studies,简称 INSS)	以色列
5	城市研究所(Urban Institute)	美　国

序号	智　库　名　称	国　家
6	斯坦福大学"以人为本"人工智能研究所（Stanford Institute for Human-Centered Artificial Intelligence）	美　国
7	OpenAI	美　国
8	纽约大学 AI Now 研究所（AI Now, New York University）	美　国
9	伍德罗·威尔逊国际学者中心（Woodrow Wilson International Center for Scholars）	美　国
10	加拿大国际治理创新中心（Centre for International Governance Innovation，简称 CIGI）	加拿大
11	Fundação Getúlio Vargas 大学（FGV）	巴　西
12	开放数据研究中心、公共事务中心（Centre for Open Data Research, Public Affairs Centre）	印　度
13	佳能国际战略研究所（Canon Institute for Global Studies）	日　本
14	国际战略研究中心（Center for Strategic International Studies，简称 CSIS）	美　国
15	人工智能矢量研究所（Vector Institute for Artificial Intelligence）	加拿大
16	信息技术与创新基金会（Information Technology and Innovation Foundation）	美　国
17	人类未来研究所（Future of Humanity Institute）	英　国
18	谷歌 DeepMind[①]	英　国
19	麦肯锡全球研究所（McKinsey Global Institute，简称 MGI）	美　国
20	新美国安全中心（Center for a New American Security，简称 CNAS）	美　国
21	意大利国际政治研究所（意大利语 Istituto per gli Studi di Politica Internazionale，简称 ISPI）	意大利
22	未来生命研究所（Future of Life Institute）	美　国
23	查塔姆研究所（Chatham House，也称为英国皇家国际事务研究所）	英　国
24	海国图智研究院（Intellisia）	中　国

续　表

序号	智　库　名　称	国　家
25	里斯本委员会(Lisbon Council)	比利时
26	谷歌人工智能研究中心(Google AI Research Center)	瑞　士
27	兰德公司(RAND Corporation)	美　国
28	史汀生中心(Stimson Center)	美　国
29	法国国际关系研究所(French Institute of International Relations,简称 IFRI)	法　国
30	斯坦福人工智能实验室(Stanford Artificial Intelligence Laborabotyr,简称 SAIL)	美　国
31	未来社会(Future Society)	美　国
32	谷歌 DeepMind(在第 18 位重复出现)	英　国
33	传统基金会(Heritage Foundation)	美　国
34	德国发展研究所(German Institute of Development)	德　国
35	卡内基国际和平基金会(Carneigie Endowment for International Peace)	美　国
36	普林斯顿信息技术政策中心(Princeton Center for Information Technology Policy,简称 CITP)	美　国
37	哈德逊研究所(Hudson Institute)	美　国
38	巴黎人工智能研究所(Paris Artificial Intelligence Research Institute,PRAIRIE)	法　国
39	英国皇家联合军种研究所(Royal United Services Institute,简称 RUSI)	英　国
40	长期网络安全中心(Center for Long-Term Cybersecurity)	美　国
41	康拉德-阿登纳基金会(Konrad-Adenauer-Stiftung,简称 KAS)	德　国
42	安全与技术研究所(Institute for Security and Technology,简称 IST)	美　国
43	Jigsaw	美　国
44	韩国科学技术院(Korea Advanced Institute of Science and Technology,简称 KAIST)	韩　国

续 表

序号	智 库 名 称	国 家
45	千禧研究院(Instituto Millenium)	巴 西
46	俄罗斯科学院社会科学信息研究所(Institute of Scientific Information on Social Sciences of the Russian Academy of Sciences)	俄罗斯
47	人类与自主实验室(Humans and Autonomy Lab)	美 国
48	美国技术国际商务(International Business In Technology in America)	美 国
49	公共事务中心(Public Affairs Center)②	印 度
50	伊比利亚国际纳米技术实验室(International Iberian Nanotechnology Laboratory,简称 INL)	葡萄牙
51	三星研究人工智能中心(Samsung AI Research Center,简称 SAIC)	韩 国
52	Parc 研究所(Parc Institute)	美 国
53	新责任基金会(Stiftung Neue Verantwortung,简称 SNV)	德 国
54	开普敦大学(University of Cape Town)	南 非

注：① 谷歌 DeepMind 在第 32 位重复出现。
② 公共事务中心与第 12 位的开放数据研究中心为同一家机构。

参考文献

[1] MCGANN J G. 2019 global go to think tank index report [EB/OL]. [2022 - 01 - 14]. https：//repository. upenn. edu/cgi/viewcontent. cgi? article ＝ 1018＆context ＝ think_tanks ♯：
～：text ＝ 2019％20Global％20Go％20To％20Think％20Tank％20Index％20Report,
in％20 governments％20and％20civil％20societies％20around％20the％20world.

[2] MCGANN J G. 2020 global go to think tank index report [EB/OL]. [2022 - 12 - 18].
https：//www. bruegel. org/sites/default/files/wp-content/uploads/2021/01/2020-Global-
Go-To-Think-Tank-Index-Report_Bruegel.pdf.

[3] HUMANS AND AUTONOMY LAB. Researching the interactions of human and
computer decision-making[EB/OL]. [2022 - 12 - 18]. https：//hal.pratt.duke.edu/.

[4] VECTOR INSTITUTE FOR ARTIFICIAL INTELLIGENCE. About us [EB/OL].
(2022 - 12 - 02) [2022 - 12 - 18]. https：//vectorinstitu-te.ai/about/.

[5] Three-year strategy [EB/OL]. [2022 - 12 - 18]. https：//vectorinstitute.ai/wp-content/
uploads/2020/06/vector_institute_3_year_ strategy.pdf.

［6］PRAIRIE. About us［EB/OL］.（2021 - 05 - 03）［2022 - 12 - 18］. https：//prairie-institute. fr/about-us/.

［7］UNIVERSITY OF CAPE TOWN. New master's degree in artificial intelligence at UCT［EB/OL］.（2022 - 03 - 30）［2022 - 12 - 18］. http：//www. science. uct. ac. za/news/new-masters-degree-artificial-intelligence-uct.

［8］STANFORD INSTITUTE FOR HUMAN-CENTERED ARTIFICIAL INTELLIGENCE. Research focus areas［EB/OL］.［2022 - 12 - 18］. https：//hai. sta-nford. edu/research/research-focus-areas.

［9］THE FUTURE OF HUMANITY INSTITUTE-FHI. About FHI［EB/OL］.（2021 - 03 - 10）［2022 - 12 - 18］. https：//www.fhi.ox.ac.uk/about-fhi/.

［10］OPENAI. About OpenAI［EB/OL］.（2020 - 09 - 02）［2022 - 12 - 18］. https：//openai. com/about/.

［11］STANFORD ARTIFICIAL INTELLIGENCE LABORATORY. About us［EB/OL］.［2022 - 12 - 18］. https：//ai.stanford.edu/about/.

［12］SAIL-JD AI RESEARCH INITIATIVE. Research［EB/OL］.［2022 - 12 - 18］. https：//airesearch. stanford.edu/research.

［13］SAIL-TOYOTA CENTER FOR AI RESEARCH. About the SAIL-Toyota center for AI research［EB/OL］.［2022 - 12 - 18］. https：//aic-enter. stanford.edu/.

［14］KAIST. Centers，institutes，and labs［EB/OL］.［2022 - 01 - 14］. https：//kaist.ac.kr/en/html/research/040301.html.

［15］SAMSUNG RESEARCH. Who we are［EB/OL］.［2022 - 12 - 18］. https：//research. samsung.com/whoweare.

［16］CHUI M，HALL B，SUKHAREVSKY A，et al. The state of AI in 2021［EB/OL］.［2022 - 12 - 18］. https：//www. mckinsey. com/business-functions/mckinsey-analytics/our-insights/global-survey-the-state-of-ai-in-2021.

［17］Confronting threats to open societies with scalable solutions［EB/OL］.［2022 - 12 - 18］. https：//jigsaw.goog-le.com/approach/.

［18］UNESCO. Recommendation on the ethics of artificial intelligence［EB/OL］.（1970 - 01 - 01）［2022 - 12 - 18］. https：//en.unesco.org/artificial-intelligence/ethics♯recommendation.

［19］WILSON CENTER. Image credit in this section financials leadership about the Wilson center［EB/OL］.［2022 - 12 - 18］. https：//www.wilsoncenter.org/about.

［20］AI NOW INSTITUTE. Research［EB/OL］.［2022 - 12 - 18］. https：//ainowinstitute. org/research.html.

［21］CLTC. About the center［EB/OL］.（2022 - 10 - 03）［2022 - 12 - 18］. https：//cltc. berkeley.edu/about-us/.

［22］NEWMAN J C. AI security initiative analyzing global impacts of artificial intelligence［EB/OL］.［2022 - 12 - 18］. https：//cltc. berkeley. edu/wp-content/uploads/2020/02/AI-Security-Initiative-One-Pager.pdf.

［23］CHATHAM HOUSE-INTERNATIONAL AFFAIRS THINK TANK. About us［EB/

OL].(2022 - 03 - 29) [2022 - 12 - 18]. https:// www.chathamhouse.org/about-us.

[24] CHATHAM HOUSE-INTERNATIONAL AFFAIRS THINK TANK. Artificial intelligence and international affairs [EB/OL].(2020 - 12 - 11) [2022 - 12 - 18]. https://www. chathamhouse.org/2018/06/artificial-intelligence-and-international-affai-rs.

[25] ROYAL UNITED SERVICES INSTITUTE. Our purpose [EB/OL]. [2022 - 12 - 18]. https://rusi.org/about/our-purpose.

[26] WEST D M. 10 actions that will protect people from facial recognition software [EB/OL].(2022 - 03 - 09) [2022 - 12 - 18]. https://www.brookings.edu/research/10-actions-that-will-protect-people-from-facial-recognition-software/.

[27] PRICE II W N. Risks and remedies for artificial intelligence in health care [EB/OL].(2022 - 03 - 09) [2022 - 12 - 18]. https://www.brookings.edu/research/risks-and-remedies-for-artificial-intelligence-in-health-care/.

[28] ENGLER A. Can AI model economic choices? [EB/OL].(2022 - 03 - 09) [2022 - 12 - 18]. ht-tps://www.brookings.edu/research/can-ai-model-economic-choices.

[29] VILLASENOR J. How to deal with ai-enabled disinformation [EB/OL]. (2022 - 03 - 09) [2022 - 12 - 18]. https://www.brookings.edu/research/how-to-deal-with-ai-enabled-disinformation/.

[30] ENGLER A. Enrollment algorithms are contributing to the crises of higher education [EB/OL]. (2022 - 03 - 09) [2022 - 12 - 18]. https://www.brookings.edu/research/enrollment-algorithms-are-contributing-to-the-crises-of-higher-education/.

[31] PRINCETON UNIVERSITY. Our work artificial intelligence [EB/OL]. [2022 - 12 - 18]. https://citp.princeton.edu/our-work/ai/.

[32] FUTURE OF LIFE INSTITUTE. Autonomous weapons: an open letter from AI & robotics researchers [EB/OL].(2022 - 10 - 28) [2022 - 12 - 18]. https://futureoflife. org/open-letter-autonomous-weapons/?cn-reloaded＝1.

[33] CIRILLO J. The future of the digital order[EB/OL]. [2022 - 12 - 18]. https://www. cnas.org/.

[34] Corporate brochure [EB/OL]. [2022 - 12 - 18]. https://www.ifri.org/en/corporate-brochu-re.

[35] NOCETTI J. The outsider: Russia in the race for artificial intelligence [EB/OL]. [2022 - 12 - 18]. https://www.ifri.org/en/publications/etudes-de-lifri/russieneireports/outsider-russia-race-artificial-intelligence.

[36] Strategic calculation: high-performance computing and quantum computing in Europe's quest for technological power[EB/OL]. [2022 - 12 - 18]. https://www.ifri.org/en/publications/etudes-de-lifri/strategic-calculation-high-performance-computing-and-quantum-computing.

[37] BRIANT R. Human machine teaming and the future of air operations [EB/OL]. [2022 - 12 - 18]. https://www.ifri.org/en/publications/etudes-de-lifri/focus-strategique/human-machine-teaming-and-future-air-operations.

[38] CANON GLOBAL. Canon Inc. establishes Canon institute for global studies and Canon foundation [EB/OL]. [2022 - 12 - 18]. https://global.canon/en/news/2008/dec01e. html.

[39] MIYAKE K. How will AI change domestic politics? [EB/OL]. [2022 - 12 - 18]. https://cigs.canon/en/article/20190129_5505.html.

[40] MIYAKE K. How will AI change international politics? [EB/OL]. [2022 - 01 - 14]. https://cigs.canon/en/article/20190123_5481.html.

[41] SCHIRMER P, LÉVEILLÉ J. AI tools for military readiness [EB/OL].(2021 - 09 - 20) [2022 - 12 - 18]. https://www.rand.org/pubs/research_reports/RRA449-1.html.

[42] ISH D, ETTINGER J, FERRIS C, et al. Evaluating the effectiveness of artificial intelligence systems in intelligence analysis [EB/OL].(2021 - 08 - 26) [2022 - 12 - 18]. https://www.rand.org/pubs/research_reports/RRA464 - 1.html.

[43] MORGAN F E, BOUDREAUX B, LOHN A J, et al. Military applications of AI raise ethical concerns [EB/OL].(2020 - 04 - 28) [2022 - 12 - 18]. https://www.rand.org/pubs/research_reports/RR3139-1.html.

[44] HUDSON. Promoting American leadership and engagement for a secure, free, and prosperous future [EB/OL].(2022 - 12 - 02) [2022 - 12 - 18]. https://www.hudson.org/about.

[45] SISSON M W. The militarization of artificial intelligence [EB/OL].(2022 - 11 - 15) [2022 - 12 - 18]. https://www.stimson.org/2020/the-militarization-of-artificial-intelligence/.

[46] IST. Artificial intelligence and international security [EB/OL]. [2022 - 01 - 14]. https://securityandtechnology.org/ist-policy-l-ab/successes/artificial-intelligence-and-international-security/.

[47] ANTEBI L. Artificial intelligence and national security in Israel[EB/OL]. [2022 - 12 - 18]. https://www.inss.org.il/publication/artificial-intelligence-and-national-security-in-israel/.

[48] DUGAS M. Cyber security project launches initiative on artificial intelligence and machine learning[EB/OL]. [2022 - 12 - 18]. https://www.belfercenter.org/publication/cyber-security-project-launches-initiative-artificial-intelligence-and-machine-learning.

[49] SCHNEIER B. The coming AI hackers [EB/OL]. [2022 - 12 - 18]. https://www.belfercenter.org/publication/coming-ai-hackers#toc-15-0-0.

[50] About us [EB/OL].(2022 - 10 - 27) [2022 - 12 - 18]. https://cset.g-eorgetown.edu/about-us/.

[51] MELTZER J P, KERRY C F. Strengthening international cooperation on artificial intelligence [EB/OL].(2022 - 03 - 09) [2022 - 12 - 18]. https://www.brookings.edu/research/strengthening-international-cooperation-on-artificial-intelligence.

[52] HASS R. US-China relations in the age of artificial intelligence [EB/OL]. (2022 - 03 - 09) [2022 - 12 - 18]. https://www.brookings.edu/research/us-china-relations-in-the-age-of-artificial-intelligence.

[53] ALLISON G，SCHMIDT E. Is China beating the U. S. to AI supremacy？［EB/OL］. ［2022－12－18］. https：//www. belfercenter. org/publication/china-beating-us-ai-supremacy♯ toc-4-0-0.

[54] CARTER W A，KINNUCAN E，ELLIOT J，et al. A national machine intelligence strategy for the United States［EB/OL］. ［2022－01－14］. https：//csis-website-prod. s3. amazonaws. com/s3fs-public/publication/180227_Carter_MachineIntelligence_Web. PDF.

[55] Technology and international affairs program：artificial intelligence［EB/OL］. ［2022－12－18］. https：//carnegieendowment. org/programs/technology/ai/.

[56] Topics［EB/OL］. ［2022－12－18］. https：//www. stiftung-nv. de/en/topics.

[57] Artificial intelligence［EB/OL］. (2022－09－07)［2022－12－18］. https：//www. stiftung-nv. de/en/project/artificial-intelligence.

[58] Artificial intelligence and foreign policy［EB/OL］. (2022－05－03)［2022－12－18］. https：//www. stiftung-nv. de/en/project/artificial-intelligence-and-foreign-policy.

[59] About us［EB/OL］. ［2022－12－18］. https：//www. kas. de/en/about-us.

[60] Framing the future of AI policy dilemmas and solutions［EB/OL］. (2020－11－28) ［2022－12－18］. https：//www. kas. de/en/events/detail/-/content/framing-the-future-of-ai.

[61] SHULL M K A，NIETO-GÓMEZ D A R，GILL A S，et al. Modern conflict and artificial intelligence［EB/OL］. ［2022－12－18］. https：//www. cigionline. org/modern-conflict-and-artificial-intelligence/.

[62] SHULL A，KING M. Introduction：how can policy makers predict the unpredictable？ ［EB/OL］. (2020－11－09)［2022－12－18］. https：//www. cigionline. org/articles/introduction-how-can-policy-makers-predict-unpredictable/.

[63] ADMIN. Who we are［EB/OL］. (2022－10－25)［2022－12－18］. https：//www. ispionline. it/en/institute.

[64] CERVINI E M L F. And off we go，Italy launches the strategic programme on artificial intelligence 2022－2024［EB/OL］. (2021－11－26)［2022－12－18］. https：//www. ispionline. it/en/publication/and-we-go-italy-launches-strategic-program-me-artificial-intelligence-2022-2024-32464.

[65] MCGANN J G. 2020 global go to think tank index report［EB/OL］. ［2022－12－18］. https：//reposito-ry. upenn. edu/think_tanks/18/.

作者简介

徐　诺　上海市科学学研究所
李　辉　上海市科学学研究所

第 15 章

半导体议题

姚　旭

半导体几乎是所有电子技术应用的基础,是电子设备的重要组成部分,推动了通信、计算、医疗、军事、交通、清洁能源和无数其他应用的进步。半导体本身指的是一种特定材料,在将少量杂质添加到纯元素的过程中使得材料的电导率发生了很大的变化,并在现在的语境下常被称为集成电路(ICs)或微芯片(microchips)、芯片[1]。半导体产业涉及的相关技术成为各国发展日益依赖的战略重点。然而,其产业链是所有行业中最全球化的,延伸范围广且非常复杂,建立在跨国分工的基础之上并变得越来越专业化。这种分工模式创造了显著的跨境相互依存关系,全球不同地区专门从事不同的生产环节。如某特定半导体产品往往在美国设计,在中国台湾制造,使用日本和德国的化学品及荷兰的设备,并在中国组装和包装。在这个复杂的产业链中,许多工艺环节是不可缺少的,但它们往往仅由少数公司掌控。在某些情况下,某一特定的产品可能由一家公司完全垄断。

先进的半导体产业是驱动各种现实与潜在变革性技术的关键,半导体产业链已成为 21 世纪地缘政治竞争的热点。芯片无处不在且至关重要,新冠疫情全球大流行从供需两端都进一步凸显了芯片的重要性。叠加国际地缘战略格局近年来的变化,半导体产业不断被推向前台,成为各国政治、经济、科技合纵连横的关键点与风向标。半导体芯片的供应短缺引发了各国智库的关注与思考,其背后更多的则是后疫情时代全球政治、经济、科技竞争新环境与新范式的重塑。

15.1　芯片短缺引发的全球性焦虑凸显半导体产业的重要性

在新冠疫情全球大流行期间,随着线上办公逐渐普及,作为所有电子产品的关键组件,芯片的需求量飙升。而疫情发生后逐渐出现的全球供应链受阻乃至中断,更是直接导致芯片短缺问题的恶化。

最显而易见的是,汽车产业受创最为严重,从发动机的计算机管理到驾驶员辅助系统,依赖芯片的汽车行业仍然是受灾最严重的行业。为了等待用于汽车的芯片交付,汽车工厂的生产线时常闲置。福特、大众和捷豹路虎等公司已经关闭部分工厂,开始裁员并削减汽车产量。据彭博社报道,由于芯片短缺,一些汽车制造商现在已经开始选择取消一些高端功能。新能源汽车由于数字化平台需求更高,受芯片短缺的影响更为严重。全球新能源汽车生产线连轴施工,但从收到订单至提车普遍都需要两个月甚至更久。2021 年芯片订单的平均等待时间延长至 18周,比此前的峰值时间长了 4 周。特斯拉在 2021 年末甚至因为芯片短缺而取消了某些车型的特定接口功能。由于半导体的稀缺,2021 年全球汽车行业的产量将比预期减少 500 万辆,而购买大型 SUV 的成本可能比此前至少高出 20%。

全球芯片短缺开始对现实世界产生重大影响。对芯片的需求继续增加,汽车制造商不再是唯一感受到压力的公司,许多公司正在增加它们的需求芯片库存以试图渡过难关,但这种挤压式的需求使得其他公司更难获得芯片。芯片供应短缺已经影响了一系列行业,如微波炉、电冰箱和洗衣机的制造商们都无法实现准时交付产品的目标。随着全球芯片短缺的严重程度持续无法得到缓解,越来越多的人将受到影响。高德纳咨询公司(Gartner)的分析师认为,普通人必然会受到某种形式的芯片短缺的影响,其中最直观的可能就是日用品价格的提升。除了全球关注的汽车行业受芯片短缺影响巨大外,家用电器也面临短缺风险。韩国科技巨头之一的三星公司表示芯片短缺正在影响电视和其他家电生产,而LG 则承认短缺是一种风险。据英国《金融时报》报道,LG 表示正在"密切关注局势,因为如果问题持续存在,任何制造商都无法摆脱问题的影响"。

但新冠疫情全球大流行并不是芯片短缺的唯一原因。早在新冠疫情全球大流行之前,半导体的供应就已经处于危险之中,而疫情只是造成现如今短缺的部分原因。彼得森国际经济研究所的研究员针对半导体芯片供应短缺问题进行了深入的研究,他们认为最大的原因之一是美国贸易政策的突然转变。2018 年特朗普政府对中国发动了贸易和科技战,影响了全球半导体供应链。特朗普政府的贸易保护与对抗政策加剧了当前的半导体短缺问题,损害了美国企业和工人的利益[2]。布鲁金斯学会的相关研究表明,造成半导体供应短缺的重要原因是缺乏准确的需求评估,而芯片供应方不敢贸然扩大生产,同时还有其他因素,例如人们对于比特币的兴趣增长以及天气寒冷等次要原因。而中美贸易战对美国的芯片需求影响不大，目前所遭受的问题也只是短期的短缺，而政府对此并没有什么好的解决办法[3]。其实造成半导体芯片严重短缺的原因很复杂，比如需求预测不佳、价格波动和缺乏顺畅的沟通。半导体市场的问题始于 2020 年对电子设备的需求突然激增，以在新冠疫情大流行期间满足民众娱乐和远程工作需求。同时，疫情全球流行对供应链产生了进一步的负面影响。紧随其后的原因是新能源汽车浪潮袭来，汽车产业更新换代，需要使用越来越多的芯片。此外，中国台湾地区的严重干旱——毕竟中国台湾地区占据全球半导体制造产能的近四分之一，而半导体代工生产制造是一个耗水量巨大的过程，易受气候环境的影响。与之类似的是，得克萨斯州异常寒冷的气温导致部分制造工厂关闭。

总结来看，半导体产品史无前例的大短缺是由于需求端、供给端变化叠加导致的。在需求端，一是新能源汽车产业近两年来的爆发导致对芯片需求猛增；二是新冠疫情推升了线上办公环境下对电子产品的需求。在供给端，一是美国对华贸易战对半导体产业供应链产生的实质与预期伤害；二是新冠疫情的出现对全球产业链、供应链的破坏肉眼可见；三是干旱等环境问题将半导体产品短缺的问题进一步放大。如何避免新冠疫情和美国科技制造业保护政策对全球半导体供应链的损害，如何更好地衔接供需两端的实际情况，如何应对半导体产业链可能遇到的其他突发情况，成为全球各智库关注的重点议题。

15.2 全球智库视角下的半导体产业发展状况

15.2.1 全球知名智库关注半导体产业发展

半导体产业及其相关的国家发展战略、产业政策变化，引发了全球智库的广泛关注。由于半导体相关议题涉及面广，从全球贸易到产业链、供应链，再到地缘政治环境变化，因此关注该议题的智库数量众多，关注角度也非常丰富。其中既有美国智库，也有欧洲和世界其他国家的智库；既有专业的科技智库，也有在世界范围内具有一定声誉的综合型智库。

例如在科技智库中，德国弗劳恩霍夫学会系统与创新研究所强调半导体芯片及其相关的各类前沿技术具有较强的应用价值和进一步挖掘的潜力；英国苏塞克斯大学科学政策研究所既关注芯片与人工智能之间的强关联，也关注芯片产业短缺等现实挑战；新美国安全中心强调美国需要在芯片的全球竞争中重新占据主动，并建立一个综合性的战略框架；加拿大国际治理创新中心关注中国未来几年的规划，认为全球范围内需要有更协调的改革范式，以解决芯片产业折射出的全球治理问题。

美国的综合性智库对半导体产业相关问题格外关注，布鲁金斯学会、国际战略研究中心、兰德公司、彼得森国际经济研究所、美国企业研究所（AEI）、卡内基国际和平基金会、大西洋理事会等，分别关注半导体短缺的成因及影响、美国半导体产业战略的得与失、中国半导体产业发展状况及美国应采取的态度。其中，不同智库间、同一智库不同团队的报告中，都存在不同程度的观点差异。例如有的观点更强调持续以意识形态介入产业链构建，有的观点则认为类似的举措最终将对美国产生更严重的损害，有的观点认为美国牵头遏制中国产业发展势在必行，更有观点认为美国在半导体产业采取单边主义最终会徒劳而返。这些不同的观点折射出半导体产业的特殊性与重要性，即半导体产业集中了全球现有的重要玩家与热门议题。

此外，在全球知名的综合性智库当中，英国皇家国际事务研究所、俄罗斯科学院世界经济和国际关系研究所、澳大利亚洛伊国际政策研究所、德国康拉德-阿登纳基金会、法国国际关系研究所、日本野村综合研究所、印度观察家研究基金会等都从不同角度观察全球半导体产业的状况与趋势应对。

15.2.2　全球智库视角下的中国半导体产业发展

半导体产业链供应链异常复杂，依赖多达 300 种不同的品类，包括原始晶圆、商品化学品、特种化学品等；所有处理和分析基于 50 种不同类型的处理和测试工具。这些工具和材料来自世界各地并经过精心设计。此外，大多数用于半导体制造的设备，例如光刻机和计量机，依赖于高度优化的复杂供应链，并整合了数百家不同的公司，提供模块、激光器、机电一体化、控制芯片、光学器件、电源等。在此背景下，中国深度融入全球半导体产业链，但也在近年来遇到各种外部挑战。

1）急速追赶但提升空间依然很大

布鲁金斯学会的报告认为，中国目前在半导体等制造技术领域还有很大的提升空间，在全球产业链上所占份额依然较小。尽管中国半导体政策成效有待长期验证，也取决于中国工程师的技术策略和执行质量，但中国半导体行业无疑将在未来 10 年变得更具竞争力。中国的"十四五"规划强调"把科技自立自强作为国家发展的战略支撑",但中国目前想做到半导体领域完全的"自给自足"在短期内不太可能实现,而美国政府对半导体技术产业的一些管控举措会对中国实现半导体方面的目标产生阻碍。当然从另一方面来说,因为中美科技产业链的融合程度较高,如果美国半导体企业面向中国的销售额持续减少且降幅不断增加,也会给美国政府带来诸多挑战[4]。

现如今半导体工厂内所呈现的状况代表着数十万人数十年的研发积累。将它们集成到单个制造链中的制造过程更是纷繁复杂,例如 EUV 光刻技术自 20 世纪 80 年代以来一直在发展,但仅在最近两年才进入批量生产。其他公司生产老一代光刻机,只能产出成本效益较低的老一代芯片。现在市场上成功的半导体公司拥有在竞争激烈的行业中、在极端技术需求下数十年盈利的经验和专业知识。这也是为什么经过 30 多年的发展和数十亿美元的研发,阿斯麦仍然会有积压的订单,且没有真正的竞争对手可以填补它们订单的空缺:EUV 光刻机确实很难制造,处于人类技术与制造能力的前沿。令人遗憾的是,中国在光刻机等相关领域的深度研发经验依然有待提升,任何开发光刻机相关技术的中国科研机构与公司都必须从头开始。这一方面的"从 0 到 1",将不得不与阿斯麦数十亿美元研发、数万名员工、数十年积累的经验展开竞争。尽管中国已经在科技制造方面进行了巨额投资,但在先进技术领域依然还是对国外技术有需求,尤其是半导体领域。所以虽然中国目前投入了巨大的努力,但依然还有很大的提升空间,其中的原因主要源于相关经验与技术的缺乏。

2)中国半导体产业发展外部压力犹存

布鲁金斯学会的一份报告,将技术与意识形态结合,认为光刻机是一项技术奇迹,而美国、荷兰和日本应该对生产先进芯片所需的制造设备(尤其是 EUV 光刻机)实施严格的多边出口控制。布鲁金斯学会的报告认为,半导体产业的核心技术掌握在西方国家的手中可以更好地促进自身的繁荣与进步,但应该只狭义地针对特定的终端用户和终端用途,从而允许绝大多数中国用户进口芯片用于商业用途[5]。

国际战略研究中心和美国企业研究所一些带有攻击性的报告认为,中国供应商提供的无线网络在西方国家很少被采用,西方国家对于在本国部署中国企业的 5G 网络设置了诸多障碍。但在发展中国家,中国供应商还在稳步迈进。美国的技术公司并不是没有优势,开放无线接入网络(Open RAN)可能会使竞争环境向有利于美国的方向倾斜,因为美国的公司是 Open RAN 所依赖的专业软件和半导体的领先供应商[6]。中国政府希望拥有全球各地(尤其是美国)的各种技术,例如人工智能技术、军事技术和先进的航空电子设备、能源供应方案等。西方国家普遍认为必须"做点什么",但对于"必须做什么"几乎没有达成共识。因此,西方国家需要一个建立组织防御力量的执行计划[7]。

针对一些美国智库的激进观点,其他国家的智库提出反对意见。俄罗斯科学院世界经济和国际关系研究所的专家在不同的报告中都提出,美国非常警惕中国在科技领域的飞速进展,害怕其全球科技领导者的地位被中国取代。美国想要动用一切可能的手段阻止中国在科技领域的进步,美国也在持续指责中国的知识产权问题、对中国企业进行制裁,并且希望联合盟友以达到目的。但是美国的这些举措可能效果不大,而且违背了世贸组织的规则,并使中国加大对科技发展的投入[8]。特朗普执政时期,美国全面升级同中国的贸易冲突、限制中国科技公司发展,并扩大维护美国安全的边界。因此,美国一方面制裁华为和中芯国际等中国大陆科技制造企业,同时和中国台湾地区的技术联系愈发紧密。美国这样的孤立主义会适得其反,会激起大量反对的声音[9]。美国若想要与中国脱钩、实行贸易保护主义,只会削弱美国的全球技术领导力,对美国企业造成致命打击;同时会让中国加大对高科技领域的投入。因此拜登政府选择在保护美国利益的情况下有限竞争和合作,同时为中国公司获取美国技术设置障碍[10]。

3)重点企业与重点技术受到特别关注

自2020年以来,华为等中国企业不断被卷入全球科技制造产业链的风波当中,一直受到美国和西方一些国家的制裁。美国切断了华为获取半导体产品与技术的渠道;美国及其盟国处于半导体产业链顶端,凭借其无处不在的技术能力试图在全球范围内限制向中国提供先进半导体技术。美国企业研究所认为,美国击中了中国的一个不对称弱点:尽管中国已经进行了大规模投资,但现阶段中国重点企业仍然无法完全凭借国内现有产业链和供应链生产尖端半导体产品。这一切表明美国已开始将发动"技术冷战"所必需的单边胁迫和多边建设融合在一起。中国企业受到美国的重点限制,也强调了一个事实,即美国现有战略需要和中国赛跑,因为中国并没有"认输",而是正在不断加大自主创新的力度,希望到2030年成为先进半导体领域的全球领导者[11]。彼得森国际经济研究所认为限制华为可能会产生更多负面作用。美国认为通过在2019年和2020年实施的全套出口管制,切断华为对半导体领域的更深度介入足以保护美国的国家安全。然而,这一事件造成的极端附带损害要求美国的政策制定者找到一种新方法来确保半导体供应链的弹性。与此相对应的是,世界各国都认为 5G 技术会导致世界格局的革命性变化,发展 5G 至关重要。但英国皇家国际事务研究所强调西方国家制裁华为,禁止其准入本国市场,并不能保障西方国家在 5G 竞争中取得胜利。西方国家需要统筹不同领域的科研协作,与各国盟友配合才能在与中国的科技竞争中领先[12]。

事实上,全球多数智库的有识之士亦不赞同美国的科技保护主义做法,即使是美国的智库也认为粗暴的中美科技脱钩有很大的弊端。大西洋理事会的报告就认为,美国将中芯国际纳入实体清单,干扰了全球的芯片供应链。目前美国采取脱钩的方式保护本国芯片供应是短视的,只会徒增美国企业的负担[13]。

15.2.3　全球智库视角下的美国半导体产业发展

1) 美国在强化对主要竞争者的压力

在美国应该如何发展半导体产业的问题上,美国企业研究所的态度较为激进,认为台积电目前占全球半导体制造业市场份额的一半以上,在先进芯片领域的地位更强。美国联邦政府应该寻求半导体产业链回流美国,为台积电在美国建造一家或多家制造厂的计划提供联邦补贴,以防止中国台湾地区供应链出现问题。但仍有一系列问题等待解决,例如具体该投资多少、是否允许其他公司建造、国防部是否需要单独的晶圆厂以及对台海局势的潜在影响等[14]。美国企业研究所的另一份报告提出了针对性的建议,以遏制中国进一步介入半导体产业链:一是获得补贴的公司不能同时在海外竞争项目上投入更多资金;二是美国政府应该公开记录企业在外国半导体行业的投资;三是不应允许中国参与补贴供应链;四是公司应该提交计划,这些计划能够随着时间的推移增加其产业链的安全性[15]。截至 2020 年初,由于在先进半导体领域的优势,美国在人工智能技术发展方面也处于适度领先地位。但兰德公司的报告认为,与美国相比,中国在大数据领域具有优势,只是中国在数据量方面的优势可能不足以战胜美国在半导体方面的优势[16]。国际战略研究中心认为美国应该继续向中国出口半导体产品,但不让中国有战略优势[17]。同时,美国需要在与中国接触的同时,采取措施加强美国半导体行业的发展,在短期内,政策应该集中于遏制中国在半导体设计和制造技术方面的投资[18]。

2) 美国不能单独行事

经历了近年来针对中国部分公司的出口管制后,各智库均认为美国及其合作伙伴需要达成一致的政策共识。广泛、单边和域外的美国出口管制不是保护国家安全的长期可行战略。彼德森经济研究所的报告认为,美国的合作伙伴不会容忍它太久,因为欧洲的民选领导人将面临巨大的国内阻力,尤其是听命于美国的同时还要被美国强加巨额的商业成本。例如,欧洲公司此前就指责美国设计出口管制的目的不是应对任何国家安全威胁,而更多的是让美国公司受益。美国的域外控制也不会长久奏效,因为外国半导体制造商将寻求用替代供应商的设备替换美国设备,中国供应商自然会被纳入考虑中。拜登政府希望让美国半导体市场不再依赖于亚洲生产商的供给,但这不代表美国需要更多的芯片工厂,美国更需要通过外交手段同盟友合作,发挥各自优势,提振半导体供应链[19]。英国皇家国际事务研究所的研究人员认为,美国重新融入亚太地区贸易的政策需要基于三个支柱,其中一个支柱便是提振包括芯片半导体在内的重要供应链[20]。类似的观点在澳大利亚智库洛伊国际政策研究所的报告中也有体现。该报告认为,拜登政府会延续此前限制对华半导体出口的政策,但会更具针对性地减少美国高通、博通等企业的损失,同时还可能会依托美日印澳四边安全对话和七国集团等多边机制发展半导体联盟[21]。为了缓解供应链压力,这些国家应该共同为半导体供应链沿线的盟国公司的研发提供资金。研发联盟如果集中资源进行芯片技术研究并开展技术共享,就能避免联盟内的公司"重复发明轮子"。

3) 美国不应始终贯彻保护主义

大西洋理事会的报告认为,芯片和半导体生产需要复杂的全球合作,拜登政府不应将保护主义作为解决半导体供应链问题的答案。一段时间以来,推动"重新支持"半导体制造的势头一直在增强,游说台积电在亚利桑那州建造一座耗资120亿美元的晶圆厂就是其中的重要一步。波士顿咨询集团估计,美国40%~70%的半导体成本劣势是由于未能与新加坡、韩国和中国台湾地区提供的激励措施相匹配。尽管如此,从长远来看,与上述国家和地区乃至中国大陆地区进行一场资金投入的战争是不可行的[22]。

彼得森国际经济研究所的报告指出,如果回溯美国的政策,会发现特朗普时期美国对复杂的供应链采取了笨拙的方法。现代半导体制造是一个碎片化的过程,甚至美国公司开发的芯片也往往不是美国制造的。美国两大科技公司高通和英伟达是世界领先的半导体公司,但它们经常将这些芯片的生产外包给外国公司,尤其是全球最大的芯片代工制造商台积电。由于美国法律旨在阻止芯片出口,特朗普政府于2019年推出的出口管制措施对在国外制造的芯片无济于事,削弱了该政策的有效性。仅由美国实施的出口管制注定会失败。非美国公司也生产优质的芯片,并允许华为将其 5G 设备中使用的美国半导体换成来自日本、韩国、中国台湾地区或欧洲的半导体。该政策是双输的:它最终损害了美国公司的利益,出口管制不仅未能减轻美国国家安全威胁,还阻碍了芯片制造商在美国的投资。美国对中国技术转让的限制只会加速其他外国公司的增长,半导体领域也是一样,对中国过于广泛的限制给美国带来的损害,总体而言要大于中国所遭受的损害。美国生产商最终面临贸易限制,除了美国之外,没有其他国家适用。这些出口管制产生了严重的副作用,对于台积电、三星或任何其他准备投资数亿美元购买美国公司生产的新型芯片制造工具的公司来说,东京电子或荷兰的阿斯麦等其他设备制造商突然变得更具吸引力了。半导体产业协会最近的一项研究报告中提示,与中国产业裂痕的扩大甚至完全脱钩将导致美国芯片公司的全球市场份额下降 8%～18%,从而导致美国研发和其他资本支出大幅削减,以及多达 124 000 个美国工作岗位流失,最终导致美国在该行业的全球领导地位下降。因此,允许美国半导体公司进入中国市场,对于确保美国竞争力至关重要[23]。

15.2.4 全球智库视角下的其他重点国家和地区半导体产业发展

欧盟及欧洲国家均希望在新一轮半导体供应链架构重建中占据更重要的战略位置,并认为欧洲需要在中美之间保持自主性,不希望"选边站"。欧洲的芯片产量在全球芯片产量的占比中不到 10%,尽管这比 5 年前的 6% 有所上升,但它们希望将这一数字提高到 20%,并正在探索投资 20 亿～300 亿欧元(24 亿～360 亿美元)来实现这一目标。欧盟委员会表示希望在欧洲加强芯片制造能力。美国科技巨头英特尔已提出将提供帮助,但它希望能获得 80 亿欧元的公共补贴用于在欧洲建造半导体工厂。英特尔首席执行官帕特·盖尔辛格(Pat Gelsinger)于 2021 年 4 月底在布鲁塞尔会见了包括蒂埃里·布雷顿(Thierry Breton)在内的欧盟官员。盖尔辛格在接受采访时说:"我们希望美国和欧洲政府让我们在这里做这件事,这比在亚洲更具竞争力。"英特尔还在 2021 年 3 月宣布,打算斥资 200 亿美元在亚利桑那州新建 2 家芯片工厂。

英国皇家国际事务研究所的研究员认为,疫情下的全球供应链是对所有政府的一次考验,美国和欧洲都希望在本土恢复半导体生产力,为本国生产商提供补贴。但这会扰乱市场,且可能适得其反[24]。美国企业研究所的报告认为,欧洲有计划到2030年建成先进的2纳米制程的半导体工厂,届时将供应世界芯片产量的20%。这也面临不少挑战:首先,虽然欧洲有一些有实力的半导体元件和制造公司,但它们的技术进步无法与台积电、三星、英特尔("三巨头")等行业巨头相媲美。其次,"三巨头"之一的台积电董事长称,由于缺乏优质的高价值客户(如苹果公司这样的科技巨头)和供应链上的缺口,欧盟的计划也许"在经济上不现实"。三星公司也有类似的疑虑,而英特尔的首席执行官盖尔辛格对欧盟的计划更加乐观。最后,将资源集中在先进制程的芯片制造上,对于欧洲而言有很大的技术和政治方面的压力。美国企业研究所的报告针对这些挑战形成了以下建议:欧盟应该听取专家的建议,优先增加对先进芯片设计的资助;但在制造方面,与其追求昂贵的先进芯片工厂,不如专注于中低端芯片[25]。

德国康拉德-阿登纳基金会的研究报告认为,全球供应链竞争显著体现了中美的权力竞争,德国应考虑供应链多元化,可以在印太地区加强同日本的供应链合作,保持德国在半导体领域的技术领先地位,维持本国供应链安全[26]。法国国际关系研究所提出的观点则更加明确,认为欧洲应在小于10纳米制程的半导体技术,以及针对人工智能等特定领域的半导体技术研发制造等方面保持战略自主性[27]。

日本及中国台湾地区也在各国智库的研究视野当中。随着中国和美国之间的科技竞争持续进行,日本在全球半导体产业链当中也表现出重要的作用,而中国台湾地区以台积电为代表的半导体制造实力持续领先。据LatePost消息,台积电披露了2021年最后一个月的营收报告,实现营收56亿美元,这也帮助其实现连续6个季度营收创新高。同时,台积电2021年全年累计营收约为574亿美元,同比增长18.5%,也创了历史新高。此外,2022年刚开始,台积电已经收到了超过346.35亿元人民币的预付款。AMD、苹果、英伟达、高通等数十家客户已提前锁定台积电2022年全年的产能[28]。卡内基国际和平基金会的多份报告关注日本及中国台湾地区在全球半导体产业链当中的角色。中国的经济腾飞、科技进步以及产业政策推动下的产业发展模式,与各国加强半导体领域的投资同步,使各国都担忧失去进一步发展半导体产业的先机。为此,美国和日本需要协同好经济全球化和本国科技主义之间的冲突,改善原先程度较低的合作,发展半导体等重要科技合作[29]。此外,卡内基国际和平基金会的报告也认为,从中国台湾地区的角度来看,其半导体产业竞争优势正在衰退,半导体产能逐步转移至中国大陆地区。中国台湾地区在政策支持、改善芯片等科技产业的营商环境等方面,正在被中国大陆地区急速赶超[30]。卡内基国际和平基金会的一份报告认为,疫情、地缘政治、经济结构转型带来了全球供应链危机,中国台湾地区要想在未来全球供应链中取得先机,需要利用好其半导体产业现有的制造优势,增加投入并营造良好的营商环境[31]。

15.3　全球半导体产业良性发展的建议

针对全球半导体产业发展的未来路径,全球智库从技术和战略等多种层面,为各国半导体产业的发展提出了很多建议,其中有些良性共识可供参考。

15.3.1　强化在关键技术研发、基础科学研究和人才培养领域的投资

世界各国和地区都有在关键技术研发、基础科学研究和人才培养领域加强投资的趋势。《美国创新与竞争法案》,即为人熟知的《无尽前沿法案》若最后出台,将授权美国政府在未来 5 年内投入千亿级美元规模的资金从总体上增强美国的科技实力,更是可以划拨数目可观的费用用于美国半导体产业发展。以 2022 年 2 月众议院通过的版本为例,半导体领域占据资金最多,520 亿美元将以资助和补贴的形式支持半导体产业发展,包括 390 亿美元的生产和研发激励,以及 105 亿美元的项目计划,其中包括国家半导体技术中心、国家先进封装制造计划和其他研发计划。同样在 2022 年 2 月,欧盟《芯片法案》颁布,计划投入超过 430 亿欧元的资金以提振欧洲芯片产业,其中 110 亿欧元用于加强现有的研究、开发和创新,以确保部署先进的半导体工具以及用于原型设计、测试的试验生产线等。因此,未来将再度出现大规模、新一轮的半导体产业资金支持,其中关键技术研发、基础科学研究和人才培养将成为各国半导体产业发展的关键资源投入方向。

15.3.2　更好地协调半导体产业供需关系

半导体产品的短缺在一定程度上源于恐慌性购买与囤积,大规模的恐慌性购买反过来会进一步加速芯片短缺的状况,形成恶性循环。这样的情形多是由供需双方的信息不对称造成的,即需求侧不了解供给侧的产能,供给侧不了解需求侧的真实需求。一方面,通过信息互通与共享、遏制芯片短缺引发的恐慌性购买和囤积,供应商可以更准确地计算买家的实际需求,并限制超出供应能力的出

货量,在区域乃至全球范围内形成半导体产品的供需平衡。另一方面,协调半导体产业供需关系,需要政府间、企业间多层关系的互相推动与促进,中美欧等各方需更多体现产业协调过程中的领导力。

15.3.3 持续强化半导体产业国际合作

培育符合所有人利益诉求的半导体产业的最佳方式依然是加强国际合作。半导体产业链条长、组成复杂,美国自特朗普时期形成的科技制造封锁政策实际上是典型的零和博弈。不同国家与地区在半导体产业链上有不同的比较优势,新冠疫情又对全球产业链、供应链造成巨大打击。在这样的新局面下,世界各国尤其是美国需要正视以半导体为代表的科技产业全球化联动的现实,尊重科技发展的基础和趋势,共同解决半导体产业及其他科技产业发展过程中遇到的共通性问题。半导体产业是真正的全球性产业,进入全球市场对于各国半导体公司维持高水平的研发投资和其他资本支出至关重要。同时,半导体行业是世界上研发和资本最密集的行业,需要巨大的市场规模使这些投资可以不断维持下去。因此,只有持续强化半导体产业的国际合作,才可以在发展中解决现阶段的问题。

15.3.4 美欧应避免过度的半导体产业本土化和产业回流

当基于透明的国际贸易规则和公平的竞争环境时,激烈的竞争使全球芯片产业变得更强大、更有活力、更富有创新能力。现在这一全球性行业已经日渐建立起统一规则,但竞争确实也已经日趋激烈。各国在发展半导体产业的过程中,还会格外关注半导体产业链的脆弱性问题。美欧已经开始进行各种尝试以缓解半导体芯片供应链的脆弱性问题。在美国,白宫发布行政命令促进国内半导体制造业发展;在欧洲,欧盟成员国签署的联合声明承诺在芯片方面增强欧盟的自给自足能力,加强欧洲开发下一代处理器和半导体的能力。然而,仅仅关注半导体产业回流,会低估建立一个新的芯片代工厂的复杂性,昂贵和费时只是一方面,半导体产业链的全球化趋势是不可避免的,疫情全球蔓延时有限的资源不应无序浪费。台积电在美国亚利桑那州建立5纳米晶圆厂的曲折过程就是一个典型案例,即使以后顺利投产,业界也担忧因美国工人的工作习惯问题会导致人工成本大幅上升,生产效率和利润率也将大打折扣。因此,过度的半导体产业本土化与回流并非解决问题的良药。

参考文献

［１］ SEMICONDUCTOR INDUSTRY ASSOCIATION. Semiconductors are the brains of modern electronics ［EB/OL］. ［2022 － 04 － 21］. https：//www. semiconductors. org/ semiconductors-101/what-is-a-semiconductor/.

［２］ BOWN C. The missing chips：how to protect the semiconductor supply chain ［EB/OL］. （2021 － 07 － 06）［2021 － 11 － 19］. https：//www. foreignaffairs. com/articles/2021-07-06/ missing-chips.

［３］ CLARK D，DOLLAR D. What's behind the semiconductor shortage and how long could it last? ［EB/OL］. （2021 － 05 － 24）［2021 － 11 － 19］. https：//www. brookings. edu/wp-content/uploads/2021/05/DollarAndSense_Transcript_Whats-behind-the-semiconductor-shortage-and-how-long-could-it-last. pdf.

［４］ THOMAS C. Lagging but motivated：the state of China's semiconductor industry ［EB/ OL］. （2021 － 11 － 07）［2021 － 11 － 19］. https：//www. brookings. edu/techstream/ lagging-but-motivated-the-state-of-chinas-semiconductor-industry/.

［５］ FLYNN C. The chip-making machine at the center of Chinese dual-use concerns ［EB/ OL］. （2020 － 06 － 30）［2021 － 11 － 19］. https：//www. brookings. edu/techstream/the-chip-making-machine-at-the-center-of-chinese-dual-use-concerns/.

［６］ HILLMAN J. Techno-authoritarianism：platform for repression in China and abroad ［EB/OL］. （2021 － 11 － 17）［2021 － 11 － 19］. https：//www. csis. org/analysis/techno-authoritarianism-platform-repression-china-and-abroad.

［７］ PLETKA D. What are the Chinese after? Everything ［EB/OL］. ［2021 － 11 － 19］. https：// www. aei. org/op-eds/what-are-the-chinese-after-everything/.

［８］ ДМИТРИЕВ С С. Администрация Трампа ищет возможности затормозить развитие инноваций в Китае ［EB/OL］. （2018 － 06 － 15）［2021 － 12 － 30］. https：//www. imemo. ru/news/events/text/administratsiya-trampa-ishtet-vozmozhnosti-zatormozity-razvitie-innovatsiy-v-kitae.

［９］ ДМИТРИЕВ С С. «Технологическая война» с Китаем － Трамп угрожает разорвать глобальные цепочки поставок ［EB/OL］. （2020 － 05 － 25）［2021 － 12 － 30］. https：//www. imemo. ru/ news/events/text/tehnologicheskaya-voyna-s-kitaem-tramp-ugrozhaet-razorvaty-globalynie-tsepochki-postavok.

［10］ ДМИТРИЕВ С С.США － Китай：в поисках баланса между "разъединением" и "открытостью к переменам" ［EB/OL］. （2021 － 09 － 03）［2021 － 12 － 30］. https：//www. imemo. ru/ news/events/text/sshakitay-v-poiskah-balansa-mezhdu-razaedineniem-i-otkritostyyu-k-peremenam.

［11］ BRANDS H. Huawei's decline shows why China will struggle to dominate ［EB/OL］. （2021 － 09 － 19）［2021 － 12 － 30］. https：//www. aei. org/op-eds/huaweis-decline-shows-why-china-will-struggle-to-dominate/.

[12] YIE Y. The UK's Huawei decision：why the west is losing the tech race [EB/OL].
(2020 - 07 - 17) [2021 - 12 - 30]. https：//www. chathamhouse. org/2020/07/uks-
huawei-decision-why-west-losing-tech-race.

[13] MARK J. The illusion of decoupling the semiconductor industry：latest US restrictions
on China short-sighted [EB/OL]. (2020 - 09 - 28) [2021 - 12 - 30]. https：//www.
atlanticcouncil. org/blogs/new-atlanticist/the-illusion-of-decoupling-the-semiconductor-
industry-latest-us-restrictions-on-china-short-sighted/.

[14] BARFIELD C. Semiconductor industrial policy：lessons from the past and present [EB/
OL]. (2020 - 06 - 26) [2021 - 12 - 30]. https：//www. aei. org/technology-and-innovation/
semiconductor-industrial-policy-lessons-from-the-past-and-present/.

[15] SCISSORS D. Semiconductor subsidies，but not chip charity [EB/OL]. (2021 - 04 - 01)
[2021 - 12 - 30]. https：//www. aei. org/foreign-and-defense-policy/semiconductor-
subsidies-but-not-chip-charity/.

[16] WALTZMAN R. Maintaining the competitive advantage in artificial intelligence and
machine learning [EB/OL]. (2020 - 07 - 08) [2021 - 11 - 19]. https：//www. rand. org/
pubs/research_reports/RRA200-1.html

[17] LEWIS J. Managing semiconductor exports to China [EB/OL]. (2020 - 05 - 05) [2021 -
11 - 19]. https：//www.csis.org/analysis/managing-semiconductor-exports-china.

[18] LEWIS J. China's pursuit of semiconductor independence [EB/OL]. (2019 - 02 - 27)
[2021 - 11 - 19]. https：//www.csis.org/analysis/chinas-pursuit-semiconductor-independence.

[19] MARK J. Supply chains and semiconductors：the need for US diplomacy [EB/OL].
(2021 - 03 - 29) [2021 - 12 - 30]. https：//www.atlanticcouncil.org/blogs/supply-chains-
and-semiconductors-the-need-for-u-s-diplomacy/.

[20] PETSINGER M. Three pillars for a US trade strategy in Asia-Pacific [EB/OL]. (2021 -
03 - 10) [2021 - 12 - 30]. https：//www. chathamhouse. org/2021/03/three-pillars-us-
trade-strategy-asia-pacific.

[21] HE T. When the chips are down：Biden's semiconductor war [EB/OL]. (2021 - 07 - 27)
[2021 - 12 - 30]. https：//www. lowyinstitute. org/the-interpreter/when-chips-are-down-
biden-s-semiconductor-war.

[22] BUSCH M. Busch in The Hill：protectionism isn't the answer to securing the US
semiconductor supply chain [EB/OL]. (2021 - 03 - 07) [2021 - 12 - 30]. https：//
thehill. com/opinion/international/541962-protectionism-isnt-the-answer-to-securing-the-
us-semiconductor-supply.

[23] SEMICONDUCTOR INDUSTRY ASSOCIATION. Taking stock of China's semiconductor
industry [EB/OL]. (2021 - 07 - 13) [2021 - 12 - 31]. https：//www. semiconductors.
org/taking-stock-of-chinas-semiconductor-industry/

[24] PETSINGER M. National self-sufficiency or globalization is not a binary choice [EB/
OL]. (2020 - 06 - 29) [2021 - 12 - 30]. https：//www. chathamhouse. org/2020/06/
national-self-sufficiency-or-globalization-not-binary-choice.

[25] BARFIELD C. Europe's semiconductor challenges: "too big, too bold" or "too little, too late"? [EB/OL]. (2021 - 05 - 28) [2021 - 12 - 30]. https://www.aei.org/technology-and-innovation/europes-semiconductor-challenges-too-big-too-bold-or-too-little-too-late/.

[26] DUA D. Germany and the Indo-Pacific: the resilience of supply chains [EB/OL]. (2021 - 09 - 29) [2021 - 12 - 30]. https://www.kas.de/en/single-title/-/content/germany-and-the-indo-pacific-the-resilience-of-supply-chains-1.

[27] MARTIN E, et al. Technology strategies in China and the United States, and the challenges for European companies [EB/OL]. (2020 - 10 - 01) [2021 - 12 - 30]. https://www.ifri.org/en/publications/etudes-de-lifri/technology-strategies-china-and-united-states-and-challenges-european.

[28] 张梓清. 台积电营收连续六个季度创历史新高 [EB/OL]. (2022 - 01 - 10) [2022 - 01 - 14]. https://mp.weixin.qq.com/s/enc1UoGPlus-UySI08rUAQ.

[29] SCHOFF J. U.S.-Japan technology policy coordination: balancing technonationalism with a globalized world [EB/OL]. (2020 - 06 - 19) [2021 - 12 - 30]. https://carnegieendowment.org/2020/06/29/u.s.-japan-technology-policy-coordination-balancing-technonationalism-with-globalized-world-pub-82176.

[30] FEIGENBAUM E. Assuring Taiwan's innovation future [EB/OL]. (2020 - 01 - 09) [2021 - 12 - 30]. https://carnegieendowment.org/2020/01/29/assuring-taiwan-s-innovation-future-pub-80920.

[31] FEIGENBAUM E, NELSON M. Taiwan's opportunities in emerging industry supply chains [EB/OL]. (2021 - 11 - 24) [2021 - 12 - 30]. https://carnegieendowment.org/2021/11/24/taiwan-s-opportunities-in-emerging-industry-supply-chains-pub-85850.

姚　旭　复旦大学发展研究院

第 16 章

生物医药议题

王小理　王　尼

　　研判生物科技走势及其对经济发展、国家安全发展、国际安全格局的潜在影响及可能的应对之策，具有极大的战略价值，需要极大的战略智慧，因而它成为国际有关科技创新智库的重大研究议题。本章就国际上 32 家智库在生物医药领域的代表性成果进行了系统分析，其议题主要聚焦在 5 大方向 13 个子议题上。围绕生物医药科技领域，国际科技创新智库的组织形态更加多元，时代感更加鲜明，议题更加贴近现实需求，思想引领和决策影响更加广泛，立场鲜明，更加善于战略运筹，基本体现了相关智库对战略方向基本盘的把握能力，高超的理论、政策、方法融汇能力。

16.1　发展生物医药科技产业是大国共识和智库重要议题

　　近年来，生物科技延续高速发展态势，科技政策和科研成果亮点纷呈，在引领未来经济社会发展中扮演着越来越重要的角色。经济合作与发展组织 2017 年的统计数字表明，全球共计有超过 50 个国家和地区发布了国策性质的生物经济相关政策。同时，生物技术的社会效应正在显现，伦理、法律和环境问题越发突出，生物技术的两用性、生物恐怖、生物武器、生物战争的阴影浮现。

　　生物医药科技与产业也是西方智库的重要新兴议题。基于对美国、欧洲、日本等国家和地区的智库或具有一定政策支撑、政策游说功能的行业组织（科技界联盟）的思想成果的简要分析（见表 16-1），总体来看，其主要议题聚焦在五大方向上：生物科技发展态势与竞争格局、生命科技预见与前瞻、抢抓新一轮生物科技和产业变革机遇、生物科技与军事国防和国家安全、生物科技治理。

表 16‐1 全球智库生物医药科技领域议题扫描

序号	智库名称	智 库 报 告	年份	核 心 观 点
1	《新科学家》杂志	《2076 年的世界》	2016	合成生命技术有望实现人造生命
2	德国生物经济委员会	《生物经济研究战略 2030》	2016	建立国家生物经济平台
3	美国国家情报委员会 (NIC)	《全球趋势 2035——进步的悖论》	2017	生物技术的发展速度甚至超过信息技术
4	麻省理工学院(MIT) 华盛顿办公室	《被延期的未来 2.0：基础研究投资减少会使美国陷入创新赤字》	2017	增加基础研究投资，确保美国的领导地位
5	英国医药制造产业联盟	《英国药物制造愿景：制定技术创新路线图提高英国制药业水平》	2017	抓住先进疗法及复杂药物制造的发展机遇
6	德国国家科学与工程院	《通过医学技术迈向个体化医疗》	2017	发展个体化医疗的关键技术
7	美国国家科学院	《美国国家航空航天局(NASA)生命和物理科学研究十年调查执行情况中期评估》	2017	遴选出今后应重点关注的动生物学高优先级研发主题
8	美国国家科学院	《为未来生物技术产品做好准备》	2017	生物技术产品的安全利用需要严谨、具有预测性及透明的风险分析
9	欧洲科学院科学咨询理事会(EASAC)	《欧盟基因编辑的科学机遇、公众利益和政策选择》	2017	必须确保监管基于科学证据，综合考虑可能的收益与风险，并对未来科学进步保持足够的灵活性
10	二十国集团国家科学院联盟	《改善全球卫生：与传染性和非传染性疾病斗争的策略及措施》	2017	首次向 G20 峰会建言献策
11	美国国家科学技术委员会先进制造分委员会	《美国先进制造业领导力战略》	2018	低成本分布式制造、连续制造、组织与器官的生物制造

序号	智库名称	智库报告	年份	核心观点
12	半导体合成生物技术联盟	《半导体合成生物学技术路线图》	2018	5 个技术领域技术目标
13	约翰斯·霍普金斯大学健康安全中心	《应对全球灾难性生物风险的技术》	2018	应对全球灾难性生物风险的 5 大类 15 种技术
14	日本科技振兴机构	《研究开发俯瞰报告 2017》	2019	提出生物医学技术发展趋势
15	信息技术与创新基金会（ITIF）	《中国生物制药战略：对美国产业竞争力的挑战或补充？》	2019	中美生物制药产业竞争分析和 11 项建议
16	国际战略研究中心（CSIS）	《美国国防部在卫生安全中的作用》	2019	将卫生安全列为国防部优先事项等
17	约翰斯·霍普金斯大学应用物理实验室	《两个世界、两种生物经济：中美贸易和技术转让脱钩的影响》	2020	中美生物医药领域科技脱钩的可行性
18	麦肯锡全球研究院（MGI）	《生物革命：创新改变经济、社会和人们的生活》	2020	生物科学的进步及其应用对经济社会的影响
19	美国国家科学院	《护航生物经济》	2020	美国生物经济面临的相关风险和应对战略
20	北约科技组织	《2020—2040 科技发展趋势：探索科技前沿》	2020	预计生物科技和人类增强技术将对军事领域带来显著影响
21	工程生物学研究联盟（EBRC）	《工程生物学赋能国防应用：技术路线图》	2020	分析工程生物学在美军的应用需求
22	斯科尔科沃科学技术研究所	《人类脑资源恢复和扩展技术》	2020	俄罗斯神经科技发展和市场转化面临障碍
23	日本科技振兴机构研究开发战略中心（CRDS）	《建设传染病防治强国、构建传染病研究平台提议》	2020	未来应重点发展的 4 类项目

续　表

序号	智库名称	智库报告	年份	核心观点
24	约翰斯·霍普金斯大学卫生安全中心	《基因驱动：寻求机遇，实现风险最小化》	2020	政府应要求基因驱动在部署前进行个性化风险/收益评估等建议
25	欧洲科学院和人文学院联合会（ALLEA）	《基因组编辑促进作物改良》	2020	呼吁欧盟取消对转基因作物的限制
26	美国国家情报委员会（NIC）	《全球趋势2040——竞争更激烈的世界》	2021	生物技术可能影响全球20%的经济活动
27	日本经济产业省产业结构委员会生物产业小组委员会	《生物技术将培育第五次工业革命》	2021	提出引入机器人和自动化以提高生产率、构建全球生物共同体等6类建议
28	兰德公司	《塑造2040年战场的创新科技》	2021	生物技术在2040年前后催生新质作战能力
29	米特尔公司	《合成生物武器即将到来》（文章）	2021	合成生物学发展将创造出下一代生物武器
30	布鲁金斯学会	《"4+1"：生物、核、气候、数字和内部威胁》	2021	美国应把重点放在21世纪的共同和潜在灾难性危险上
31	降低核威胁倡议组织（NTI）	《预防下一次全球生物灾难》	2021	美国应支持并资助新的全球平台和能力等
32	国际战略研究中心（CSIS）	《新冠肺炎在加强国防部全球卫生安全能力方面带给我们的启示》	2021	启动军民卫生安全合作计划等
33	二十国集团国家科学院联盟	《大流行传染病预防与科学的作用》	2021	建立全球流行病监测网络以及药物、疫苗和医疗用品的分布式生产
34	战略风险委员会	《美国对抗生物威胁的资金愿景》	2021	每年向国防部及卫生和公共服务部投资100亿美元,持续投资10年
35	德勤	《2021年全球生命科学行业展望：让可能成为现实,保持发展势头》	2021	全球生命科学行业加速实施的可沿用、可重塑和可改进的变革

16.2 智库对生物医药科技议题的主要观点

16.2.1 生物科技发展态势与竞争格局

国际智库比较注重微观科技创新思想策源和宏观的科技战略谋划,对应细分为生物医学科技发展趋势、国际竞合态势两大主题。

1)生物医学科技发展趋势

日本科技振兴机构研究开发战略中心认为,当前国际生物医学技术发展的趋势是：① 精密化和细微化。对生命现象从时间和空间维度,开展精细化的观测、自主灵活的操作和高精度的预测。② 多样化和复杂化。以老鼠等微小动物以外的生物为对象,对复杂生命进行解析的研究方法。③ 综合化和系统化。综合各类大数据,对生命现象和规律进行分析和预测[1]。

2)国际竞合态势

2019 年 8 月,美国信息技术与创新基金会发布《中国生物制药战略：对美国产业竞争力的挑战或补充?》报告[2],剖析了中国和美国生物制药产业的竞争地位、中国生物制药战略及在其他技术行业的"创新重商主义"政策,并就生物制药创新提出系列政策建议：① 目前,美国生物制药行业仍在全球范围内保持着相当大的竞争优势。然而,中国正在采取一系列措施推动本国生物制药业的发展,或在未来 10~20 年内赶超美国。该报告认为,美国生物制药行业或将失去重要的市场份额和就业机会,美国经济和劳动力市场及生物制药创新将受到严重损害。② 美国国会和政府现在就要考虑采取行动,以确保美国未来 20 年内在生物制药业的领先地位(见专栏 1)。信息技术与创新基金会的另一份研究报告还进一步认为,中国正努力成为生物制药领域的全球领导者。[3]

专栏 1 ～～～～～～～～～～～～～～～～～～～～～～～～～～～～～～～～

**信息技术与创新基金会报告《中国生物制药战略：
对美国产业竞争力的挑战或补充?》建议要点**

为维护美国生物医药产业的竞争优势,信息技术与创新基金会建议如下：

（1）扩大《外商投资与国家安全法案》审查范围，阻止中国人收购或投资美国药品研发或生产公司。

（2）美中贸易谈判应包括生物制药问题，如强制技术转让、知识产权问题、数据传输限制、垄断问题以及市场准入条件等。

（3）美国国立卫生研究院应继续开展监督工作，防止受美国资助而研发的知识和技术不恰当地转移到中国，并密切监视中国资助或与中国合作的美国研究工作，尤其要限制对中国可发展商业优势领域的支持。

（4）国会应确保食品药品管理局有足够资金来有效检查中国国内用于美国消费的药物和 API 的生产设施。

（5）国会应该继续稳步增加国立卫生研究院资金、改革税收法案、支持 1980 年的《拜杜法案》，以推动美国生命科学创新。

（6）国会和食品药品管理局应尽可能继续改进和简化药物批准程序，并保持现有的安全和功效标准。

（7）国会还应资助建立更多生物制药工艺技术中心。

（8）建立国家健康数据研究交流中心，出于研究目的而优先收集和共享患者医疗数据，以更好地在美国实现数据驱动的生物制药创新。

（9）政府应避免限制干细胞等某些类型的研究。

（10）国会不应不恰当地限制药品价格。

（11）进行全球政策协调，制定诸如《巴黎药物创新协议》等全球药物开发协议。

约翰斯·霍普金斯大学应用物理实验室受委托撰写了《三思而行：评估一些中美技术联系》系列研究报告，其中一篇《两个世界、两种生物经济：中美贸易和技术转让脱钩的影响》也简要探讨了中美生物医药领域科技脱钩的可能性和潜在后果[4]。

《研究开发俯瞰报告 2017》分析了日本在全球生物医学领域中的竞争态势：在免疫科学、分子细胞生物学、植物学等方面领先世界，而以农业实践为对象的应用研究滞后；成像技术、显微镜技术处于世界领先地位，而生物信息技术相对滞后；在生物医学方面拥有大批优秀人才，而与数据相关的专业人才不足，"数据驱动型"的生物医学研究相对滞后。

脑科学问题是人类社会面临的基础科学问题之一，围绕脑科学的大国间博弈日趋激烈。俄罗斯斯科尔科沃科学技术研究所的《人类脑资源恢复和扩展技术》指出，美国、欧盟在 2000 年至 2017 年间贡献了世界 38% 的神经科学出版物；而中国在该领域的研究正处于快速增长期，发展速度明显高于世界平均水平，而日本在该领域的研究速度则呈下降趋势。

16.2.2 生命科技预见与前瞻

1) 前瞻未来 30～50 年生物技术发展与人类需求

2016 年 11 月，《新科学家》杂志为纪念创刊 60 周年推出《2076 年的世界》专栏，畅想科技发展可能为世界带来的 14 个巨大变化。该专栏提出：人类将掌握合成生命技术，有望实现人造生命，但将带来巨大的风险；人类将可以广泛采用基因编辑技术改善健康状况，大规模开展基因改造，但利用这一技术创造超人还很遥远；低生育率和老龄化可能引发人口数量衰减；人类可能会在重大的流行疾病或其他灾难中幸存下来，但经济和社会影响将使人类倒退几个世纪[5]。

2020 年 5 月，麦肯锡全球研究院发布报告《生物革命：创新改变经济、社会和人们的生活》[6]，详细介绍了生物科学的进步及其应用对经济和社会的影响；通过 400 个案例分析，总结了未来生物创新的 4 个关键领域：生物分子、生物系统、生物机器界面和生物计算；提出了在未来短期（2020—2030）、中期（2030—2040）和长期（2040—2050）可能的创新应用方向（见专栏 2）。

 专栏 2 ～～～～～～～～～～～～～～～～～～～～～～～～～～～～～～～～～

麦肯锡全球研究院报告《生物革命：创新改变经济、社会和人们的生活》要点

新的生物学创新能力可以带来经济、社会和生活方式的变革：从研发范式到生产的实际投入，再到药品和消费品的交付与消费方式，整个价值链都会受到影响。这些能力包括：① 生物学手段可以用于生产大部分的全球经济物质，具有改善性能和可持续的潜力；② 精准和个性化贯穿从开发到消费的整个价值链；③ 对人类和非人类生物进行工程设计和重新编程的能力不断提高；④ 自动化、机器学习以及大量生物数据的汇聚，正在提高科学研究的产出、规模和效能；⑤ 生物系统和计算之间接口的潜力正在增长。

该报告排除了目前科学上无法想象或到 2050 年不可能产生重大商业影响的案例，收集到大约 400 个实用案例，并以此为基础构建未来初步可预见的应用

场景。分析表明,未来 10～20 年,预计这些应用可能对全球产生每年 2 万亿～4 万亿美元的直接经济影响。

(1) 促进人类健康与降低疾病负担。麦肯锡全球研究院预计,随着技术创新的不断发展及充分应用,未来或将解决全球疾病总负担的 45%。未来在全球范围内,生物革命应用在"人类健康与降低疾病负担"领域,每年直接产生的潜在经济影响为 0.5 万亿～1.3 万亿美元,占总额(生物革命全球所有应用每年产生 2 万亿～4 万亿美元直接经济产值)的 35%,主要应用范围可能是提高治疗的精准度和个性化程度,以及加快研发步伐。

(2) 提高农产品质量。未来 10～20 年,农业、水产养殖和食品领域年度直接经济影响可能在 0.8 万亿～1.2 万亿美元之间,占总额的 36%。

(3) 降低消费品和服务成本。未来 10～20 年的年度直接经济影响可能在 0.2 万亿～0.8 万亿美元之间,占总额的 19%,其中大约 2/3 可能来自个性化服务。

(4) 提高环境效益。材料、化学品和能源领域未来 10～20 年年度直接经济影响可能在 0.2 万亿～0.3 万亿美元之间,占总额的 8%。这种经济潜力中约 3/4 与新生产方式带来的资源效率提高有关。

2) 勾勒新兴生物技术领域

美国最高层级的战略情报机构——美国国家情报委员会发布的每四年一度的全球趋势预测报告《全球趋势 2035——进步的悖论》认为,生物技术的发展速度甚至超过了信息技术(见专栏 3)[7]。《全球趋势 2040——竞争更激烈的世界》报告进一步指出,生物技术促进快速创新[8]。随着自动化、信息和材料科学的进步,人类可控操纵生物系统的能力不断提高,卫生、农业、制造业和认知科学领域将会有前所未有的创新。到 2040 年,生物技术可能影响全球 20% 的经济活动,特别是在农业和制造业领域。

 专栏 3 ～～～～～～～～～～～～～～～～～～～～～

美国国家情报委员会报告《全球趋势 2035——进步的悖论》
生物科技领域要点

未来,基因工程等生物技术将帮助人类更好地诊断、治疗和预防疾病,生物技术将帮助人类克服抗菌素耐药性，通过新的病原体早期检测技术阻止潜在的全球性传染病暴发。

一些基因疾病将被根除，对免疫系统的基因操作将获得突破，从而提高人类的生活质量，改善全球卫生水平，并降低医疗费用。

纳米材料越来越多地被用于医疗器械涂层、诊断造影剂、诊断传感元件和药物输送。

数字医疗和其他新的医疗方式将有助于改善全球卫生水平。先进的技术工具能够在纳米尺度表征、控制和操纵生命物质的结构和功能，这些工具的应用可能激发出以生物学为基础的其他技术创新，并催生新的制造技术。

计算技术和高通量测序及培养技术的发展，将增强对人类微生物组的认识和操作能力，这可能有助于治疗自身免疫性疾病，如糖尿病、类风湿性关节炎、肌营养不良、多发性硬化症、纤维肌痛症等，也许还包括某些癌症。

某些微生物也可以辅助治疗抑郁症、双相情感障碍和其他与压力相关的精神疾病。对神经元的光学监测和对神经活动的光调制技术可以帮助科学家观察大脑活动，以预防或治疗阿尔茨海默病、帕金森氏症和精神分裂症等疾病。

16.2.3 抢抓新一轮生物科技和产业变革机遇

鉴于生物经济的快速发展及重要性，世界上许多国家纷纷加强科技和产业谋篇布局，出台科技战略与政策，抢抓产业变革机遇，这些也成为智库的重要议题。

1) 生物经济

2019 年，美国估计其生物经济产值每年约为 1 万亿美元，约占其经济总量的 5.1%，而欧盟和联合国基于更广泛的生物经济活动定义，估计 2017—2019 年生物技术对欧洲经济的贡献率高达 10%[9]。

德国提出进一步发展生物经济领域。2016 年 12 月 15 日，作为联邦政府独立的咨询委员会，德国生物经济委员会就继续发展"生物经济研究战略 2030"提出总体建议：① 加强生物制药领域的技术研发，包括"一体化健康"（One Health）方面的生物技术研发；② 强调基于生物的循环经济和水生生物经济；③ 在资助计划中有针对性地资助从研究到应用的合作；④ 在具有全球影响的关键领域与技术领先的国家开展长期合作；⑤ 建立国家生物经济平台，协调联邦和州的研究活动和资助计划;⑥ 在对生物经济创新起到关键作用的"小"学科领域做好能力储备,培养青年人才[10]。

美国国家科学院于 2020 年 1 月发布的名为《护航生物经济》报告界定了生物经济的范围及衡量方式,对美国生物经济的生态体系进行了介绍,并对其发展趋势进行了预测(见专栏 4)[11]。

 专栏 4 ～～～～～～～～～～～～～～～～～～～～～～～～～～～～～

美国国家科学院报告《护航生物经济》

美国国家情报总监办公室委托美国国家科学院对美国生物经济范围进行评估,并确定如何评定其经济价值,明确经济和国家安全方面的潜在风险以及相关的政策鸿沟,研究用于保护生物经济的数据和其他产出的网络安全策略,制定使美国在生物经济未来发展和革新过程中保持领先地位的机制。

据该报告的计算,2016 年生物经济约占美国国内生产总值(GDP)的 5.1%,也就是 9 592 亿美元的产出。该报告指出:

(1) 很难准确衡量生物经济对整体经济的贡献,现有的衡量经济活动的数据收集机制不足以全面地监测生物经济。生物经济应包含以下板块:转基因作物/产品;生物基工业材料(例如生物基化学品和塑料、生物燃料、农业原料);生物制药、生物制剂以及其他药物;生物技术消费产品(例如基因检测服务);生物技术研发商业服务,包括实验室测试(套件)、购买的设备服务(例如测序服务);生物数据驱动的患者医疗解决方案设计——精准医学的投入。为了更准确地衡量生物经济,需要更稳定的部门协作,以更好地界定、跟踪、收集和分析生物经济的相关数据。

(2) 美国生物经济面临的相关风险包括:可能损害生物经济的持续增长或阻碍其当前运营的创新生态系统的风险;可能会损害美国生物经济的知识产权或使关键生物经济信息被盗窃、损坏,不对称或受限制的风险,例如通过赋予另一方竞争优势;滥用生物经济产出或实体造成的风险。具体而言,那些影响美国生物经济发展的风险包括:政府研发投入不足;不对称的研究约束;劳动力不足;无效力或无效率的知识产权环境;无效力或无效率的监管环境;缺乏公众信任或与公共价值冲突。其他风险包括:限制访问国际数据;使用生物经济数据集损害个人隐私或国家安全;与生物经济相关的网络风险;经济攻击;国家参与商业活动;贸易壁垒;生物经济是关键基础设施的组成部分;传统生物安全和生物安全风险；全球气候变化带来的风险。

（3）基于上述风险分析，提出相关的应对措施，为美国生物经济建立全球领导力；资助和维持生物经济研究企业的发展；培育熟练的劳动力；解决知识产权威胁；保护价值链和审查外国投资；优先考虑网络安全和信息共享。

～～～～～～～～～～～～～～～～～～～～～～～～～～～～～～～～

日本经济产业省产业结构委员会生物产业小组委员会发布的《生物技术将培育第五次工业革命》报告认为，日本应将生物技术和信息技术/人工智能技术深度结合，提高生物产业的竞争力，准确地把握"第五次工业革命"带来的变化。该报告提出了提高日本生物产业竞争力的六大举措：① 引入机器人和自动化以提高生产率；② 构建全球生物产业共同体；③ 培养具有专业知识的生物产业人力资源，建立行业—学术界—政府联合的可持续人才培养生态系统；④ 明确经济产业省未来应重点关注的研发领域，制定医疗保健领域的生命科学技术战略，组织和优先解决生命科学研究发展问题，促进研发以打造先进的基础技术；⑤ 增强制药行业合同研发生产组织（CDMO）和合同制造组织（CMO）的竞争力；⑥ 促进生物产品推广[12]。

2）重大基础研究领域

2017 年 2 月，美国麻省理工学院华盛顿办公室发布《被延期的未来 2.0：基础研究投资减少会使美国陷入创新赤字》。该报告指出，美国科技界仍在医学、能源技术、环境、基础物理学和天文学等方面存在着极大的发展机遇，需要增加对基础研究的投资，以确保美国的领导地位[13]。这些科技突破机遇包括：释放合成蛋白质的能力；重置生命时钟；创建人体细胞图谱集；绘制人类的暴露组；揭示地球的病毒生态学。

2017 年 9 月，德国国家科学与工程院发布报告《通过医学技术迈向个体化医疗》，明确了发展个体化医疗的关键技术：通过医学影像技术和体外诊断技术，实现基于生物标志物的疾病（风险）分层；通过影像导引、计算机和机器人辅助系统，增强手术的精准性；增强订制假肢和植入物相关技术；集成和智能化应用科研和病例数据[14]。

半导体合成生物学（SemiSynBio）是希望利用生物系统相对于等效硅基系统在显著能效和信息处理方面的优势，从根本上重新定义半导体设计与制造[15]。美国半导体合成生物技术联盟（SemiSynBio Consortium）于 2018 年发布《半导体合成生物学技术路线图》,从 5 个技术领域描述技术目标:基于 DNA 的大规模信息存储;高能效、小规模、细胞启发的信息系统;智能传感器系统和细胞—半导体接口;电子生物系统设计自动化;半导体制造与整合的生物学路径。该技术路线图设定了 20 年的时间框架,包括当前和预期的需求[16]。

空间生命研究具有重大意义,一方面可拓展航天机构的空间探索能力,另一方面利用微重力条件可以在很多研究领域开展独特的科学研究。2017 年 12 月,美国国家科学院发布《美国国家航空航天局(NASA)生命和物理科学研究十年调查执行情况中期评估》报告,全面评估了美国国家航空航天局对美国国家科学院 2011 年发布的《重掌空间探索的未来:新时代生命和物理科学研究》的执行情况和取得的进展,并针对载人空间探索遴选出今后应重点关注的 46 个优先研究主题[17]。其中,生物领域相关主题包括:① 动物和人体生物学;② 行为和心理健康;③ 交叉问题,最高优先级研究主题包括基于人工重力的多系统应对措施、人的空间辐射风险;④ 植物和微生物学。

3) 高端医药制造技术平台

2017 年,英国医药制造产业联盟发布《英国药物制造愿景:制定技术创新路线图提高英国制药业水平》报告,探讨如何利用现有的药物研发平台及战略投资,帮助英国抓住先进疗法及复杂药物制造的发展机遇,将生物制药业提升为英国经济的支柱产业[18]。该报告重点提出建立药物创新制造中心、复杂药物卓越中心、封装与设备卓越中心、先进疗法(细胞和基因疗法)制造卓越中心等 4 个药物制造卓越中心,以填补英国在诊断药物、药物封装、先进疗法制造及小分子加工等领域的不足。该报告还针对更大范围的药物制造技术创新提出了行动建议,包括:通过财政支持及知识产权保护,巩固英国作为全球领先的药物研发与制造技术创新中心的地位;统一规划建立一系列专注特定领域的卓越中心;确保英国能提供一条明确的推动药物上市的技术创新实施路径等。

美国国家科学技术委员会先进制造分委员会编写的《美国先进制造业领导力战略》,将"确保医疗产品的国内生产制造"作为行动目标之一,并提出重点关注的优先技术方向:① 低成本分布式制造;② 连续制造,开发新方法,将当前"以批次为中心"的制药生产转变为无缝集成、连续单元操作的制造生产模式,以保持产品质量的稳定性;③ 组织与器官的生物制造,制定标准,确定起始材料、自动化制造流程,以增强生物制造技术,并利用患者自己的细胞实现组织和器官制造的愿景[19]。

16.2.4 生物科技安全影响

生物科技继续影响人类的经济社会生活，其社会效应正在显现，突出表现为安全军事影响，这成为智库政策研究的重要议程。

1）新兴生物技术的军事影响

2020 年 3 月，北约科技组织发布《2020—2040 科技发展趋势：探索科技前沿》，阐明了北约重视的八大新兴颠覆性技术。该报告指出，未来 20 年，预计生物科技和人类增强技术将在以下方面给军事领域带来显著影响：生物信息学和生物传感器；医疗对策和技术；生理和认知层面的人类增强；社会层面的人类增强；合成生物学[20]。

美国兰德公司研究报告《塑造 2040 年战场的创新科技》，选取了 11 项能够在 2040 年前后催生新质作战能力，对未来战争具有颠覆性影响的科学和技术，从未来趋势、机遇与挑战、应用优劣势等方面进行研究[21]。该报告指出，生物技术是指重新设计或改造生物体，使其能够实现特定功能的技术，包括合成生物学技术，可以分为：利用基因编辑、药物和生物技术进行战伤救治，也可以用于士兵体能或认知能力增强；生物分子工程在生物传感器和生物电子学中的应用可以显著增强生物威胁识别能力；基因改造技术可以创造新型生物（如细菌），甚至可以针对具有特定遗传基因的人群设计靶向生物武器。在军事应用方面，生物技术可分为侵入式（如药物）和非侵入式（如外骨骼）两种类型，通过提高人体警觉性、学习能力、认知能力、消化能力，来提高士兵的运动和非运动能力。此外，士兵还可以通过基因工程预先筛查潜在的风险和疾病，获得量身定制的药物，以便进行精确治疗。

美国海军学会刊载米特尔公司（Mitre Corp）资助的新兴颠覆性技术随笔大赛获奖文章《合成生物武器即将到来》[21]。该文章指出，新冠大流行暴露了人类在战争领域的关键弱点，新冠病毒与其他新兴技术结合为恶意行为者利用这些弱点提供了新途径，未来合成生物学的不断发展，将创造出下一代生物武器，这将从根本上改变战略环境。该文章建议，美国应与国内外多部门合作，增加军事生物防御投资，制定全球生物威胁共同作战图，提高对生物威胁的认识；广泛参与全球卫生建设、生物伦理规范，指导制定符合美国价值观和利益的国际标准等。

2）未来生物安全形势

布鲁金斯学会发布《"4+1"：生物、核、气候、数字和内部威胁》报告，分析了美国目前面临的威胁,并提出相关的政策建议[23]。该报告认为,新冠疫情可能只是未来疫情的先兆,生物武器也可能变得更加危险。因此,美国应把传统的地缘政治放在次要位置,把重点放在 21 世纪的共同和潜在灾难性危险上。

美国智库降低核威胁倡议组织发布报告《预防下一次全球生物灾难》称,美国应支持并资助新的全球平台,以改善对大型传染病的防范能力,降低生物技术风险,并减少发生全球灾难性生物事件的可能性[24]。该报告建议:① 加强对生物事件的国际防范。美国必须使各国把防范生物威胁作为国际安全的当务之急,并共同努力建立一个在帮助全球协调应对方面处于更有利地位的联合国系统。② 减少生物技术风险。支持成立一个专门致力于降低生物技术风险的全球机构,同时促进发展新的多部门方法和激励措施。③ 减轻全球灾难性的生物威胁。提倡在联合国秘书长办公室内设立联合国常任协调员和单位,专门应对重大生物事件;加强国际协作能力,以迅速调查不明来源的生物事件。

3) 生物安全能力建设和科技布局

2018 年 10 月,约翰斯·霍普金斯大学健康安全中心发布《应对全球灾难性生物风险的技术》报告,阐述应对全球灾难性生物风险的 5 大类 15 种技术,并提出预防与应对全球灾难性生物事件的举措:建立由技术人员、公共卫生工作者和决策者组成的联合体,了解大流行病和全球灾难性生物风险的紧迫问题,共同制订技术解决方案[25]。为确定应对严重流行病和全球灾难性生物事件风险的潜在技术,研究小组进行了横向扫描,包括文献回顾和领域专家采访,对每种技术进行技术判断:技术的早期开发到可部署的就绪度,技术对全球灾难性生物风险的潜在影响,有效部署该技术的资源需求。

美国国际战略研究中心发布《美国国防部在卫生安全中的作用》报告,概述了美国的卫生安全现状,指出国防部应快速增强生物威胁应对能力,并给出相关建议[26]。一是将卫生安全列为国防部的优先事项。二是持续支持国防部生物研发项目。持续资助军事传染病研究实验室等机构,对抗高危致命性疾病;继续扩大"生物威胁降低计划"的职能,提高发现新兴高危传染病并遏制其扩散的敏捷性。三是将全球疾病监测网络列为国防部卫生安全核心能力。为国防部全球疾病监控相关机构和计划项目提供持续资助,包括海外军事传染病研究实验室、武装部队卫生监测处、"全球新兴传染病监测系统"、"生物威胁降低计划"等。四是充分发挥《全球卫生安全议程》的作用。五是扩大演习范围并开发新想定。开发全国范围的高危传染病传播想定,制定国防部参与卫生安全想定的演习机制,要求国防部高级领导参与演习，将生物事件纳入地区作战指挥官演习计划，切实将国防部的能力、局限性和要求纳入整个演习想定。新冠疫情发生后，美国国际战略研究中心又发布了《新冠肺炎在加强国防部全球卫生安全能力方面带给我们的启示》报告，提出五项建议：一是提升对各类生物威胁的重视程度；二是保护并加强公共卫生和生物监测基础设施建设；三是保障国防部医疗技能基础设施的未来发展；四是启动军民卫生安全合作计划；五是将国防部现有的国际卫生参与活动转变为可持续的综合项目[27]。

美国工程生物学研究联盟(EBRC)发布《工程生物学赋能国防应用：技术路线图》[28]。该报告分析了工程生物学在美国陆、海、空三军的应用需求，提出工程生物学在军事国防领域的 4 个应用领域：生产相关应用的生物制品和材料、构建工程生物系统、感知和响应人类与环境的相关信号、改善和增强人类与相关系统的性能等。针对这些应用，提出了工程生物学国防应用的短期、中期、长期的技术路线图。

日本科技振兴机构(JST)下属的研究开发战略中心(CRDS)就建设传染病防治强国、构建传染病研究平台等议题提出建议，于 2020 年 11 月提出了 3 项建议——从宿主—病原体的角度开展传染病研究，构建微生物基因组信息数据平台和共享系统，促进人文、社科与自然科学研究之间的融合，助力传染病防治，以及未来应重点发展的 4 类项目：涵盖实验科学和信息科学的综合项目，以国际共同研究为基础的传染病防治尖端研究项目，促进动物资源应用的综合项目，跨学科和医学伦理研究综合项目[29]。

4) 应对生物威胁的新融资机制

美国战略风险委员会指出，新冠疫情凸显了具有大流行潜力且自然出现的病原体对人类健康的威胁，而美国的生物防御研究存在资金供给不稳定和随时削减的问题。为了更好地保护国家免受生物威胁，美国必须为生物防御研究提供稳定的资金[30]。该委员会提议的融资模式是建议美国每年向国防部及卫生和公共服务部投资 100 亿美元，以全部用于生物防御相关的计划和倡议，并持续投资 10 年。

16.2.5　生物科技治理

生物科技成果的转化应用进程加速，而各环节的潜在影响也值得关注，亟须做好相应的制度安排。

1) 科技监管体系与重点科技方向监管

美国国家科学院发布报告《为未来生物技术产品做好准备》，列出了未来 5～10 年植物、动物、微生物和合成生物各类产品在早期概念、研发和上市阶段的分布，指出在生物经济飞速发展的情况下，美国的监管系统预计无法满足需求。该报告认为，生物技术产品的安全利用需要严谨、具有预测性及透明的风险分析，能够综合、深入并彻底地反映未来生物技术产品应用的范围、规模、复杂性和速度。该报告建议：美国环境保护署、食品药品管理局、农业部和其他有关生物技术产品监管的政府部门应当提高科学研究能力，完善研究工具，对生物技术发展的关键领域进行前瞻性探讨；充分利用试点项目来加深理解和运用生物技术产品生态风险评价、效益分析的结果，建立新的风险分析标准方法；生物技术研究资助机构要增加在监管研究上的资助金额，将研发、教育与监管研究结合起来[31]。

欧洲科学院科学咨询理事会（EASAC）认为，以基因编辑和基因驱动为代表的新兴技术飞速发展并快速进入应用阶段，但现在的知识差距和不确定性意味着需要更多的基础研究[32]。EASAC 的研究报告建议欧盟在植物、动物、微生物及医疗领域开展基因编辑的开创性研究，并强调政策制定者必须确保监管应基于科学证据，综合考虑可能的收益与风险，并对未来的科学进步保持足够的灵活性。同时，自 2018 年欧盟法院裁定将基因编辑作物纳入转基因生物立法监管框架以来，科学界一直在激烈讨论该育种新技术的未来。2020 年 10 月，欧洲科学院和人文学院联合会（ALLEA）①发布《基因组编辑促进作物改良》报告，再次呼吁欧盟取消对转基因作物的限制，允许使用不包含外源基因片段的基因组编辑技术[33]。

2020 年 5 月，美国约翰斯·霍普金斯大学卫生安全中心发布报告《基因驱动：寻求机遇，实现风险最小化》[34]。该报告旨在面向制定和实施基因驱动政策的管理者，分析当前基因驱动技术的现状、相关应用、安全风险、管理政策等，并从 7 个方面提出了相关建议。报告建议：① 各国政府应要求处于前沿发展水平的基因驱动在部署前进行个性化的风险和收益评估；② 政府不应全面暂停基因驱动研究；③ 各国政府应为基因驱动的使用制定专门法规，特别注意对受人类影响的物种的管理和保护；④ 政府应该要求，在反向驱动开发、测试并做好释放

---

① All European Academies（ALLEA）成立于 1994 年，其成员包括来自 40 多个欧盟和非欧盟国家的 50 多个学院。这些学院是学术研究各个领域的杰出科学家所在的自治机构。自成立以来，ALLEA 代表其成员在欧洲和国际舞台上发声，促进科学作为全球公共物品的发展，并促进跨界和跨学科的科学合作。

准备以满足紧急应对需求之前，不能使用基因驱动；⑤ 在批准释放之前，应该要求针对基因驱动对环境影响的监测系统就位；⑥ 政府应该要求基因驱动研究人员采用内在和外在遏制措施进行驱动技术设计，从而缓解在意外释放或实验室逃逸情况下的传播风险；⑦ 基因驱动部署之前，政府应进行研究人员、当地及国际利益相关方的协调。

2）全球卫生安全治理

2017 年 3 月，二十国集团（G20）国家科学院联盟递交题为《改善全球卫生：与传染性和非传染性疾病斗争的策略及措施》的共同声明，首次向 G20 峰会建言献策[35]。2021 年 8 月，二十国集团国家科学院联盟再次发表联合声明《大流行传染病预防与科学的作用》，敦促政府建立全球流行病监测网络以及促进药物、疫苗和医疗用品的分布式生产[36]。该声明包含 3 个方面的主要建议：一是推动各国政府在现有基础设施的基础上建立全球疾病暴发预警和响应系统，支持开源流行病情报系统和倡议共享病原体基因组学的数据；二是促进全球诊断、药物、疫苗、医疗用品和设备的分布式制造和交付，简化新型诊断、药物和疫苗的监管程序；三是启动一项政府间公约，以制定国际流行病防范和管理协议等。

3）生命科学行业变革

德勤的研究报告《2021 年全球生命科学行业展望：让可能成为现实，保持发展势头》探究了在新冠疫情影响下，全球生命科学行业在诸多方面加速实施的可沿用、可重塑和可改进的变革，并为生物制药及医疗科技企业在未来应考虑的问题建言献策：① 重新设计满足个性化需求的工作、工作环境和人力资源；② 数字化加速发展，新的医护场所、制药企业和医疗科技企业发挥新作用；③ 建立以客户为中心的新型商业模式；④ 新型合作和临床试验重塑研发模式；⑤ 缩短研发审核时间，像监管者一样思考；⑥ 跨境依赖增加了对供应链可见性和企业回流的需求；⑦ 衡量环境、社会和公司治理方面的进展对于生命科学行业建立公众信任、提升社会影响力至关重要[37]。

16.3　生物科技智库观察的"再观察"

通过观察西方智库在国际生物科技领域的智力产出及基本运作过程，有以下几点值得特别关注。

16.3.1　生物科技智库组织形态更加多元

目前,注册在西方国家、在生物科技行业有一定影响力的智库数量至少在 30 家以上。从智库主体的组织形态看,国际上关注生物科技领域的智库可以分为三大类。第一类是内嵌于重大事务决策机制的体制内智库。这类智库或是直接服务国际组织、国家和政府部门重大事项决策咨询的"建制性"组织,或是专注开展生物交叉领域战略研究与决策咨询的机构。代表性机构包括美国国家科技咨询理事会、国家生物安全科学咨询理事会、国家科学院等。第二类是与政府部门紧密互动的社会智库,扎根于专业领域,部分智库专家通过"旋转门"机制进出政府关键岗位,对政府决策具有较大影响力,典型代表如美国联合生物防御委员会、约翰斯·霍普金斯大学健康安全中心、兰德公司、国际战略研究中心、降低核威胁倡议组织等。第三类是具有较强游说力的行业性协会、论坛、非政府组织等"准智库",甚至是期刊媒体,如二十国集团国家科学院联盟、美国工程生物学研究联盟等。这类"准智库"的技术背景深厚,与产业关系更为密切,其意图和行动更为隐蔽,对国际科技竞争走势的影响也更为复杂。

16.3.2　生物科技智库的时代感更加鲜明

传统智库加快向以生物科技为代表的新兴领域投入更多资源,贴近时代发展步伐。切入生物安全领域的深度,可作为衡量智库"成色"的另类试金石。兰德公司、国际战略研究中心、布鲁金斯学会等老牌综合型智库,每年至少公开发布 1～2 份生物科技领域智库报告,举办多场智库研讨会,持续关注新兴生物技术带来的重大议题。同时,战略安全领域智库也向生物科技领域投入更多的智力资源。例如,在全球核安全领域具有一定声誉和影响力的降低核威胁倡议组织,已经将生物领域列为其四大研究主题之一。专注于高技术安全的贾森集团连续发布《基因编辑研究》《基因驱动研究》《生物武器》等报告,在业界引起轰动。更值得注意的是,狮鹫科学咨询公司等专业领域智库兴起,持续进行学术耕耘,并提出了功能获得性研究风险收益评估、国家生物防御改革蓝图、全球卫生安全指数等极有冲击力的概念。

16.3.3　生物科技智库议题更加贴近现实需求

国际智库关于生物科技领域的议题涵盖范围非常广泛、系统,学术层次与咨政建议层次高低适当、深浅适中。既有传染病科学、脑科学、合成生物学、基因编辑、半导体合成生物学、生物大数据等前沿科技领域发展态势研判，又有对新兴科技带来的社会、安全影响的前瞻性思考；既有基础生物科技变革的分析，又有对生产制造工艺平台、生物产业经济的短板、未来20～30年行业部门发展机遇和国家竞争态势的战略思考；既有关于国内问题的讨论，又有对国际挑战的剖析；既有连续型、专题型智库报告，又有主题鲜明、观点突出的对策性智库建议。这些看似分散、实则有机的智库选题，基本体现了相关智库把握战略方向基本盘的能力，高超的理论、政策、方法融汇能力，贯穿研究、论证、决策支撑的战略运筹和人际关系构建能力。

16.3.4　生物科技智库的思想引领和决策影响更加广泛

从智库产出和影响力来看，国际智库每年公开发布的生物领域专业智库报告、智库学术研讨会成果比较丰硕，有不少选题聚焦于政策决策高端领域，甚至是为战略决策"量身定制"。而那些没有公开发布的内部报告、委托报告、特殊场合下发表的灰色观点，虽难以精确估计，但其内容和指向则可逻辑推演。总体上，西方智库选题与生物科技创新、生物产业创新、生物科技国际竞合态势紧密结合，视野比较开阔，关注议题广泛，横跨内政、外交、国防，涉及科技、军事、安全、政治、经济、社会诸多领域，围绕新趋势、新变革、新动向频频发声，在重要的双边、多边国际场合中亮相，智库成果不同程度地融入顶层决策机制，深刻影响国家战略政策的制定，针对性、可参考性和借鉴性均较强，对于形势研判、战略决策的参考价值不可小觑。

16.3.5　生物科技智库立场鲜明、更加善于战略运筹

从智库咨政建言最核心的创新方法论看，这些智库通常抱有强烈的国家战略利益意识，多以西方国家的国家安全和战略利益为起点，坚持新一轮科技变革和国际趋势的战略预见，促进生物科技和生物防御政策路线图等方法创新，试图回答生物科技态势如何演变、理论体系如何演变、以何种方法引领生物经济时代，如何更高效地嵌入决策机制推进国际国内生物科技治理等命题，并提出了许多新颖的观点。这对于把握国际生物科技总体发展态势和未来演变，探讨智库有效嵌入决策机制、复合型智库人才的培养，均有一定积极意义。但部分智库秉持的打造进攻性趋向生物威慑体系的总体立场及对应的政策建议，与当今时代和平与发展的潮流不符，注定徒劳无功。

参考文献

[1] 中国科学院科技战略咨询研究院.日本 JST 分析五大领域的科技发展趋势及竞争格局 [EB/OL].(2017 - 07 - 03) [2022 - 09 - 01]. http://www.casisd.cn/zkcg/ydkb/kjqykb/ 2017/201706/201707/t20170703_4821575.html.

[2] INFORMATION TECHNOLOGY AND INNOVATION FOUNDATION. China's biopharmaceutical strategy：challenge or complement to U.S. industry competitiveness? [EB/OL].(2019 - 08 - 12) [2022 - 09 - 01]. https://itif.org/publications/2019/08/12/ chinas-biopharmaceutical-strategy-challenge-or-complement-us-industry? mc_cid＝ 81e7b80221&mc_eid＝5c5d018a35.

[3] INFORMATION TECHNOLOGY AND INNOVATION FOUNDATION. The impact of China's policies on global biopharmaceutical industry innovation [EB/OL].(2020 - 09 - 08) [2022 - 09 - 01]. https://itif.org/publications/2020/09/08/impact-chinas-policies- global-biopharmaceutical-industry-innovation/.

[4] JOHNS HOPKINS UNIVERSITY APPLIED PHYSICS LABORATORY. Two worlds， two bioeconomies：the impacts of decoupling US - China trade and technology transfer [EB/OL].(2020 - 12 - 18) [2022 - 09 - 01]. https://www.jhuapl.edu/Content/documents/ Carlson_Wehbring-Biotech.pdf.

[5] NEW SCIENTIST. We've seen the future，and it will blow your mind[EB/OL].(2016 - 11 - 16) [2022 - 09 - 01]. https://www.newscientist.com/round-up/world-2076/? cmpid＝ILC.

[6] MCKINSEY & COMPANY. The bio revolution：innovations transforming economies， societies，and our lives [EB/OL].(2020 - 05 - 13) [2022 - 09 - 01]. https://www. mckinsey.com/～/media/McKinsey/Industries/Pharmaceuticals％20and％20Medical％ 20Products/Our％20Insights/The％20Bio％20Revolution％20Innovations％20transforming％ 20economies％20societies％20and％20our％20lives/MGI_The％20Bio％20Revolution_ Report_May％202020.ashx.

[7] 王雪莹.未来 20 年六大领域创新趋势：美国国家情报委员会《全球趋势 2035——进步的 悖论》报告摘译[EB/OL].(2017 - 04 - 10) [2022 - 09 - 01]. https://mp.weixin.qq.com/ s/1ByHEur2_J3U3Q1jFCYRRQ.

[8] 王雪莹.未来 20 年全球技术创新的趋势与影响：美国国家情报委员会《全球趋势 2040——竞争更激烈的世界》报告摘译[EB/OL].(2021 - 05 - 06) [2022 - 09 - 01]. https://mp.weixin.qq.com/s/B8Qd1KSEjCm5BndXDee6vA.

[9] 王雪莹.未来 20 年全球技术创新的趋势与影响：美国国家情报委员会《全球趋势 2040——竞争更激烈的世界》报告摘译[EB/OL].(2021 - 05 - 06) [2022 - 09 - 01]. https://mp.weixin.qq.com/s/B8Qd1KSEjCm5BndXDee6vA.

[10] 中国科学院科技战略咨询研究院.德国提出进一步发展生物经济行动领域[EB/OL]. (2017 - 06 - 30) [2022 - 09 - 01]. http://www.casisd.cn/zkcg/ydkb/kjzcyzxkb/2017/

201702/201706/t20170630_4820551.html.

[11] NATIONAL ACADEMIES OF SCIENCES, ENGINEERING, AND MEDICINE. U.S. bioeconomy is strong, but faces challenges; expanded efforts in coordination, talent, security, and fundamental research are needed[EB/OL].(2020 - 01 - 14)[2022 - 09 - 01]. https://www.nationalacademies.org/news/2020/01/us-bioeconomy-is-strong-but-faces-challenges-expanded-efforts-in-coordination-talent-security-and-fundamental-research-are-needed.

[12] THE MINISTRY OF ECONOMY, TRADE AND INDUSTRY (METI). Bio-industry subcommittee's report, "Fifth Industrial Revolution" cultivated with biotechnology, compiled[EB/OL].(2021 - 02 - 02)[2022 - 09 - 01]. https://www.meti.go.jp/english/press/2021/0202_001.html.

[13] MASSACHUSETTS INSTITUTE OF TECHNOLOGY. The future postponed 2.0: why declining investment in basic research threatens a U.S. innovation deficit [EB/OL]. (2017 - 02 - 24)[2022 - 09 - 01]. http://www.futurepostponed.org/s/Future-Postponed-20-web.pdf.

[14] NATIONAL ACADEMY OF SCIENCE AND ENGINEERING. Towards individualised medicine through medical technology [EB/OL].(2017 - 09 - 12)[2022 - 09 - 01]. http://www.acatech.de/fileadmin/user_upload/Baumstruktur_nach_Website/Acatech/root/de/Publikationen/Stellungnahmen/acatech_Kurzfassung_engl_POSITION_Indiv-Medizintechnik.pdf.

[15] 刘晓.熊燕.半导体合成生物学路线图[EB/OL].(2018 - 12 - 18)[2022 - 09 - 01]. https://mp.weixin.qq.com/s/sKJ4PV-cQ47nRB583js04w.

[16] SEMICONDUCTOR RESEARCH CORPORATION. Semiconductor synthetic biology roadmap[EB/OL].(2018 - 11 - 07)[2022 - 09 - 01]. https://www.src.org/library/publication/p095387/p095387.pdf.

[17] NATIONAL ACADEMIES OF SCIENCES, ENGINEERING, AND MEDICINE. A midterm assessment of implementation of the decadal survey on life and physical sciences research at NASA[EB/OL]. [2022 - 09 - 01]. https://www.nap.edu/catalog/24966/a-midterm-assessment-of-implementation-of-the-decadal-survey-on-life-and-physical-sciences-research-at-nasa.

[18] THE ASSOCIATION OF THE BRITISH PHARMACEUTICAL INDUSTRY. Manufacturing vision for UK pharma: future proofing the UK through an aligned technology and innovation road map[EB/OL].(2017 - 08 - 12)[2022 - 09 - 01]. https://www.abpi.org.uk/publications/manufacturing-vision-for-uk-pharma-future-proofing-the-uk-through-an-aligned-technology-and-innovation-road-map/.

[19] ADVANCED MANUFACTURING NATIONAL PROGRAM OFFICE. Strategy for American leadership in advanced manufacturing[EB/OL].(2018 - 10 - 15)[2022 - 09 - 01]. https://www.manufacturing.gov/news/announcements/2018/10/strategy-american-leadership-advanced-manufacturing.

［20］NATO SCIENCE & TECHNOLOGY ORGANIZATION. Science & technology trends 2020—2040：exploring the S&T edge［EB/OL］.（2020 - 03 - 01）［2022 - 09 - 01］. https://www. nato. int/nato_static_fl2014/assets/pdf/2020/4/pdf/190422-ST_Tech_Trends_Report_2020-2040.pdf

［21］RAND CORPORATION. Innovative technologies shaping the 2040 battlefield［EB/OL］. （2021 - 08 - 04）［2022 - 09 - 01］. https://www. rand. org/pubs/external_publications/EP68698.html.

［22］UNITED STATES NAVAL INSTITUTE. Synthetic bioweapons are coming［EB/OL］. （2021 - 06 - 01）［2022 - 09 - 01］. https://www.usni. org/magazines/proceedings/2021/june/synthetic-bioweapons-are-coming.

［23］BROOKINGS INSTITUTION. The other 4＋1：biological，nuclear，climatic，digital，and internal dangers［EB/OL］.（2021 - 01 - 25）［2022 - 09 - 01］. https://www. brookings. edu/research/the-other-41-biological-nuclear-climatic-digital-and-internal-dangers/.

［24］NUCLEAR THREAT INITIATIVE. Preventing the net global biological catastrophe ［EB/OL］.（2020 - 11 - 03）［2022 - 09 - 01］. https://media. nti. org/documents/Preventing_the_Next_Global_Biological_Catastrophe.pdf.

［25］THE JOHNS HOPKINS CENTER FOR HEALTH SECURITY（JHCHS）. Technologies to address global catastrophic biological risks［EB/OL］.（2018 - 10 - 09）［2022 - 09 - 01］. https://jhsphcenterforhealthsecurity. s3.amazonaws.com/181009-gcbr-tech-report.pdf.

［26］CENTER FOR STRATEGIC AND INTERNATIONAL STUDIES. The U.S. Department of Defense's role in health security：current capabilities and recommendations for the future ［EB/OL］.（2019 - 06 - 30）［2022 - 09 - 01］. https://csis-website-prod. s3. amazonaws. com/s3fs-public/publication/190701_CullisonMorrison_DoDHealthSecurity_WEB_v2.pdf.

［27］CENTER FOR STRATEGIC AND INTERNATIONAL STUDIES. What has Covid - 19 taught us about strengthening the DOD's global health security capacities？［EB/OL］. （2021 - 05 - 11）［2022 - 09 - 01］. https://csis-website-prod. s3. amazonaws. com/s3fs-public/publication/210511_Cullison_DOD_Health_Security. pdf? 7nshf0PaUGQ33USwyEC_kKAI7BZxppnY.

［28］ENGINEERING BIOLOGY RESEARCH CONSORTIUM. Enabling defense applications through engineering biology：a technical roadmap［EB/OL］.（2020 - 06）［2022 - 09 - 01］. https://ebrc. org/wp-content/uploads/2021/03/Enabling-Defense-Applications-through-Engineering-Biology-A-Technical-Roadmap_EBRC-DISTRO-A.pdf.

［29］日本科学技術振興機構.感染症に強い国づくりに向けた感染症研究プラットフォームの構築に関する提言［EB/OL］.（2020 - 10 - 01）［2022 - 09 - 01］. https://www.jst.go. jp/crds/report/report04/CRDS-FY2020-RR-05.html.

［30］COUNCIL ON STRATEGIC RISKS. 10＋10 Over 10：a funding vision for the U.S. fight against biological threats［EB/OL］.（2021 - 04 - 01）［2022 - 09 - 01］. https://councilonstrategicrisks.org/2021/04/01/10-10-over-10-a-funding-vision-for-the-u-s-fight-against-biological-threats/.

[31] NATIONAL ACADEMIES OF SCIENCES，ENGINEERING，AND MEDICINE. New report：Federal Regulatory Agencies need to prepare for greater quantity and range of biotechnology products［EB/OL］.（2017 - 03 - 09）［2022 - 09 - 01］. https：//www. nationalacademies. org/news/2017/03/federal-regulatory-agencies-need-to-prepare-for-greater-quantity-and-range-of-biotechnology-products.

[32] EUROPEAN ACADEMIES' SCIENCE ADVISORY COUNCIL. Genome editing：scientific opportunities，public interests，and policy options in the EU［EB/OL］.（2017 - 05 - 14）［2022 - 09 - 01］. https：//easac. eu/publications/details/genome-editing-scientific-opportunities-public-interests-and-policy-options-in-the-eu/#：～：text＝In％20this％20report％2C％20％22Genome％20Editing％3A％20Scientific％20opportunities％2C％20public，to％20cope％20with％20future％20advances％20in％20the％20science.

[33] EUROPEAN FEDERATION OF ACADEMIES OF SCIENCES AND HUMANITIES. Academies' report reviews debate on genome editing for crop improvement［EB/OL］.（2020 - 10 - 29）［2022 - 09 - 01］. https：//allea.org/academies-report-reviews-debate-on-genome-editing-for-crop-improvement/.

[34] THE JOHNS HOPKINS CENTER FOR HEALTH SECURITY（JHCHS）. New report from Johns Hopkins Center for Health Security：gene drives：pursuing opportunities，minimizing risk［EB/OL］.（2020 - 05 - 20）［2022 - 09 - 01］. https：//www. centerforhealthsecurity. org/our-work/publications/gene-drives-pursuing-opportunities-minimizing-risk.

[35] GERMAN NATIONAL ACADEMY OF SCIENCES LEOPOLDINA. Verbesserte gesundheitsversorgung：empfehlungen für den G20-Gipfel an angela merkel übergeben ［EB/OL］.（2017 - 03 - 22）［2022 - 09 - 01］. http：//www. leopoldina. org/de/presse/pressemitteilungen/pressemitteilung/press/2473/.

[36] GERMAN NATIONAL ACADEMY OF SCIENCES LEOPOLDINA. Pandemic preparedness and the role of science - science academies provide recommendations to G20 states［EB/OL］.（2022 - 08 - 06）［2022 - 09 - 01］. https：//www.leopoldina.org/en/press-1/press-releases/press-release/press/2809/.

[37] 德勤.2021 年全球生命科学行业展望：让可能成为现实,保持发展势头［EB/OL］.（2021 - 07 - 02）［2022 - 09 - 01］. https：//www2. deloitte. com/cn/zh/pages/life-sciences-and-healthcare/articles/global-life-sciences-outlook-2021.html.

作者简介

王小理　中国科学院上海巴斯德研究所
王　尼　中国军控与裁军协会

第 17 章

气候治理议题

常旭华　梁　偲

气候变化是指除在类似时期内所观测的气候自然变异之外,由于直接或间接的人类活动改变了地球大气的组成而造成的气候变化。近年来,因气候变化导致的极端气象灾害频发、冰川融化加剧、全球洼地消失等现象引起了各国政府和民众的广泛关注。人类在全球合作框架下共同应对气候变化挑战也已成为主流共识。尤其在当前逆全球化思潮涌起的大背景下,气候变化与气候治理是为数不多可能形成一致行动的全球性议题。

17.1　气候变化及其治理是人类命运共同体的重要彰显

气候变化议题最早起源于 1896 年瑞典科学家斯万关于"二氧化碳排放量可能会导致全球变暖"的研究结论,即人类的工业化活动大幅提高了大气中温室气体的浓度,增强了温室效应,导致地球表面和大气进一步增温,最终对自然生态系统和全人类产生不利影响。2021 年 8 月,联合国政府间气候变化专门委员会(IPCC)发布报告,称全球气温升幅将在 2030 年前后达到 1.5 摄氏度,比 2018 年的预测提前了 10 年。

鉴于气候变化的全球性特征,关于气候治理历来都是在联合国框架下或主要碳排放大国之间进行集体磋商,包括《联合国气候变化框架公约》《京都议定书》《关于消耗臭氧层物质的蒙特利尔议定书》《巴黎协定》等。考虑到各国经济发展阶段不同,科技水平差异巨大,这些协议明确了国际合作中的国家主权原则,即所有国家应结合自身实际发展状况平衡经济增长与节能减排,承担共同但有区别的责任,尽可能开展广泛的合作,参与有效和适当的国际应对活动。在这些原则之下,气候变化与气候治理已成为人类命运共同体的重要体现。

尽管如此,对全球各国,尤其是仍未碳达峰的国家而言,气候变化与气候治理是极难处置的问题。一方面,从国际政治角度看,各国出于国际压力和负责任的态度不得不做出明确的气候策略和长期性国际承诺,但这可能有损国家发展主权和国家短期利益;另一方面,气候治理触及国家核心经济利益和全球资源再分配,围绕减排和碳交易、清洁能源开发与绿色技术转移、大宗能源商品交易等事关国家利益的议题,各国又常常各怀心思,表现出典型的"双重标准"。

2021 年,中美作为世界上最大的发展中国家和发达国家,同时也是两个最大的温室气体排放国,签署了《中美关于在 21 世纪 20 年代强化气候行动的格拉斯哥联合宣言》。这标志着全球各国正在超越复杂的地缘政治关系,在气候治理问题上展现共同努力的决心。

17.2　全球主要国家及其智库的立场

气候变化问题是人类工业化活动的产物。自 20 世纪 80 年代开始,围绕气候变化是否存在、气候变化问题是否真实的辩论在国际上持续了十多年。随后,这一复杂的科学议题逐渐被公众所接受,成为主流共识。但由于气候变化问题涉及大尺度的空地海环境科学分析、地球观测技术、污染控制技术、清洁生产技术等,具有极高的知识壁垒;且气候变化与能源、交通、城市化、工业转型等重大议题均交叉关联,共同组成了庞大的议题群,进一步加大了系统性理解的难度。基于这两方面的挑战,专业性、权威性的智库在气候变化议题上发挥着关键性作用。目前,专注气候变化的典型智库包括两类:一类是国际组织支持、超越国家利益的国际智库,如联合国政府间气候变化专门委员会、国际应用系统分析学会等;一类是维护本国立场的国家智库,如英国哈德利气候变化研究中心、德国弗劳恩霍夫学会系统与创新研究所等。下文将就这两类智库的观点予以重点介绍。

17.2.1　超越国家利益的国际智库

联合国政府间气候变化专门委员会于 2021 年 8 月 9 日在瑞士日内瓦发布了关于气候变化的最新科学评估报告——《气候变化 2021：物理科学基础》[1]。

这是该国际组织关于气候变化的第6份报告,获得了195个联合国成员国政府代表的核准,是迄今为止对于气候变化相关科学研究最为全面的概要。该报告阐述了地球过去、现在、未来的气候面貌,分为4个要点:一是人类的工业化活动正在暖化地球。该报告指出,从1750年人类从事大规模工业化活动开始,煤炭、石油和其他化石燃料的燃烧导致大气中的二氧化碳含量不断上升。随着时间的推移,地球正变得愈加温暖。全球范围内都能感受到气候变化带来的冲击。二是气候变化已进入剧变期。该报告发现,近年来气候变化比历史上任何阶段都更加剧烈。大气中二氧化碳的浓度比过去200万年间的任何时期都高,北极圈夏末洋冰范围比过去1 000年间的任何时期都更小。即便与近些年相比,气候变化也发生得更快,一年比一年更加温暖。自1950年起,海洋热浪发生频率已经翻了一倍,造成了大量人员伤亡和巨额经济损失。三是人类未来30年将继续遭受更多气候恶化的影响。从19世纪起,全球升温大约1.1摄氏度。即便全球各国立刻采取行动,大幅削减温室气体排放量,全球变暖的势头也会至少延续到21世纪中叶。气候变化将可能带来极端大旱、严重热浪、灾难性暴雨及洪涝灾害等,并在未来30年里存在持续恶化的风险;同时,格陵兰岛和西部南极洲的巨大冰层正在加速融化,全球海平面的上升势头至少会持续2 000年。四是人类必须协同治理气候变化。得益于气候科学研究水平的提高,从陆地、海洋、太空仪器采集的气候观测数据都证实人类要为全球变暖负责,且无论如何,到2040年甚至更早,全球都会升温1.5摄氏度。最糟糕的情况是,如果各国在温室气体排放量上毫无作为,那么到2100年时全球气温将上升3～6摄氏度。

IPCC的报告建议人类从现在就开始采取强有力、快速和广泛地削减温室气体排放量的举措,以便能在2050年之后遏制全球变暖的趋势。如果能够实现"净零"排放,21世纪后半叶全球变暖幅度可能比1.5摄氏度稍低。遗憾的是,从当前国际合作情况来看,迄今为止多数国家政府尚未汇集起实现该目标所需要的政治意愿[2]。

由于欧盟早已实现碳达峰,且欧洲新能源技术创新实力雄厚,欧盟在气候变化议题上的立场最为坚定。2019年12月11日,欧盟委员会发布《欧洲绿色协议》[3],设定了到2050年使欧洲成为第一个气候中性大陆的目标。2021年7月起生效的《欧洲气候法》将欧盟对气候中性以及到2030年将温室气体净排放量较1990年减少55％的中期目标的承诺写入具有约束力的法律文件中[4]。这一承诺于 2020 年 12 月提交至《联合国气候变化框架公约》,作为欧盟对实现《巴黎协定》目标的贡献。欧盟通过现行气候和能源立法,已将温室气体排放量较 1990 年减少了 24%,而欧盟经济同期则增长了约 60%,顺利实现经济增长与排放脱钩。这一久经考验的框架构成了一系列立法提案的基础。

2021 年 7 月,欧盟委员会通过了一揽子提案,计划调整欧盟区域的气候、能源、土地利用、交通运输及税收政策,以期实现 2030 年温室气体净排放量比 1990 年至少减少 55% 的目标。这些提案包括:将排放交易应用于新的行业领域,收紧欧盟现有的排放交易体系;使用更多可再生能源;提高能源利用效率;加快推广低排放交通运输方式,完善配套基础设施,优化燃料结构;保持税收政策与《欧洲绿色协议》目标相一致;采取措施防止发生碳泄漏;开发和保护天然碳汇工具等[5]。总体而言,这一十年减排目标能否实现,对于欧洲能否在 2050 年之前真正成为全球第一个气候中性大陆至关重要。

七国集团(加拿大、法国、德国、意大利、日本、英国、美国)国家科学院于 2021 年 3 月 31 日发布了 3 份联合报告,呼吁各国政府开发减排技术、管理卫生数据、保护生物多样性。其中,《以科学技术建立零排放的气候弹性未来》报告认为,七国集团需要预测与气候变化相关的风险,并精心设计、规划、管理与加快行动,以便在 2050 年或更早实现"净零"排放目标。为此,七国集团国家科学院建议:① 召集科学家、经济学家、社会学家共同制定一份以证据为基础的技术路线图,路线图应建议部署、开发和研究的技术,以减少温室气体排放,将全球变暖的幅度控制在 2 摄氏度以下,最好是低于 1.5 摄氏度。② 在实现零排放和有效适应变化的基础上,推动企业增加研发投资,应对突出挑战,加强国家间的多边合作。③ 共同努力,向中低收入国家提供技术支持,使其早日实现气候适应型"净零"排放目标。④ 共同商议针对碳中和计划的经济激励方案和一揽子支持政策[6]。

国际应用系统分析学会(IIASA)设立了"能源、气候和环境项目",并成立专门的综合评估与气候变化工作组(Integrated Assessment and Climate Change Group)。该工作组将减缓气候变化纳入更广泛的环境挑战和可持续发展的范畴。在排放源上,IIASA 将研究重点放在甲烷排放上,指出甲烷短期内对全球温室效应的影响更加显著。然而,当前的温室气体排放量主要以二氧化碳计算,忽视了第二大温室气体甲烷。各国未来需要进一步合作抑制甲烷的排放,以取得更好的减排效果。具体措施包括:减少石油、天然气、煤炭产业供应链中的甲烷排放量,提高甲烷回收利用能力;同时,倡导低肉饮食,改进畜牧业技术,减少牛羊等反刍动物的甲烷排放量,减少农业对全球变暖的负面影响。此外,IIASA 基于数据分析了气候变化如何影响不同的人类群体,以及这些群体能够在多大程度上适应气候变化。IIASA 特别强调气候变化将导致尼泊尔等南亚次大陆遭遇更多干旱,这些全球最不发达地区的农民家庭将因此陷入贫困,进而出现大范围的劳动力迁移,力图通过收入来源多样化满足家庭基本需求。

17.2.2 维护本国立场的国家智库

英国哈德利气候变化研究中心是英国气象局的下属机构,也是英国最重要的气候变化研究中心之一。考虑到气候变化问题的复杂性和专业性,哈德利气候变化研究中心主要在以下三方面开展工作:一是发展气候变化研究设施,从陆地/海洋/大气变暖、极端气象事件、冰雪融化、海平面上升四个维度为英国的气候变化科学研究提供证据支持,参与编制 IPCC 的研究报告,发布气候变化风险评估报告,并建议英国政府从三方面开展工作:① 将气温变化幅度控制在 1.5 摄氏度以内;② 加强气候变化适应技术的研发;③ 加强对发展中国家的技术支持。二是通过牛顿基金与巴西、中国、印度、南非、东南亚等国家和地区合作,构建气候变化科学服务伙伴关系网络,宣传推广联合国可持续发展战略,研究如何协助全球脆弱国家和地区适应气候变化带来的挑战。三是指出空气污染导致大量人群过早死亡,给医疗服务和企业造成巨额损失,应当从国际层面分析和预测大气污染源、排放及运动过程,进而制订清洁空气解决方案,造福弱势群体,改善公共卫生状况。

美国信息技术与创新基金会在气候变化领域的关注重点是新能源的研发和成果转化。该基金会建议:首先,继续扩大研究与开发的投入规模,而非大幅削减经费资助[7];能源部的清洁能源研发计划对美国能源创新有重要作用,建议美国应建立和维持一个具有强大创新能力、多样化技术背景的能源创新示范项目[8];同时采取附加合理水平碳税的税收激励措施,加速低碳技术创新,减少碳排放,促进经济增长[9]。其次,应加速促进新能源技术的转移转化,加强其商业化开发,如重点建设与能源部合作的非营利基金会,支持企业开发能源技术[10]。非营利基金会旨在促进气候技术初创企业与政府之间的合作,提升初创企业在专利申请和后续融资方面的能力,提升政策成效[11]。最后,美国应实施国家低碳经济发展战略。目前,全球主要创新体在节能减排材料、储能技术的研究上都存在一定局限性。美国应当制定能够平衡制造业发展和节能减排目标之间矛盾冲突的综合国家战略[12]，如在联邦政府层面制定针对特定制造业的研发和就业政策[13]；在基础设施建设方面建设减少重工业碳排放的示范项目等[14]。

德国弗劳恩霍夫学会系统与创新研究所作为创新研究智库，在气候治理方面也开展了广泛研究。2011年，欧盟委员会制定并发布了欧盟低碳经济路线图，同时鼓励行业组织制定具体行业的路线图，以实现欧盟到2050年减排80%到95%的目标。该智库建议：一是各基础设施建设部门应加强沟通协调，共同制订出融合多种基础设施的设计方案，联合铺设基础设施。如将电、水、气、信息通信、区域供热等基础设施融合在一条线路上，以有效降低环境污染，提高能源利用效率，增加社会经济效益[15]。二是加大公共资金投入，支持新能源技术的研发和转化。除评估私人的研发提案外，决策者还须考虑技术所处阶段、市场运行状况、资金是否充足等诸多方面的因素[16]。三是设立激励机制。欧洲排放交易体系(EU-ETS)和德国应制定涵盖化石能源燃烧的所有排放物交易价格[17]。同时，针对德国联邦政府推行的多资源效率计划，进一步采用税收激励措施或环保推广计划，提高资源利用效率，实现低碳目标[18]。

加拿大国际治理创新中心在气候治理议题上建议可从机制创新、金融创新和技术创新等方面开展工作。一是世贸组织机制，通过世贸组织气候豁免，推动碳定价并支持碳市场建设，制定符合《联合国气候变化框架公约》的措施和规则，促进全球经济向绿色经济转型[19]；通过世贸组织框架敦促各国领导人、学术界、企业界共同努力，改革渔业补贴，减缓气候变暖，尽早实现可持续发展目标[20]。二是金融手段，金融业可通过建立专门为低碳和气候友好项目提供资金的气候融资市场、发行绿色债券吸引外国直接投资[21]等方式，广泛参加与可持续发展目标相关的融资活动，同时还应完善融资活动行为准则，制定相关监管标准，开发创新金融产品等[22]。三是技术创新，通过政府资金支持跨学科、包容性的技术创新，满足对清洁和可持续技术的需求[23]；同时建立国家间相互信任机制，监测、收集、使用其他国家或地区温室气体排放数据需经过他国或地区许可，落实"增强透明度框架"[24]。

韩国科学技术政策研究所针对全球性气候变化与气候治理提出：一方面，韩国政府有必要通过整合现有绿色技术和其他技术，将能源生产和存储技术、数字技术、建筑技术、物联网、大数据、人工智能等新技术全面应用到电力、工业、建筑、交通等领域,以同时实现 2030 年温室气体减排和创造经济增长引擎的目标[25];另一方面,韩国应当以可再生能源产业为抓手,通过政府和创新主体的互动,实现可持续社会技术系统的转型,形成以可持续发展为导向的新产业生态系统,以应对气候变化带来的挑战[26]。

印度科学、技术和政策研究中心于 2018 年 11 月发布了《实现印度国家自主贡献承诺路线图》。印度作为南亚次大陆国家,一直是全球气候变化的最大受害者之一,但出于保护本国工农业发展的需要,印度一直拒绝设定总体减排目标和履行"净零"排放呼吁。该智库认为,在优先实现国家发展目标的同时,印度 2030 年 GDP 碳排放强度可比 2005 年降低 33%~35%;无化石能源发电能力占比 40%,并创造额外碳汇,达到 25 亿~30 亿吨二氧化碳当量。实施增加可再生能源能力和限制化石燃料消费的政策,有助于印度减少温室气体排放,这些政策应当包括:一是大力支持新一代电池材料等突破性技术研发,鼓励更多地使用电动汽车,提高燃料利用效率,减少对化石燃料的依赖;二是重点改善城市地铁等公共交通系统,鼓励居民乘坐公共交通工具环保出行;三是通过使用节能减排技术、改进设备和工艺、燃烧环保材料、更换节能星级灌溉泵组,降低工业和农业领域的能耗;四是强制执行《节能建筑规范》,通过节能星级设备提供照明和供暖、通风和空调等服务[27]。

17.3　气候治理的未来发展趋势

气候治理是全球性挑战,是任何一个国家或国际组织都无法单独解决的,因此,气候治理是全球治理的重要组成部分,与世界政治、经济发展密切相关。正由于气候治理主张和行动关系到全球主要经济体的发展命运和全球领导力的分配,全球气候治理的成败系于主要经济体能否达成一致的合作意见。总体而言,未来关于全球气候治理的关注焦点包括四个方面。

17.3.1　国家主权原则成为阻碍全球合作的关键障碍

国家是全球气候治理的行为主体和责任主体,国家主权原则成为全球合作的关键障碍。发达国家设定的强制减排目标和碳交易机制侵犯了发展中国家的发展权,同时发达国家在绿色技术转移、经济援助等方面口惠而实不至;发展中国家则担心缺乏缓冲的碳减排方案会严重阻碍本国经济发展。此外，美国历届政府受到国内石化工业的游说，在气候政策上始终摇摆不定；印度则明确拒绝设定减排目标实现时间表。尽管欧洲和中国正在成为全球气候治理的中坚力量，但它们尚不是全球气候治理的领导者，因此，基于国家主权的利益考量正在阻碍全球气候治理协作，短期内恐难有成效。

17.3.2　全球气候治理的领导权分配议题

气候治理是全球公共产品，相关的谈判焦点可概括为减排目标、适应目标、发达国家资金资助、碳交易机制四个方面，每个方面均有若干技术性问题需要解决。例如，各国的减排目标和时间表确定问题，全球碳排放权的定价与跨境交易问题等短期内都难以达成共识。因此，在可预见的未来，如果主要发达国家、二十国集团、七国集团等经济体不能联合充当气候变化治理领导者的角色，构建公平合理、合作共赢的全球气候治理框架，那么以上四个方面的谈判议题恐都难以达成一致意见。

17.3.3　绿色经济与全球经济格局重塑相关议题

新能源技术的突飞猛进为全球气候治理带来了重要希望。核裂变、氢能技术、下一代储能技术、人工智能等领域的技术突破，可能为人类社会带来更高效、可持续的经济增长路径。鉴于此，各国都在能源与减排技术上加大投资力度，最先取得突破的国家将可能引领新一轮科技革命，重塑全球经济格局。

17.3.4　气候变化诱发的地缘政治议题

气候变化导致全球变暖、极端气候频现、海平面上升，衍生出了复杂的地缘政治议题。北极作为非传统安全的主战场，近年来得到了广泛的关注。美国、俄罗斯、欧洲等国家和地区围绕北极领土权益、北极航道开发、北极资源开发、极地装备制造、北极军备控制等议题展开了丰富的研究。

参考文献

［1］IPCC. Climate change 2021：the physical science basis［EB/OL］.（2021 - 12 - 31）［2021 -
　　12 - 11］. https：//www.ipcc.ch/report/ar6/wg1/.

［2］姚人杰,布拉德·普卢默,亨利·方廷.炙热的未来[J].世界科学,2021(10)：4-7.

［3］European green deal[EB/OL].(2019-12-11)[2021-12-11].https://eur-lex.europa.eu/legal-content/EN/TXT/?qid=1576150542719&uri=COM%3A2019%3A640%3AFIN.

［4］Commission proposes transformation of EU economy and society to meet climate ambitions[EB/OL].(2021-07-14)[2021-12-11].https://ec.europa.eu/commission/presscorner/detail/en/ip_21_3541.

［5］许林玉.欧洲绿色协议：经济和社会转型,以实现改善气候的雄心[J].世界科学,2021(11)：39-41.

［6］SCIENCE ACADEMIES OF THE GROUP OF SEVEN NATIONS. A net zero climate-resilient future-science, technology and the solutions for change[R]. London：Science Academies of the Group of Seven Nations,2021.

［7］COLIN CUNLIFF. FY 2020 energy innovation funding：congress should push the pedal to the metal[R/OL].(2019-04-30)[2021-12-11].https://www2.itif.org/2019-energy-innovation-full-report.pdf.

［8］DAVID M HART. Across the "Second Valley of Death"：designing successful energy demonstration projects[R/OL].(2017-07-31)[2021-12-11].https://www2.itif.org/2017-second-valley-of-death.pdf.

［9］JOE KENNEDY. How induced innovation lowers the cost of a carbon tax[R/OL].(2018-06-30)[2021-12-11].https://www2.itif.org/2018-carbon-tax-report.pdf.

［10］JETTA L WONG, DAVID M HART. Mind the gap：a design for a new energy technology commercialization foundation[R/OL].(2020-05-31)[2021-12-11].https://www2.itif.org/2020-mind-gap-energy-technology.pdf.

［11］KAVITA SURANA, CLAUDIA DOBLINGER, LAURA DIAZ ANADON. Collaboration between start-ups and federal agencies：a surprising solution for energy innovation[R/OL].(2020-08-31)[2021-12-11].https://www2.itif.org/2020-clean-tech-start-ups.pdf.

［12］ANNA P GOLDSTEIN. Federal policy to accelerate innovation in long-duration energy storage：the case for flow batteries[R/OL].(2021-04-30)[2021-12-11].https://www2.itif.org/2021-flow-batteries.pdf.

［13］PETER FOX-PENNER, DAVID M HART, HENRY KELLY, et al. Clean and competitive：opportunities for U.S. manufacturing leadership in the global low-carbon economy[R/OL].(2021-06-30)[2021-12-11].https://www2.itif.org/2021-clean-competitive-manufacturing.pdf.

［14］DAVID M HART. Building back cleaner with industrial decarbonization demonstration projects[R/OL].(2021-03-31)[2021-12-11].https://www2.itif.org/2021-industrial-decarbonization.pdf.

［15］NIEDERSTE-HOLLENBERG JUTTA, MARSCHEIDER-WEIDEMANN FRANK, BENES VALERIE, et al. Gebündelte Infrastrukturplanungen und -zulassungen und integrierter Umbau von regionalen Versorgungssystemen - Herausforderungen für Umwelt- und Nachhaltigkeitsprüfungen[R/OL].(2021-01-29)[2021-12-11].https://www.

umweltbundesamt. de/sites/default/files/medien/5750/publikationen/2021-01-29_texte_21-2021_integris_abschlussbericht_1. pdf.

[16] HIRZEL SIMON, HETTESHEIMER TIM, VIEBAHN PETER, et al. A decision support system for public funding of experimental development in energy research[J]. Energies, 2018,11(6).

[17] KALKUHL MATTHIAS, ROOLFS CHRISTINA, EDENHOFER OTTMAR, et al. Reformoptionen für ein nachhaltiges Steuer- und Abgabensystem. Ariadne-Kurzdossier [R/OL]. (2021 - 06 - 30) [2021 - 12 - 11]. https://ariadneprojekt. de/media/2021/05/ Ariadne-Kurzdossier_Steuerreform_Juni2021. pdf.

[18] JACOB KLAUS, POSTPISCHIL RAFAEL, GRAAF LISA, et al. Handlungsfelder zur steigerung der ressourceneffizienz[R/OL]. (2021 - 02 - 25) [2021 - 12 - 11]. https:// www. umweltbundesamt. de/sites/default/files/medien/5750/publikationen/2021-02-25_ texte_32-2021_handlungsfelder_ressourceneffizienz. pdf.

[19] JAMES BACCHUS. The content of a WTO climate waiver WTO[R/OL]. (2018 - 12 - 31) [2021 - 12 - 11]. https://www. cigionline. org/static/documents/documents/Paper% 20no. 204web. pdf.

[20] MARKUS GEHRIN. From fisheries subsidies to energy reform under international trade law[R/OL]. (2018 - 09 - 30) [2021 - 12 - 11]. https://www. cigionline. org/static/ documents/documents/Paper%20no. 188web. pdf.

[21] OLAF WEBER, VASUNDHARA SARAVADE. Green bonds: current development and their future[R/OL]. (2019 - 01 - 31) [2021 - 12 - 11]. https://www. cigionline. org/ static/documents/documents/Paper%20no. 210_0. pdf.

[22] OLAF WEBER. The financial sector and the SDGs: interconnections and future directions[R/OL]. (2018 - 11 - 30) [2021 - 12 - 11]. https://www. cigionline. org/static/ documents/documents/Paper%20No. 201web. pdf.

[23] ARUNABHA GHOSH, SUMIT S PRASAD. Shining the light on climate action: the role of non-party institutions[R/OL]. (2017 - 09 - 30) [2021 - 12 - 11]. https://www. cigionline. org/static/documents/documents/Fixing%20Climate%20Governance%20Paper% 20no. 6. pdf.

[24] TIMIEBI AGANABA-JEANTY. Satellites, remote sensing and big data: legal implications for measuring emissions[R/OL]. (2017 - 11 - 30) [2021 - 12 - 11]. https://www. cigionline. org/static/documents/documents/Paper%20no. %20151web. pdf.

[25] HWANIL PARK. Policy for improving industrial outcomes through convergence of greenhouse gas reduction technologies: promoting technology convergence in building sector[R/OL]. (2017 - 12 - 31) [2021 - 12 - 11]. https://www. stepi. re. kr/common/ board/Download. do? bcIdx=542&cbIdx=1303&streFileNm=rpt_542.

[26] WICHIN SONG. Strategy for socio-technical system transition (year 3): system transition and building sustainable industries[R/OL]. (2017 - 12 - 31) [2021 - 12 - 11]. https://www. stepi. re. kr/common/board/Download. do? bcIdx = 558&cbIdx = 1303&

streFileNm=rpt_558.

[27] CSTEP. Roadmap for achieving India's NDC pledge[R/OL].(2018 - 08 - 31)[2021 - 12 - 11]. https：//cstep. in/drupal/sites/default/files/2019 - 08/CSTEP_Report_Roadmap_ for_achieving_Indias_NDC_pledge.pdf.

作者简介 🎙

常旭华 同济大学上海国际知识产权学院
梁　偲 上海市科学学研究所

第 18 章

创新体系与创新政策议题

田贵超　龚　晨

创新已经成为全球经济发展的主要驱动力,也是各大智库最重要的研究议题之一。随着创新理论体系日渐成熟,各智库近 5 年对此议题的研究不断深化与拓展,涉及创新体系的各个方面,比如从实证角度考量创新对社会发展的影响,对政府的创新政策进行评价并提出建议。

18.1　创新体系和创新政策研究议题较为丰富

纵观各大智库近 5 年的研究成果,在创新体系和创新政策方面,各智库有较多共同关心的议题,包括创新主体、产业创新、协同创新、数字技术等高科技领域的创新治理,以及对中国创新发展的评价,等等。

在此基础上,各主要智库对创新体系和创新政策的研究各有侧重。在美国的几大智库中,美国信息技术与创新基金会主要关注新一轮政府更迭中,美国国内科技创新政策的发展与重构;兰德公司着重研究了对技术的有效监督和管理措施;新美国安全中心专注于国家安全领域相关议题的研究,在创新体系和创新政策方面主要聚焦于国家技术战略的制定与实施;布鲁金斯学会的研究侧重于创新经济的增长和科技创新治理问题;美国国际战略研究中心对中国的创新政策和创新业绩进行了全面评估。德国的两家智库对创新体系各要素的研究较为全面:德国研究与创新专家委员会和德国弗劳恩霍夫学会系统与创新研究所在创新主体、创新产出、创新指标、区域创新等方面均有研究。韩国科学技术政策研究所对创新体系和创新政策进行了较为全面的研究,还特别关注初创型企业和家族企业的创新现状和相关政策。英国苏塞克斯大学科学政策研究所就新冠疫情给创新带来的新需求和新变化进行了专门研究。加拿大国际治理创新中心则深入研究了宏观不确定性对研发产生的负面影响。经济合作与发展组织(OECD)对不同类型的创新政策在各国和地区的应用场景分别做了系统性的实证研究,以探寻其中的规律性问题。世界经济论坛(WEF)关注传统制造业转型升级中的创新发展,调研了全球 1 000 多家领先制造商并总结传统产业转型的有效措施。欧盟联合研究中心(JRC)分析了产业转型需要应对的挑战,并提出欧盟未来十年创新政策制定中需关注的问题。布鲁盖尔研究所(Bruegel)关注欧盟与中国创新合作的发展前景。

18.2　智库对创新体系和创新政策议题的主要观点

总体上,各智库对创新体系和创新政策的研究并不局限于现有的创新理论,而是在产业、经济、社会发展的具体情境下,探索创新体系和政策的丰富、完善乃至重构。对相关议题的研究,既有共性的结论,也有着立场和观点上的差别。

18.2.1　创新战略与政策议题

一是国家创新体系的重构及对重点战略、政策框架提出建议。美国信息技术与创新基金会提出,美国至今还没有全国性的、协调一致的创新政策体系,为了确保美国继续保持领导地位,美国必须做的不仅仅是与盟友联合,还必须制定自己强有力的国家创新和竞争力战略[1]。该智库论述了构成国家创新体系的"创新成功三角"理论,认为强大的国家创新体系需要构建由营商环境、监管环境和创新政策环境组成的"创新成功三角"。与其他国家相比,美国对高校、联邦实验室和其他创新机构的投入和资助呈下降趋势,政策制定者一直不愿在联邦政府预算制定过程中优先考虑该类资助。因此,美国国家创新体系需要彻底振兴,尤其需要大幅增加联邦政府的经费投入。尽管美国的营商环境和监管环境仍相当良好,但创新政策环境亟待完善。虽然没有一个国家的创新体系是完美的,但也有少数国家的创新体系接近完美。未来美国面临的挑战是能否做出必要的改变,以应对新的全球创新竞争,特别是应对中国的创新竞争[2]。美国信息技术与创新基金会指出,美国必须从根本上建立新的、安全与繁荣的国家创新体系。政策制定者需要重视产业结构布局,明确表明有一系列行业"关键且不能失败",例如航空航天、生物制药、先进的计算机和半导体、先进的机械设备、软件和人工智能。在政策措施上，应确保联邦政府机构和相关政策减少对创新的限制，为提高创新竞争力提供更多的资金支持，建立更多的研究机构，促进关键技术发展，并通过政府采购的方式提供支持。同时，制定税收激励政策促进创新，建立支持国内投资先进技术产业的政策工具，大力支持 STEM 人才的教育与培训，尤其是注重计算机科学与工程领域人才的培养，还应建立一个新的国家战略技术机构[3]。新美国安全中心认为，美国正在引领一种既依赖传统军事实力、又以技术创新的影响为核心的新型大国竞争范式。美国要应对中国崛起构成的根本挑战、维护自身技术领导地位与影响力，需要重新获得主动权，在这场大国竞争中获胜，就必须为一个与强大竞争者持续竞争的时代制定国家技术战略[4]。新美国安全中心通过系列报告，设计了有效实施这一国家技术战略所需的，政府领导层可执行、透明清晰且可问责的政策组织框架与完整政策路线图，提出了提升美国竞争力和保护美国关键技术优势的具体措施，并对战略的制定、实施、监测和评估提出建议。德国研究与创新专家委员会发布报告《实施高科技战略 2025》，确立了 2025 年研发支出占国内生产总值(GDP)达 3.5％的目标[5]。

二是不同类型的创新政策如何设计、实施以发挥效用。较为典型的是经合组织对创新政策所做的系列研究。近年来，经合组织十分关注任务导向型创新政策的设计和实施，分析了日本等发达国家任务导向型创新政策的发展情况，总结政策设计和实施经验。经合组织的研究指出，任务导向型创新政策是指为动员科学、技术和创新而设计的系列政策和监管措施，以在规定的时间范围内解决与社会挑战相关的明确目标。这些措施可能跨越创新周期的不同阶段，从研究到示范和市场部署，结合了供应推动和需求拉动工具，并跨越各政策领域、部门和学科。任务导向型创新政策作为一种新型的系统干预措施，已被越来越多国家采用以应对日益严峻的社会挑战。任务导向型创新政策可以采取战略或政策框架、计划或政策方案等多种组织形式，其共同特点是包括一致的整体安排以实现战略方向，跨越政策孤岛实现政策协调，并综合实施有效的干预措施，进行政策组合，具体可分为四种类型：① 面向任务的总体战略框架，由国家政府主导，具有长期和多重的使命任务，如"德国高技术战略 2025"的任务、欧盟"地平线欧洲"的任务；② 迎接挑战的计划和方案，在机构部门层面聚焦重点，寻求加速创新，如英国的产业战略挑战基金；③ 基于创新生态系统的任务计划，由创新参与者制定创新议程，并得到公共部门的支持，如瑞典的"战略创新计划"；④ 任务导向的主题计划,在部门或机构层面聚焦特定领域的竞争力提升,如日本的超大规模集成电路计划[6]。经合组织还对支持高风险高回报研究的政策进行了专门分析,通过对若干国家的调研,分析了旨在促进高风险高回报研究的政策和资助机制。经合组织的报告认为,近年来研究资助程序变得过于保守,只鼓励渐进式科技进步,应改变资助流程并加强对高风险高回报研究的资助。高风险高回报研究具有鲜明的特点:着力解决科学技术或社会挑战,努力变革科学技术或社会范式,具有高度新颖性,同时承担着无法实现全部目标或产生重大变革的高风险。对于高风险高回报研究的资助没有统一的工具,最有效的方法是因地制宜,政府、研究资助者和研究执行机构需要采取政策行动并协同合作来促进高风险高回报研究。一方面,政策制定者要为风险承担和长期研究提供稳定支持,在资金和成果预期等方面采用长期愿景,研究资助者、政府决策者和研究机构决策者在各个层面进行更好的风险管理,消除研究人员承担科学风险的顾虑;另一方面,重新设计研究机构的人员评估和晋升政策,为研究人员提供更有利于高风险高回报研究的环境,并通过奖励冒险者和提供种子或过渡资金来激励高风险高回报研究[7]。此外,经合组织通过对法国、瑞典在内的 17 个国家公共政策咨询系统的调查,分析了公共政策咨询系统建立和运行中的各种规律和特点,为改进公共政策咨询系统提供参考。经合组织指出,政策咨询系统是支持政策设计和实施的重要支柱。建立和管理有效的公共政策咨询系统,应具有适应性和灵活性,并保持透明度和信任,有利于释放政策建议的全部潜力,使政府能够应对新的不断变化的挑战;为了给政策设计提供值得信赖、全面和公正的建议,必须保障咨询机构的自主性和包容性;政策咨询结果应及时以政府能够使用的形式呈现,从而保障咨询的有效性[8]。

18.2.2　产业创新与治理议题

一是数字技术带来的产业创新和治理新问题及其解决办法。美国布鲁金斯学会认为,新技术是典型的双刃剑,带来帮助的同时也产生了风险,政策等监管措施能够减轻新技术在隐私方面的潜在危害[9]。德国研究与创新专家委员会认为,对于德国而言,数字化变革代表了一种彻底的创新,会使德国多年来取得的竞争和专业化优势受到质疑[10]。加拿大国际治理创新中心指出,当前通过贸易协定管理跨境数据流的方法并没有形成具有约束力的、通用的或可交互操作的规则来管理数据的使用,政策制定者必须设计一种更有效的方法来监管数据贸易[11]。世界银行集团(WBG)提出，当前欧洲面临着区域发展和行业分布严重不平衡的数字技术困境，走出困境的关键在于扩大欧洲数字经济市场规模、引导数据用于商业用途以及促进数字技术的市场化和社会化应用[12]。美国信息技术与创新基金会建议，建立统一的数字经济规则，包括联邦数据隐私立法、算法问责制等。数字经济规则的国家框架将确保为所有美国居民提供相同的保护，最大限度地降低企业的交易成本，创造交易机会并提高决策效率[13]。兰德公司的学者认为，对技术的有效监督和管理措施应具有平衡性、多样性、情境性、预测性、适应性和合作性[14]。经合组织的研究报告表明，当今的数字化是企业、科学界和政府最重要的创新载体，数字技术正以多种多样且影响深远的方式改变科学家的工作、合作和出版方式[15]。数字化带来创新的新格局和新特征，创新政策也将随之转型，而政策转型的程度取决于相关领域受数字化影响的程度。支持创业、中小企业和通用技术创新等政策领域，在保留基本流程的同时，进行适当调整以适应数字创新，而有一些领域将经历深刻的变革，如科学政策要向开放科学迈进[16]。

二是前沿科技领域的创新伦理问题。经合组织以脑科学研究为例，提出"负责任的创新"，强调研究与创新必须有效反映社会需求与社会意愿，承担社会责任，形成共同期望的社会价值，并符合社会道德准则，使其具有持续的安全保障。经合组织的主要政策关注点包括：积极关注道德、社会和法律影响问题；科研资助者应重视加强科学、工程与社会人文科学间的协同，支持不同的利益相关者和专家间的预见性讨论；加强科研资助者、决策者、学术界与社会公众间的沟通；通过"前瞻性治理"和负责任的创新框架指导政策的制定与监管；技术的发展需解决国家的切实需求，增强包容性等[17]。

三是传统制造业转型升级中的创新发展。世界经济论坛在调研了全球1 000多家领先制造商的基础上遴选出16家"灯塔工厂"，在对其特征、成功经验和影响进行分析的基础上提出，网络化、智能化和自动化是第四次工业革命生产转型的主要驱动因素。为确保制造业在第四次工业革命中顺利过渡，世界经济论坛提出了6个基于价值的行动建议，即增强操作人员的能力而非替换操作人员，投资能力建设和终身学习，在区域范围内推动技术扩散，加强网络安全保护，通过开放的第四次工业革命平台进行合作，利用第四次工业革命技术应对气候变化挑战[18]。美国智库布鲁金斯学会设计开发了一个制造业记分卡，从"总体政策与法规""税收政策""能源运输与健康成本""劳动力素质""基础设施与创新"五个层面考量全球制造业环境,对包括中国、美国、法国、德国、日本等在内的 19 个主要国家进行了评分。布鲁金斯学会在比较分析全球主要国家制造业环境的基础上,提出了 6 个改善制造业环境的建议:① 追求强调政治、经济可预测性及开放贸易政策的治理战略,制定有利于进入全球市场和促进技术传播的政策,将有助于制造业发展;② 提供适当的财务激励措施,促进创新、教育和劳动力开发,包括研发和设备消费税收抵免、向国内制造商提供补助和贷款等;③ 挖掘大数据、自动化和人工智能等工具的潜能,从最初的商品设计到成功交付产品的整个流程对制造业进行变革;④ 通过技术研究和劳动力培训助力小企业发展;⑤ 提倡商业实践透明度的规则,加大监测能力建设投入;⑥ 资助供应链连接所必需的物理和数字基础设施[19]。欧盟联合研究中心(JRC)总结了产业转型需要应对的挑战,并提出欧盟未来十年创新政策制定中需关注的问题,即真正全新的政策视野和目标,促进政策的协调和简化,制定欧盟特色的政策,以及重视政策试验[20]。

四是对新一轮产业革命的前瞻性研究。经合组织认为,人类社会已经经历了三次工业革命,其代表性技术分别为蒸汽动力、电力技术和信息技术,彻底改变了人类社会的生产方式。而即将发生的第四次工业革命是数字技术、生物技术、纳米技术、3D 打印、新型材料等新技术整合创新、相互交融的结果,具有生产数字化、智能化、个性化,产业组织模式分散化、扁平化、专业化,制造业服务化、服务业产品化,多业态融合等特点,将对未来 10~15 年的生产方式、就业、收入分配、教育、贸易、社会福利和环境产生深远影响。因此,建议各国和地区主动实施前瞻性、长期一致的政策,充实教育、研究和基础设施等方面的公共投资,促进包容性发展,进一步发挥数字经济的效益,提供在线安全、隐私和消费者保护等方面的支持[21]。美国信息技术与创新基金会分析了下一轮产业革命对劳动力的影响,指出技术驱动的创新对提高生活标准非常重要,放慢技术创新速度的措施不仅会限制经济增长,而且也不能帮助受到影响的工人改变现状。因此政府应支持创新,同时建立有效的项目以帮助工人进行工作调整。政府不仅要确保货币政策向就业倾斜,还要确保出台针对落后地区的合适且有效的经济发展政策和项目,使该区域的工人有更多就业机会。美国信息技术与创新基金会进一步指出,对失业工人提供长期的资金帮助或者限制企业解雇工人等建议,会降低经济增长速度,还会在一定程度上对经济造成损害。政策的立足点应是帮助工人实现快速且成功的转型,而劳动力成功转型的一个关键要素是教育体系的转型,尤其是提高高中和大学教育的水平。同时,政府还应鼓励和支持企业与高等院校合作,鼓励员工更多地参与劳动力培训[22]。

18.2.3　创新组织与生态——跨部门协同创新议题

一是跨部门协同创新的环境与生态。韩国科学技术政策研究所将其称为"融合研发",随着创新环境的变化,融合环境和社会问题的复杂性不断加深,需要新的公共研发角色和制度,建立协同解决公共问题的创新生态系统,为此需制定新的战略和政策[23]。英国苏塞克斯大学科学政策研究所研究了如何应用跨学科研究方法以及应用这些方法所需的基本能力,提倡研究人员之间要积极互动,并以此作为知识创造和知识应用的必要前提[24]。德国弗劳恩霍夫学会系统与创新研究所关注科学技术和创新治理中的"社会一致性",认为社会相关创新的发展和传播需要商业、科学、政治和民间社会的参与者之间的跨部门交流与合作[25]。

二是创新社区的特征和内在机理。经合组织的研究认为,共享复杂的隐性知识以及创新者所需的资金、合格人才聚集的优势是促进创新集聚的主要因素。一些国家试图通过为成功的区域生态系统提供更多支持并利用集聚优势来加快创新步伐,但这些政策加剧了地理上的两极分化。因此,政策制定需同时考虑效率与均衡,为落后地区提供更多支持,确保没有哪个城市和地区被排除在创新生态系统之外,否则会严重影响创新的参与度,进而影响不同社会成员从创新中获得的利益[26]。

18.2.4　创新主体——企业和社会公众参与创新议题

一是企业创新行为特征及对企业创新的支持系统。德国弗劳恩霍夫学会系统与创新研究所分析了德国企业的基础研究活动,研究结果表明,外部知识搜索策略是企业成功的决定性因素,且市场驱动策略更倾向于知识搜索的广度[27]。德国研究与创新专家委员会对德国企业的创新行为进行了国际比较,以衡量德国的产业创新水平[28]。韩国科学技术政策研究所专门研究了家族企业的创新问题,认为家族企业的传承支持体系有利于支持企业的持续创新发展,但该体系具有不稳定性,政府有必要加强对家族企业的支持,引导家族企业进行稳定的长期创新投资,并将积累的知识和能力传给下一代[29]。

二是公众参与创新议程的方式、途径和对发挥创新效应的积极意义。其中较为典型的是经合组织的相关研究。经合组织的研究认为,社会公众参与研究议程的制定,有利于获得非专家群体的反馈意见,使研究议程设置更具包容性和参与性,并更好地了解公众的关切和需求。同时,还可以为科技创新解决社会挑战提供不同的观点,从而激发创新,并使社会公众了解研究过程,增强决策者、公众、科研人员间的相互了解,就科学政策达成社会共识,普及科学观念和常识。实施这种开放研究议程的关键是要有明确的目标和方法,可以利用在线或数字工具的方式与公众互动,定期交流和反馈并重视透明度和开放性[30]。

18.2.5　新冠疫情影响下的创新发展议题

一是如何运用技术和管理创新应对疫情带来的挑战。美国信息技术与创新基金会认为,社会治理更多地采用数字化手段,既是数字技术发展的结果,也是疫情使然。疫情之下社会生活更加依赖互联网,加强互联网基础设施建设十分紧迫[31]。该智库还研究了对受到疫情冲击的小型企业的支持,指出小型风险投资支持企业未能获得工资保护贷款,2020 年总计损失超过 100 万个就业岗位,为应对危机,政府应采取积极措施以防止大规模裁员引发的失业潮[32]。德国研究与创新专家委员会指出,COVID-19 危机会影响中小企业,并显著减少其创新支出,但同时也可以成为向新技术过渡的催化剂,政府应根据可靠的资格标准迅速支付援助资金[33]。布鲁金斯学会认为,美国公众在新冠疫情期间对互联网的依赖已经改变了其疫情后的行为方式,目前遇到的问题主要是数字鸿沟和经济问题。布鲁金斯学会的研究报告就此提出了相应的解决方案[34]。同时,该智库还认为,远程医疗的价值和必要性在新冠疫情中得到了充分显现,后疫情时代对远程医疗的治理尤为重要[35]。英国苏塞克斯大学科学政策研究所研究了新冠疫情背景下对数据治理提出的新要求,认为应建立一个健康的制度结构,规范大型科技平台(如谷歌和苹果)以及公共机构在管理数据方面的作用[36]。

二是疫情对创新本身产生的影响。经济合作与发展组织对此做了专门研究。该研究首先分析了 2020 年 COVID-19 危机对各国科技创新生态系统的影响:① 研发的开放性和速度有所改善,各国采取多种措施促进研究和数据共享及关键研究基础设施(如高性能计算)的获取,使知识得以大规模传播;② 疫情封锁措施对科技创新生态系统产生了负面影响,如由于进入实验室的机会有限而导致研究项目中断、研究人员流动受限、人力资源培训中断等;③ 创新型企业在疫情冲击中显示了一定的韧性,解决了 COVID-19 危机导致的创新需求增加的问题，许多企业在 2020 年引入了流程和产品创新以在疫情防控期间适应市场需求；④ 由于合作机会减少，商业创新受到一定影响，获得创新设施和研发合作的机会受限，可能会降低未来的创新率[37]。经合组织还分析了 COVID－19 疫情给科技创新共同体带来的前所未有的变化：疫情危机的科技创新响应，疫情影响下的公共研究资助与基础设施建设，研究人力资源、资助政策对商业研发的支持，国际合作解决全球挑战与危机，促进机器人技术开发，工程生物学在应对全球挑战中的作用，以及支持危机应对和经济社会恢复的科技创新监管。经合组织的研究指出，COVID－19 危机对公共政策的各方面都提出了特殊挑战，各国政府日益寻求利用集体智慧来发挥社会的全部创新潜力。为了调整科技创新政策以应对长期挑战，经合组织的研究报告提出建议：① 政策须将创新工作引导到最需要的地方；② 解决因 COVID－19 和可持续发展转型之类的复杂问题而凸显的跨学科研究需求；③ 政府应将对新兴技术（如工程生物学和机器人技术）的支持与包含负责任的创新原则的使命结合起来；④ 改革人才发展政策以应对未来挑战；⑤ 建立有效和可持续的全球机制以应对更大范围的全球挑战；⑥ 政府需更新其政策框架和能力，以实现更具雄心的科技创新政策议程[38]。

18.2.6　中国创新对世界的影响议题

中国近年来的发展成就有目共睹，在全世界得到了普遍认可。各智库一方面对中国的经济和科技发展给予了充分肯定，另一方面也对中国的创新政策开展研究并做出多角度的评价。如德国弗劳恩霍夫学会系统与创新研究所 2020 年的研究报告认为，中国的赶超不仅体现在经济层面，还体现在战略和政策层面。"互联网＋"战略和制造业领域的创新战略作为支持"创新驱动发展战略"的知名政策，对衡量中国的经济和技术竞争力发展至关重要[39]。布鲁盖尔研究所指出，中国正在成为美国之后的全球第二大重要研发活动地，但是海外留学生的回国倾向并不高，所以需要发展具有世界顶尖水平的本土科研机构，真正支持科学家的能力发展，建议欧盟加强与中国的科学联系，以便在未来的多极科学世界中占有一席之地[40]。加拿大国际治理创新中心 2021 年的研究报告认为，中国从一个技术落后的国家变成一个技术超级大国，部分原因是其风险投资部门在支持初创企业方面的成功。从致力于解决日益普遍的全球贸易困境的角度看，中国制造业创新政策的总体目标和支撑这些目标的政策并非不合理[41]。美国国际战略研究中心 2018 年的研究报告认为，中国科技创新的高投入并没有转化为成功的创新性产出,主要体现为高科技研发与市场的连接仍然不足[42]。美国信息技术与创新基金会 2020 年的研究报告则武断地认为,中国的政策损害了美国的利益[43]。

18.3　总结与展望

18.3.1　全球科技创新战略可能成为智库关注的新热点

为了发挥决策咨询功能,各智库在研究创新议题时,几乎都会针对本国在相关领域内存在的问题,提出完善现有政策的建议,有些建议是原则性、方向性的,有些则非常具体。而以创新政策本身作为研究对象时,侧重点主要是面向国内经济发展的需要,如何完善或重构国内创新政策框架和科技战略。但随着创新资源在全球流动性的不断增强,一国(尤其是主要发达国家)经济、科技战略和政策的变化往往会"牵一发而动全身",对国际局势的变化产生不同程度的影响,其他国家也需要做出应对。因此,除了研究本国创新政策体系外,国外智库也开始以更广阔的视角,从政策设计、政策实施和政策效用的发挥等角度对不同国家和地区各种类型的创新政策开展深入研究。不同于国家创新政策体系的"面"上研究视角,此类政策研究侧重于对某一类创新政策的"点"上深入挖掘,将创新理论与实证案例相结合,寻找创新政策在不同经济发展环境下体现出的内在规律,为制定更加全球化的创新战略打下基础。

18.3.2　产业创新与治理的研究与社会经济发展的结合更加紧密

随着人工智能、生物技术、量子科技、通信等高科技领域前沿技术的颠覆式创新不断涌现,产业创新和随之而来的创新治理问题,成为各家智库的重点议题。一方面,前沿技术的发展和创新治理是当今的研究热点。随着数字技术的飞速发展,加之疫情隔离措施等诸多因素的共同作用,数字经济新业态迅速扩张,对传统经济模式带来了巨大的冲击和深刻变革,展现出不可估量的发展前景。与此同时,跨境数据流动中的数据权利、数据安全、数据监管和隐私保护等问题也逐渐浮出水面,成为各大智库重点研究的对象。在高技术产业创新尤其是前沿科技领域的创新治理中,创新伦理问题一直受到国外智库的关注,以社会伦理约束技术创新及其应用的发展方向，是各智库对前沿技术创新治理的基本态度。另一方面，除了高技术前沿领域以外，传统制造业的转型升级仍然是智库研究相当集中和深入的领域。传统制造业的转型升级蕴含着大量的创新需求，国外主要智库从制造业的技术创新、产业发展环境、政策措施等角度开展研究。近年来，无论是高科技产业还是传统产业，国外智库产业创新研究的一个重要特征是并不局限于某个产业领域本身，而是越来越着眼于产业革新对全社会的影响，研究范围从本国本地区延伸到世界市场，从社会经济发展的角度进行前瞻性研究并提出相应的政策建议。

18.3.3　创新主体的拓展和跨部门协同创新成为创新生态建设的核心议题

创新生态是全社会创新必不可少的可持续支持系统，创新主体则是创新体系的灵魂。各智库近年的创新研究涉及大学、科研机构、企业和人才等创新主体，企业是重点研究对象。各智库大多在大范围调研本国企业创新的基础上，对企业创新行为特点进行分析并提出措施建议，相关研究结论的实证基础较强，所提建议与本国企业的发展特色紧密相关。随着创新系统日益复杂，创新主体日益多元化，利益相关者范围不断扩大，国外智库还将研究视线投向社会公众，研究公众参与创新议程的方式、途径和对发挥创新效应的积极意义。多家智库均注意到多主体、跨部门协同创新的发展趋势，积极研究与其相关的区域创新环境和社会协同能力，在创新生态领域的研究中逐渐成为重点。跨部门协同创新的发展往往意味着创新相关主体在一定区域集聚，即创新社区的出现，其特征和内在机理是形成区域创新生态的重要基础，创新社区也是形成创新型社会的基本单元。部分智库以实证案例的方式对典型的创新社区进行观察和分析，并提出政策建议。

18.3.4　新冠疫情对创新战略和政策产生深远影响

席卷全球的新冠疫情，不仅对人类健康和公共卫生防疫体系带来巨大威胁，而且打破了人类社会既有的生活、工作模式，阻碍了社会经济运行的发展步伐，也对如何运用创新应对这些新挑战提出了更高要求。各智库敏锐地意识到了这一问题，对此进行了较为集中的研究。首先，在需要运用技术和管理创新应对疫情带来的挑战方面，各智库的研究主要集中于以数字化手段加强创新驱动和社会治理，并对受疫情影响最为严重的中小企业给予直接支持。其次，疫情不仅给社会发展带来挑战,而且对创新本身也产生了深远的影响。它将从社会管理、经济发展、工作模式、生活方式乃至公众心理等多方面对整个世界产生全方位的影响。一些国外智库已开始从疫情对社会行为模式带来的变化入手,预测创新行为和范式在未来可能的演变趋势,从而对创新政策的调整和发展提出建议。

参考文献

[1] ROBERT D ATKINSON,CALEB FOOTE. Is China catching up to the United States in innovation? [EB/OL].(2019 - 04 - 08) [2022 - 07 - 01]. https://itif.org/publications/2019/04/08/china-catching-united-states-innovation/.

[2] ROBERT D ATKINSON. Understanding the U.S. national innovation system,2020 [EB/OL]. (2020 - 11 - 02) [2022 - 07 - 01]. https://itif.org/publications/2020/11/02/understanding-us-national-innovation-system-2020.

[3] ROBERT D. ATKINSON. Time for a new national innovation system for security and prosperity,PRISM [EB/OL]. [2022 - 07 - 01]. https://ndupress.ndu.edu/Media/News/News-Article-View/Article/2541901/time-for-a-new-national-innovation-system-for-security-and-prosperity/.

[4] LOREN DEJONGE SCHULMAN, AINIKKI RIIKONEN. Trust the process national technology strategy development,implementation,and monitoring and evaluation [EB/OL]. [2022 - 07 - 01]. https://www.cnas.org/publications/reports/trust-the-process.

[5] EFI. Implementation of the high-tech strategy 2025[EB/OL]. [2022 - 07 - 01]. https://www.e-fi.de/fileadmin/Assets/Themenverzeichnis/Inhaltskapitel_EN_2020/EFI_Report_2020_A1.pdf.

[6] PHILIPPE LARRUE. The design and implementation of mission-oriented innovation policies:a new systemic policy approach to address societal challenges [EB/OL]. [2022 - 07 - 01]. http://www.oecd.org/innovation/the-design-and-implementation-of-mission-oriented-innovation-policies-3f6c76a4-en.htm.

[7] OECD. Effective policies to foster high-risk/high-reward research[EB/OL]. [2022 - 07 - 01]. https://www.oecd.org/sti/inno/effective-policies-to-foster-high-risk-high-reward-research-06913b3b-en.htm.

[8] OECD. Policy advisory systems,supporting good governance and sound public decision making[EB/OL]. [2022 - 07 - 01]. http://dx.doi.org/10.1787/9789264283664-en.

[9] CAMERON F KERRY. Breaking down proposals for privacy legislation:how do they regulate? [EB/OL]. [2022 - 07 - 01]. https://www.brookings.edu/research/breaking-down-proposals-for-privacy-legislation-how-do-they-regulate/.

[10] EFI. Area for action:digital change [EB/OL]. [2022 - 07 - 01]. https://www.e-fi.de/fileadmin/Assets/Themenverzeichnis/Inhaltskapitel _ EN _ 2017/EFI _ Report _ 2017 _

Chapter_A6. pdf.

[11] SUSAN ARIEL AARONSON. Data is different：why the world needs a new approach to governing cross-border data flows［EB/OL］.［2022 - 07 - 01］. https：//www. cigionline. org/publications/data-different-why-world-needs-new-approach-governing-cross-border-data-flows/.

[12] MARY HALLWARD DRIEMEIER, GAURAV NAYYAR, WOLFGANG FENGLER, et al. Europe 4. 0：addressing Europe's digital dilemma［EB/OL］.［2022 - 07 - 01］. https：//openknowledge. worldbank. org/bitstream/handle/10986/34746/154213. pdf? sequence=1&isAllowed=y.

[13] ALAN MCQUINN, DANIEL CASTRO. The case for a U.S. digital single market and why federal preemption is key［EB/OL］.［2022 - 07 - 01］. https：//itif. org/publications/2019/10/07/case-us-digital-single-market-and-why-federal-preemption-key/.

[14] SALIL GUNASHEKAR, SARAH PARKS, JOE FRANCOMBE, et al. Oversight of emerging science and technology：learning from past and present efforts around the world［EB/OL］.［2022 - 07 - 01］. https：//www. rand. org/randeurope/research/projects/oversight-of-emerging-science-and-technology. html.

[15] OECD. The digitalisation of science, technology and innovation：key developments and policies［EB/OL］.［2022 - 07 - 01］. http：//www. oecd. org/going-digital/digitalisation-of-STI-summary. pdf.

[16] DOMINIQUE GUELLECI, CAROLINE PAUNOVI. Innovation policies in the digital age［EB/OL］.［2022 - 07 - 01］. https：//www. oecd-ilibrary. org/science-and-technology/innovation-policies-in-the-digital-age_eadd1094-en.

[17] OECD. Neuro technology and society：strengthening responsible innovation in brain science［EB/OL］.［2022 - 07 - 01］. http：//dx. doi. org/10.1787/f31e10ab-en.

[18] WEF. Fourth Industrial Revolution：beacons of technology and innovation in manufacturing［EB/OL］.［2022 - 07 - 01］. http：//www3. weforum. org/docs/WEF_4IR_Beacons_of_Technology_and_Innovation_in_Manufacturing_report_2019. pdf.

[19] DARRELL M WEST, CHRISTIAN LANSANG. Global manufacturing scorecard：how the U.S. compares to 18 other nations［EB/OL］.［2022 - 07 - 01］. https：//www. brookings. edu/research/global-manufacturing-scorecard-how-the-us-compares-to-18-other-nations/.

[20] PIETRO MONCADA-PATERNO-CASTELLO, NICOLA GRASSANO, ANTONIO VEZZANI. Innovation and industry：policy for the next decade［EB/OL］.［2022 - 07 - 01］. https：//ideas. repec. org/p/ipt/iptwpa/jrc109610. html.

[21] OECD. The next production revolution：implications for governments and business［EB/OL］.［2022 - 07 - 01］. http：//www. oecd-ilibrary. org/science-and-technology/the-next-production-revolution_9789264271036-en.

[22] ROBERT D ATKINSON. Emerging technologies and preparing for the future labor market［EB/OL］.［2022 - 07 - 01］. http：//www2. itif. org/2018-emerging-technology-future-labor. pdf?_ga=2.25707197.1001241803.1522287390-366065912.1519866883.

［23］JONGHWA CHOI, SEONGMAN JIN, SEUNGWOO YANG，et al. Ways to reform related law for convergence R&D activation ［EB/OL］. ［2022 - 07 - 01］. https：//stepi. re. kr/common/report/Download. do?reIdx＝19&cateCont＝A0508&streFileNm＝A0508_19.

［24］FRÉDÉRIQUE BONE, MICHAEL M HOPKINS, ISMAEL RÀFOLS, et al. Dare to be different? Applying diversity heuristics to the evaluation of collaborative research ［EB/OL］. ［2022 - 07 - 01］. https：//papers. ssrn. com/sol3/papers. cfm?abstract_id＝3413034.

［25］HENDRIK BERGHÄUSER, JAN C BREITINGER, THOMAS JACKWERTH-RICE, et al. Austausch und vernetzung in missionsorientierten innovationsprozessen ［EB/OL］. ［2022 - 07 - 01］. https：//www. bertelsmann-stiftung. de/fileadmin/files/BSt/Publikationen/GrauePublikationen/Studie_NW_Austausch_und_Vernetzung_in_missionsorientierten_Innovationsprozessen_2021. pdf.

［26］CAROLINE PAUNOVI, DOMINIQUE GUELLECI, NEVINE EL-MALLAKHII, et al. On the concentration of innovation in top cities in the digital age ［EB/OL］. ［2022 - 07 - 01］. https：//www. oecd-ilibrary. org/docserver/f184732a-en. pdf?expires＝1577434703&id＝id&accname＝guest&checksum＝3172F8B05A94C875FAE020A8FE7B2DB3.

［27］YOUNES IFERD, PATRICK PLÖTZ. External search strategies：the role of innovation objectives and specialization ［EB/OL］. ［2022 - 07 - 01］. https：//ideas. repec. org/p/zbw/fisisi/s022018. html.

［28］EFI. Innovation behaviour in the business sector［EB/OL］. ［2022 - 07 - 01］. https：//www. e-fi. de/fileadmin/Assets/Themenverzeichnis/Inhaltskapitel_EN_2021/EFI_Report_2021_C3. pdf.

［29］YOONHWAN OH, EUN-A KIM, CHAN SOO PARK. Policy plan to support innovation-friendly inheritance of family business ［EB/OL］. ［2022 - 07 - 01］. https：//stepi. re. kr/common/report/Download. do?reIdx＝28&cateCont＝A0508&streFileNm＝A0508_28.

［30］OECD. Open research agenda setting［EB/OL］. ［2022 - 07 - 01］. http：//dx. doi. org/10. 1787/74edb6a8-en.

［31］DOUG BRAKE. Lessons from the pandemic：broadband policy after COVID - 19 ［EB/OL］.（2020 - 07 - 13）［2022 - 07 - 01］. https：//itif. org/publications/2020/07/13/lessons-pandemic-broadband-policy-after-covid-19/.

［32］ROBERT D ATKINSON. How SBA's affiliation rules for venture- backed firms will limit the effectiveness of the paycheck protection program ［EB/OL］.（2020 - 03 - 31）［2022 - 07 - 01］. https：//itif. org/publications/2020/03/31/how-sbas-affiliation-rules-venture-backed-firms-will-limit-effectiveness/.

［33］EFI. Impact of COVID - 19 crisis on R&I［EB/OL］. ［2022 - 07 - 01］. https：//www. e-fi. de/fileadmin/Assets/Themenverzeichnis/Inhaltskapitel_EN_2021/EFI_Report_2021_A1. pdf.

［34］TOM WHEELER. 5 steps to get the internet to all Americans ［EB/OL］. ［2022 - 07 -

01]. https://www.brookings.edu/research/5-steps-to-get-the-internet-to-all-americans/.

[35] NICOL TURNER LEE. Removing regulatory barriers to telehealth before and after COVID-19 [EB/OL]. [2022 - 07 - 01]. https://www.brookings.edu/research/removing-regulatory-barriers-to-telehealth-before-and-after-covid-19/.

[36] MARIA SAVONA. The saga of the COVID-19 contact tracing apps：lessons for data governance，SWPS 2020 - 10[EB/OL]. [2022 - 07 - 01]. https://ideas.repec.org/p/sru/ssewps/2020-10.html.

[37] OECD. Science，technology and innovation in the time of COVID-19 [EB/OL]. [2022 - 07 - 01]. http://www.oecd.org/innovation/science-technology-and-innovation-in-the-time-of-covid-19-234a00e5-en.htm.

[38] OECD. OECD Science，technology and innovation outlook 2021：times of crisis and opportunity [EB/OL]. [2022 - 07 - 01]. http://www.oecd.org/innovation/oecd-science-technology-and-innovation-outlook-25186167.htm.

[39] FRIETSCH RAINER. Current R&I policy：the future development of China's R&I system [EB/OL]. [2022 - 07 - 01]. https://econpapers.repec.org/paper/zbwfisidp/63.htm.

[40] REINHILDE VEUGELERS. The challenge of China's rise as a science and technology powerhouse [EB/OL]. [2022 - 07 - 01]. http://bruegel.org/wp-content/uploads/2017/07/PC-19-2017.pdf.

[41] HE ALEX. China's techno-industrial development：a case study of the semiconductor industry [EB/OL]. [2022 - 07 - 01]. https://www.cigionline.org/publications/chinas-techno-industrial-development-case-study-semiconductor-industry/.

[42] SCOTT KENNEDY. The fat tech dragon benchmarking China's innovation drive [EB/OL]. [2022 - 07 - 01]. https://www.csis.org/analysis/fat-tech-dragon.

[43] NIGEL CORYRO, BERT D ATKINSON. Why and how to mount a strong, trilateral response to china's innovation mercantilism [EB/OL]. (2020 - 01 - 13)[2022 - 07 - 01]. https://itif.org/publications/2020/01/13/why-and-how-mount-strong-trilateral-response-chinas-innovation-mercantilism/.

作者简介

田贵超 上海科技管理干部学院
龚　晨 上海科技管理干部学院

终章

结论 全球科技智库到底在研究什么？

张聪慧 李辉

基于对全球代表性科技智库最近 5 年的研究成果的分析，我们试图回答：具有科技属性、时代属性、立场属性的科技智库，在如何推动科技发展、如何促进科技应用、如何加强科技治理、如何助力国家间的科技竞争等方面的议题上，都有哪些讨论和成果。通过对全球科技智库思想成果的观察，我们希望能够刻画科技智库在当前这场全球变局中的角色。

在本书的上篇和下篇中，我们研究了全球代表性的科技智库及其代表性的议题。作为全书的总结，我们希望基于前文对智库研究成果的分析建立一个框架，最终概略性地回答本书一开始设定的问题：全球科技智库到底在研究什么？

智库与决策者之间的互动，最主要是通过两种媒介：议题和方案。首先是提出问题，智库研究的问题要么是决策者关心的，要么是智库提醒决策者需要关心的。其次是给出方案，或是战略政策建议，或是一些具体的措施。智库与决策者之间的互动，最终以智库有价值的方案被决策者采纳而完成。本书绪论部分提到，科技智库具有时代属性、立场属性和科技属性。这三个属性正是通过科技智库的议题和方案体现的。

"议题"和"方案"具有明显的时代属性。每一个时代都有每一个时代的核心命题。本书选定的时间范围是2017—2021年，从宏观背景来说，这是百年未有之大变局逐渐显现、新一轮科技革命和产业变革正在勃兴之时；从具体事件来看，美国前任总统特朗普在2017年上台，引发了全球格局包括科技格局的剧烈变化。世界各国的决策者在变幻动荡的局势中迫切需要智库的支撑。智库数量因世界各国决策者的需要而大增，智库的作用也日益趋重。以最近的5年为考察尺度，在瞬息万变的全球变局中能够更好地理解智库研究近期的发展、当下的局势与未来的趋势。而通过本书上下篇的研究，我们确实看到，智库近年来有大量的研究是针对百年未有之大变局以及新一轮科技革命和产业变革而展开的，为世界各国的决策提供了丰富的思想资源。

"议题"和"方案"具有明显的立场属性。每一个智库都有自己的核心服务对象。世界上的顶级科技智库，大部分宣称自己是"独立"的，以及自己的研究不受特定利益群体的影响，它们所宣称的使命，看上去都是为全人类服务的。但如果仔细分析它们的主要研究内容，也就是它们研究的问题和给出的方案，可以发现大部分智库实际上都是为所在国家服务的。我们研究发现，由于服务于不同的政府，不同的智库针对同样的问题也会给出不同甚至是互相攻防的解决方案。所谓"独立"的智库，实际上国家（政治）立场明显。

那么，"议题"和"方案"具有怎样的科技属性呢？毫无疑问，在本书的前言中，我们设定：科技智库是指其讨论的问题和给出的方案，都是与科技相关的。而通过本书上下篇对世界各地与科技相关智库的分析，我们需要对"与科技相关"进行进一步的拆解,这样才能从纷繁复杂的问题中整理出简单的分析框架。这样的拆解分析是最终回答"全球科技智库到底在研究什么"所必需的。目前来看,学界似乎还没有一个公认的分析框架。基于本书对国际上 12 家代表性智库上千份研究成果的专题研究,我们认为,科技智库研究的问题与方案的科技属性主要体现在 4 个方面:① 如何推动科技发展;② 如何促进科技应用;③ 如何加强科技治理;④ 如何服务科技竞争。在这 4 个方面中,①②属于内政偏向的属性,④属于外交偏向的属性,③则兼具内政和外交属性。

作为本书的总结,我们试着从这 4 个方面来整理在过去 5 年代表各个国家利益的科技智库正在研究的问题和给出的方案。鉴于本书选取的科技智库都有较高知名度,在各自国家的决策体系中扮演着重要角色,同时基于科技智库的时代属性和立场属性,可以确定,这些智库研究的问题极大可能是该国决策者正在关注或者正在被提醒关注的问题,而智库提供的方案也基本已经转化或者正在转化或者正在被评估是否应转化为该国的内政或外交政策。

一、如何推动科技发展

从全球科技智库过去 5 年的研究内容来看,如何推动科技发展是非常重要的研究议题,即如何推动科技活动规模的扩大与水平的提高。具体来看,主要聚焦在两方面:一是发展什么样的科技(what),以及怎样发展科技(how);二是发展科技,值得关注的方向。

1. 发展什么科技,怎样发展科技

发展什么样的科技,是对科技整体进行分门别类的细化,然后选择出重要的领域。由于政府财政收入的限制,并非所有科学技术门类都能得到支持,政府必须有所选择。我国科技发展主要有 4 个面向:面向世界科技前沿、面向经济主战场、面向国家重大需求、面向人民生命健康。从科技智库的研究议题来看,各个国家对于科技的发展有不同的面向选择。尤其值得注意的是,近几年由于地缘政治因素的影响,很多国家开始思考技术独立的问题,比如美国通过一系列的战略举措强调要维护自己在科技领域的全球领导力,我国提出了"科技自立自强"的国家战略,欧洲也提出了类似的技术独立的战略。在这种新的战略趋势下,世界上的重要国家和地区对于科技的发展,必须既要强调发展前沿领域,也要强调对重要领域有所掌控。然而,政府资源毕竟是有限的,到底如何选择具体领域,尤其考验科技智库的战略眼光。

怎样选择政府推动发展的科技领域？首先是依靠科技共同体的意见。很多国家的科学院同时具有给政府提供此方面建议的智库属性，比如德国马普学会、美国科学院。当然，这类研究机构并不直接为一国经济社会发展建言献策，但是它们理解科技发展的规律，客观上也是能帮助政府做出科技决策的智库，这些机构的科技实力越强，越具有科技智库的属性。每个国家的重大科学战略决策过程，一般来说都有科学家、科学研究机构的参与。科学家、科学研究机构既是科技政策的服务对象，也是科技政策的咨询建议者。除了科学共同体的专业意见之外，决策者很多时候还要根据国际和国内形势考虑其他方面的因素——这方面的参考建议是专业智库可以提供的。在某些特殊情形下，有些国家甚至可能决定不发展科技——并不是所有国家都认为必须发展科技。

另外，对发展什么样的科技的选择也是动态的。国际上普遍关注的美国政府对关键和新兴技术的选择，就是一个动态的调整清单。2022 年 2 月，美国国家科学技术委员会发布了新一版关键和新兴技术清单。该清单以美国 2020 年《关键和新兴技术国家战略》为基础，对其中的关键和新兴技术领域列表做了调整和更新，并具体列出了各领域内的核心技术子领域清单。在中华人民共和国成立初期，我国也面临着优先发展军用科技还是民用科技的选择；在更细分的科技领域也有具体的选择，比如优先发展航天技术还是优先发展航空技术。

从本书对全球代表性智库最近 5 年研究议题的分析来看，科技领先的国家为了维持自己的领先地位，会特别关注新兴技术，目的是抢占未来的科技制高点，从而为未来的经济社会发展奠定先发优势。对于一些欠发达国家来说，它们可能更关注适应国情的实用技术。当然，在新的国际形势下，与安全有关的科技也得到了高度重视。之所以选择这些关键和新兴技术，是因为有很多科技智库的各种论证支持。比如美国兰德公司一直重点关注通信技术、公共健康保健、空间科技及人工智能等新兴技术。再比如新美国安全中心一向密切关注并鼓吹美国发展可作军用的新兴技术。当然，并非所有国家都有意愿或有能力选择和美国一样的科技发展方向。比如俄罗斯，其在军工、航空航天、核能、医学等多领域仍然保持着领先优势，但是在一些新兴的高科技领域已经不再处于世界领先地位，该国智库斯科尔科沃科学技术研究所关注的一些技术领域，看上去似乎并没有那么前沿。

怎样发展科技，与促进科技发展的体制机制，包括科技管理机制、人才培养机制、资金保障机制等相关。各国的体制机制并不一样，举个简单例子，美国并没有科技部，推动科技发展依靠的是国防部、美国国家科学基金会、美国国立卫生研究院等具体部门；中国、印度等国家则有专门的科技部。不过，随着局势的变化，各国在促进科技进步的体制机制建立上也会做相应的调整，比如美国很多智库都在呼吁美国要建立国家层面的技术委员会，成立国家层面的技术发展基金，等等。

2. 发展科技，值得关注的方向

各国国情不同，关注的科技重点发展方向也有所不同。如果从未来发展的角度来看，从本书分析的代表性科技智库尤其是发达国家科技智库的研究报告来看，一些前沿的科技领域正受到决策者的高度关注，比如人工智能、生物医药、能源科技、5G 和集成电路、安全科技等。本书的下篇已经围绕几个重点方向进行了专题分析。本书未专门分析涉及安全的技术，主要因为这方面公开的研究资料并不多，比较著名的智库是美国的新美国安全中心。该智库认为很多军民两用的技术，如传感器、云计算、人工智能、自主系统、基因组学、合成生物学、脑机接口、量子技术等新技术，都有可能在军事中得到实际应用，因此美国必须掌握优势。

由于科技智库主要集中在发达的西方国家，所以这些智库研究的热门科技领域，往往是西方科技发达国家关注的重点。实际上，科技不那么发达的国家，还是比较倾向于科技上的跟随。比如俄罗斯虽然在军工科技领域领先，但其整体科技实力并不突出，从本书选取的俄罗斯智库来看，它们这几年研究的神经科学、物联网、能源开发等方向，其实很多是发达国家 5 年以前的研究热点。再看印度科技智库的研究议题，多集中于能源技术、农业技术等，也都是为解决普遍的民生问题。由此来说，抢占未来科技先机和发展安全可控的科技，可能还不是很多后发国家关注的重点。

从目前的智库研究成果来看，智库对推动科技进步的建议呈现出两个趋势：建议政府强力干预科技发展和建议技术自主可控化。

推动成立国家层面的协调机构和计划成为趋势。美国联合生物防御委员会建议美国政府启动"生物防御曼哈顿工程"和"阿波罗生物防御计划"等倡议。美国信息技术与创新基金会提出，美国应该制定国家战略促进低碳经济发展，并启动清洁能源的"登月计划"。其中，美国议会正在论证的《美国创新与竞争法案》如果最终通过，将成为美国在国家层面高度干预科技发展的法律。德国研究与创新专家委员会提出要成立欧洲创新委员会。美国国家科学院建议在关注和支持基础研究的国家科学基金会之上，建立一个国家技术委员会，专注和支持高风险关键技术研发。

加大研发投入是另一个很明显的趋势。实际上，推动科技进步本身就是"钱"变"成果"的过程。从目前西方科技发达国家的智库来看，增加科研经费是很多科技智库都在呼吁的。德国研究与创新专家委员会建议将该国研发投入的 GDP 占比提升至 3%～3.5%。美国的智库也呼吁增加研发经费。美国联合生物防御委员会建议美国政府每年投入 100 亿美元，力争在 2030 年前结束大流行病威胁时代。在前期大量智库研究和建议的结果基础之上，一些建议已经转化为政策。如在 2022 年 2 月，欧盟《芯片法案》颁布，计划投入超过 430 亿欧元以提振欧洲芯片产业，其中 110 亿欧元用于加强现有的研究、开发和创新。以美国众议院通过的《美国创新与竞争法案》为例，该法案提到要以资助和补贴的形式投入高达 520 亿美元，来发展美国的集成电路相关行业。

完善人才培养和引进机制成为趋势。科技发展和科技安全归根结底要依靠人才。发达国家非常重视人才，一方面是自己培育，另一方面是吸引国外的人才。新美国安全中心在研究国家技术战略时，明确提出了为了提升美国的竞争力，要制定和执行国家技术人力资本战略，包括扩大公共和私营部门对 STEM 教育和技能培训的投入，吸引并留住世界上最优秀的科技人才，解决学术界高技能人才流失的问题等。德国研究与创新专家委员会论证了德国的大学教育问题，其实也是在讨论德国的科技人才问题。俄罗斯斯科尔科沃科学技术研究所研究认为俄罗斯科研人员的薪水完全无法和发达国家竞争。

为什么世界各国会如此重视科技发展，尤其是重视关键技术的发展？最基本的诉求其实是为经济社会发展提供支撑。虽然科学的发展是长期的，不确定性很大，但技术发展的效果是直观的，也与经济和安全的关系紧密。另外，近几年因为地缘政治的关系，各国为了安全起见，开始加速思考技术独立的问题，也进一步激发了各国发展出一套自己可控的技术体系的需求。

二、如何促进科技应用

现代科技极大地改变了人类社会的面貌，加速了社会的变革演化，加快了人类文明的发展历程。更具体地说，科技能够支撑和引领经济社会发展。对于很多国家而言，之所以要发展科技，就是为了促进经济社会发展。而很大一部分科技智库存在的理由和价值，就在于能够为政府提供如何促进科技应用从而推动经济社会发展的建议。科技促进经济社会发展是比较宽泛的框架，创新驱动发展则是其中一个重要的部分。我国当前明确提出了创新驱动发展战略，很多国家也都提出了类似的战略。有些国家虽然还没有到创新驱动发展的阶段，但也都在思考科技如何赋能发展。

关于如何促进科技应用，各智库最近5年发布了大量相关报告，既有具体理念，也有具体措施。我们梳理出6个主要方面：① 推动科技解决全人类共同面临的问题；② 推动创新驱动发展；③ 推动新产业变革；④ 推动科技解决生存困境；⑤ 推动可持续发展；⑥ 推动科技促进发展背后的理论创新。

1. 推动科技解决全人类共同面临的问题

一些科技智库立志为全人类服务，希望用科技手段来解决宏大、长远的人类发展命题。奥地利的国际应用系统分析研究所是由美国前总统约翰逊建议并于1972年成立的研究所，致力于解决单个国家或者单个学术研究无法解决的问题，提出解决全球乃至全宇宙的大问题的解决方案。美国的圣塔菲研究院是为解决我们这个时代的宏观问题而成立的一家机构，寄希望于从物理、数学和生物到人文社会科学的碰撞中，提出改进这个世界的新思想。

2. 推动创新驱动发展

著名管理学家迈克尔·波特认为经济发展有四个阶段：要素驱动、投资驱动、创新驱动和财富驱动。对于进入创新驱动发展阶段的国家来说，智库的工作通常是依据创新发展理论，立足本国的情况，提出政府如何推动创新驱动发展的针对性建议，其目的在于提高创新效率、提升创新质量，以及应对突发性的创新障碍。本书下篇中的专题研究就是围绕这些方面展开的。其中，德国研究与创新专家委员会在这方面的工作非常具有代表性。该委员会每年向政府提供德国的创新评估报告，对德国的创新实力进行历史比较和国际比较，对德国的创新前景进行预测，并且提出优化创新政策的建议。实际上每个国家的创新驱动发展，都需要智库在这三方面的持续性评估和建议。当然，国情不同，智库关注和建言的方向也各有不同。比如，美国关心如何让自己的产业始终具有全球领导力，德国关心如何实现数字化转型，韩国关心如何在巨头主导的经济中促进小企业创新，俄罗斯关心如何在国企垄断的环境中推动企业创新，印度关心如何促进能源创新以满足不断增长的需求，等等。另外，智库还要就突发情况对创新发展可能带来的影响给出建议，比如面临疫情暴发，智库需要给政府提供减轻或避免疫情对创新造成影响的方案。美国信息技术与创新基金会在美国疫情暴发期间，针对中小企业的支持政策、数字化社会治理、公共卫生服务、互联网基础设施建设等问题进行了大量研究。

3. 推动新产业变革

新一轮产业变革正蓬勃发展,抓住机遇意味着在未来的全球产业链中占据有利地位。美国信息技术与创新基金会着重关注集成电路、人工智能、生物医药、信息通信、先进制造等高新技术产业。德国弗劳恩霍夫学会系统与创新研究所着重关注电动汽车、先进制造、信息通信、轻质材料、5G 等领域,将高科技领域与德国的优势产业相结合。德国研究与创新专家委员会关注氢能源、电动汽车等产业。韩国科学技术政策研究所关注与本国的传统优势产业——电子信息技术及其相关的产业,如智能移动、数字经济、元宇宙等。这些实际上都代表了智库对本国产业发展机遇的研判。本书重点讨论的集成电路、人工智能、生物医药,是大多数国家重点关注的未来产业方向。

值得注意的是,各国国情不同,选择追求的新产业方向可能有所不同。不过全球几乎所有科技智库都在关注数字经济。数字经济是一个内涵比较宽泛的概念,凡是利用数据资源或利用数据资源引导其他资源发挥作用,从而推动生产力发展的经济形态都可纳入其范畴。数字经济的"科技性"在于,它依赖包括大数据、云计算、物联网、区块链、人工智能、5G 等新兴技术的支持。而数字经济之所以得到如此多智库以及政府决策者的关注,是因为数字经济不单纯是信息技术产业,更是一种泛在的经济形态,它可以与诸多行业产生关联,比如生物产业、能源产业、制造业等,实际上都可以数字化并成为数字经济的一部分。

针对如何发展新产业,虽然各个智库提供的解决方案有所不同,但是有一些共同的趋势,主要有两种:一是建立数字时代的基础设施;二是建立与可持续发展相匹配的能源基础设施。在数字基础设施方面,美国布鲁金斯学会、美国信息技术与创新基金会都认为,任何国家的基础设施都应该包括 21 世纪的数字基础设施——不仅要对核心数字基础设施进行投资,还要对现有的实体基础设施进行混合数字升级,以提高其性能。而在能源基础设施方面,则是欧洲智库较为强调的,一方面欧洲的能源不独立,另一方面欧洲一直在倡导可持续发展,因此必须有相匹配的基础设施。俄乌冲突可能进一步刺激欧洲在此方面的行动。其实这个思路与我国的新型基础设施建设思路类似,其目的就是建设与新一轮产业变革相匹配的基础设施。

4. 推动科技解决生存困境

科技推动经济发展,也推动社会发展和服务民生。德国的发展研究中心是德国波恩大学的一个智库机构，它们的研究课题涉及能源、发展中国家的农村、可持续发展等多个方面。它们研究的问题按照全球发展的优先级，包括贫穷、健康及环境等。实际上，来自发展中国家的科技智库，也都关注如何用科技来解决贫穷、健康等方面的问题。南非的科学和工业研究理事会旨在通过特定课题牵引的科学研究、跨学科研究、技术创新和工业发展来提高非洲人民的生活质量。在本书中，我们也专门研究了印度的科学、技术和政策研究中心，它也研究气候和环境、能源和电力、人工智能等方向，但是与发达国家智库研究此类议题的目的不尽相同，它的最终目的是解决印度的能源不足、食物不足以及可能存在的恐怖袭击等社会问题。

5. 推动可持续发展

可持续发展之所以成为科技智库的议题，是因为人们认识到一些科技的应用方式不可持续。世界环境与发展委员会于 1987 年出版的《我们共同的未来》报告，将可持续发展定义为：既能满足当代人的需要，又不对后代人满足其需要的能力构成危害的发展。关于如何实现可持续发展，科技智库给出的建议大体包括两方面：一方面是制度上的，另一方面是技术上的。所谓制度方面，就是基于现有的技术能力，相应的生产生活如何做出改变。比如德国弗劳恩霍夫学会系统与创新研究所围绕节能和减排两大主题，针对减排规划、基础设施、家庭行为、政策激励、能源创新、碳中和、碳交易等方面提出的建议。所谓技术方面，就是推动技术更新换代，通过新一代技术来解决传统技术带来的问题。美国信息技术与创新基金会就是运用这一思路的代表性智库，它的解决方案就是推动包括可再生能源技术、能源存储、电网效率和快速燃烧等方面的技术创新。

6. 推动科技促进发展背后的理论创新

智库注重解决方案，通常不专门从事理论研究。不过，科技支撑和引领经济社会发展，其背后一定需要理论上的创新，只有理论上的创新，才能推动理念的转变。英国苏塞克斯大学科学政策研究所虽然是一家高校智库，但是在理论创新方面有着悠久的传统。这里值得再一次介绍其 2018 年发表的有影响力的论文《创新政策的三个框架：研发、创新体系和转型变革》(*Three Frames for Innovation Policy: R&D, Systems of Innovation and Transformative Change*)。该论文回应了全球社会面临的不可持续的挑战，将社会和环境问题置于核心位置，试图建立新的创新政策的理论基础。但这一理论如何落实为解决方案，还需要实践检验。

三、如何加强科技治理

科技能够促进经济社会发展，但同时也有可能带来负面影响。针对科技活动，反对什么、限制什么与支持什么、发展什么同样重要，核不扩散、禁止生化武器，就是反对、限制相关科技活动的国际共识，而这些共识是基于 20 世纪已经产生的技术。近年来，随着人工智能、合成生物学等新兴科技的发展与应用，其众多负面影响也已经显现。如何对新科技的研发和应用进行治理，也是全球科技智库的重点研究内容。具体需要研究的内容就是：治理什么，怎么治理。

1. 治理什么：新兴科技本身的负面影响

科技带来的不仅仅是经济发展和社会进步，也不可避免地有负面影响，这种负面影响在数字技术领域表现得非常明显，如不平等、不安全、伦理争议、侵犯个人隐私等。当然，新兴科技带来的负面影响绝不止这些，并且随着科技的不断发展，它所带来的负面影响也会随之变化。

美国兰德公司、布鲁金斯学会等智库围绕科技进步导致国家之间、群体之间的鸿沟加剧问题有大量研究，基本上都认为拥有高科技能力的国家、地区、产业和职业人群，将会进入一种自我强化的循环，加剧了本就存在的不平等现象。新冠疫情的暴发实际上也让这一不平等现象进一步显现——新冠疫情对很多体力工作者的冲击，比依靠电脑和网络在家工作的脑力工作者大得多。正如兰德公司的一项研究所指出的，新冠疫情所形成的远程工作模式导致美国劳动力市场发生了规模性的转变，强化了先前已经存在的不平等现象。

当然，对于科技智库来说，更为迫切的研究问题是新兴科技可能带来的负面影响。致力于让世界"更安全、更有保障、更健康、更繁荣"的兰德公司在此方面做了大量研究，甚至可以说它对新兴技术的研究，主要是聚焦于技术的快速发展带来的风险可控性问题，而不是如何利用新技术促进经济社会发展。兰德公司的"安全 2040"项目，就是针对脑机接口、量子计算、3D 打印、人工智能、科技发展速度与安全等科技相关议题，进行风险评估。值得关注的是兰德公司针对"科技发展速度与安全"的分析，它认为当前新技术的快速发展，也有可能带来极大的安全隐患。人们在意识到一种技术巨大的毁坏性时，可能已经错过了对其建立规范的良机。所以有些专家也提出了"致毁知识"的观念，希望能够对科技的快速发展始终保持警惕[1]。

布鲁金斯学会在此方面同样有大量研究，针对若干重要场景——人脸识别、医疗领域、金融领域、政务领域等进行过专题分析。相对而言,生物领域的新技术更有可能危及人身安全。如"人工智能＋生物科技",可以改变人类自身的生物演化进程,对人类的伦理和安全都将带来巨大挑战。

当前正在发生的新一轮科技革命和产业变革,人工智能是其中最重要的驱动力,围绕智能时代的基础数据和算法,存在着一系列的负面效应。如本书第14章所介绍的,算法的公平、透明和责任也存在一系列必须关注的问题。这里就数据隐私问题再稍作说明。在我国,新闻媒体一度就"大数据杀熟"进行过讨论,这实际上就是利用大数据侵犯个人隐私的一个案例。"大数据杀熟"所用的是平台用户的消费数据,还有一些是更为隐私的个人数据。兰德公司就"身体互联网"进行过分析,"身体互联网"可以通过设备进行人体检测,利用互联网传输相关数据辅助医疗,但是这些数据能否被安全使用,还存在很多问题。

2. 怎样治理：建立新的监管规范和机构

国际上现有的关于科技的伦理和安全规范,基本上是第二次世界大战后形成的。二战后,一系列新兴技术被开发出来,让人们看到技术既可以带来高效率和便捷性,也可能破坏生态环境、危害人类长久繁衍,因此科技伦理等学科逐渐建立,监管体系也逐渐成熟。但是新一轮科技革命正在快速发展,旧的监管体系已经不能适应新变化,预警体系不完整、监管规则不明确、监管体系不完善,在这样的背景下必须建立新的监管体系。目前来看,智库主要有以下三方面的建议。

首先,建议建立新兴技术的风险评估方法。评估新兴科技可能带来的负面影响,需要熟悉新兴科技的内部规律,同时还需要对其可能的影响进行充分的情景预想。兰德公司发布的报告《监管新兴科学技术：从世界各地过去和现在的努力中学习》应该说是这方面的典范。

其次,建议建立新的监管规范。有些智库专注于新规范的建设,如美国的技术政策研究所(Technology Policy Institute),就是关注创新经济、技术变革以及相关法律法规的一家智库。兰德公司发布的《科学研究伦理：审视道德准则和新兴议题》报告,总结出横跨所有科学学科的十条科研伦理原则,实际上就是在这方面的探索。

最后,建议建立新的监管机构。比如美国联合生物防御委员会呼吁美国重新成立生物安全委员会,任命新的负责人参与生物体系重要建设和维护等。其实针对人工智能、大数据等领域,也都有智库呼吁建立专门的监管机构。

尤其值得注意的是,对于新兴技术的负面影响,前面讨论了治理什么、怎样治理的问题。但是还有一个问题：谁来治理。由于新兴技术是全球性的，任何地方都可以研发和应用，因而对新兴技术的监管，单单依靠某个或某几个国家是无法真正起到作用的，必须实现全球层面的统一监管，但是这就面临着各国规范的协同问题。若是要寻求规范方面的国际共识，将会衍生出新的系列问题，尤其是国家之间的竞争与合作问题，而这些问题也是科技智库需要分析解决的。

四、如何服务科技竞争

智库研究与学术研究的区别之一就在于立场性，智库各为其主。前面讨论的推动科技发展、科技应用和科技治理，都是内政政策可以涵盖的。但是科技是全人类共同的知识，尤其是科技带来的潜在伦理、安全风险，必须依靠全球共同解决，这就涉及外交政策，也是各国决策者和智库必须考虑的议题。

在当前的国际环境下，科技外交主要包括两方面议题：一是国家之间的竞争合作问题；二是国际规则的协商制定问题。当然，国际规则又常常成为国家竞合博弈的手段。最近5年，科技智库围绕科技创新竞合提供了大量的决策建议。在本书下篇中，我们也专门就科技竞合做了专题讨论。值得注意的是，中美之间的科技竞争成为全球智库研究的热点。

1. 为何竞争：科技实力还是科技霸权？

竞争，是科学研究的题中应有之义。科研工作者之间为了争夺科学发现优先权存在激烈的竞争。科学家之间竞争获胜的一个标志是获得诺贝尔奖，证明其在某一领域取得了巨大成就。科研机构之间也存在着竞争，毕竟科研机构也是由科研人员组成的，竞争力强往往意味着科技成就大。研究型大学排名，实际上也在某种程度上反映了大学科研实力的高低。如果进一步放大到国家层面，国家之间也存在科技竞争，如以色列被称为创新的国度，就是世人对其科技竞争力的认可。

而这些传统意义的科技竞争，实际上隐含的一个思想基础是，科学界的使命是推动人类知识总量的增加，良性的竞争能激发更好的发展。而良性的竞争也是建立在对众多科学知识、方法、工具等共享合作的基础之上的。然而，最近几年，科学界这种良性的竞争被政治所干扰，进入了一种新的竞争模式。尤其美国挑起对中国科技的种种遏制，已经严重违背了传统的科技竞争原则。

美国为何会掀起这样的科技竞争？观察最近几年美国智库对中美科技竞争的分析，可以发现大部分报告最主要的观点有两种：一种是中国的科技竞争力已经威胁到了美国的科技领导力；另一种是中国的科技发展威胁到了美国的国家安全。前者实际上可以理解，因为随着中国综合国力的上升，对科技的重视程度提升，中国的科技实力确实有了大幅度提升，已经越来越逼近美国的科技实力。如果按照正常的逻辑，中美之间科技实力的差距缩小，美国应当进一步增加科技投入、提升科研效率，继续努力。如此属于良性的科技竞争。可是美国基于第二种观点，即中国的科技实力威胁到了美国的国家安全，以"安全"为理由，出台了一系列的政策、措施，严重干扰了正常的科技竞争。而美国的智库纷纷对美国为什么应当维护科技霸权进行了论证，这些科技智库为美国的科技霸权鼓与呼，既有战略分析，也有具体的措施建议，可以说如何维护美国科技霸权已经成为美国众多科技智库的核心议题。

如果要分析美国为什么要展开所谓的"科技战"，可能还是要回到百年未有之大变局以及新一轮科技革命和产业变革中找原因。百年未有之大变局，意味着有限的资源面临着再分配，而科技能力是分配资源的有力保障；新一轮科技革命和产业变革意味着新的产业机遇、新的发展机遇。科技在"变"局中扮演的角色如此重要，竞争也就在所难免。当然，人类共同面临的问题，最终需要世界各国的通力合作，合作仍然应是世界各国在考虑其科技战略时的首选之策。

2. 怎样竞争：选择对象、制定目标、遏制对手、建立联盟

毋庸置疑，中国是目前美国开展科技竞争的主要对象。那么，在选定中国这个竞争对手上，美国智库也发挥了"评估"的角色。美国代表性的科技智库都开展了这方面的研究。兰德公司对于中国的创新体系进行了深入的研究，其发布的《中国在 21 世纪的创新倾向》报告认为，美国需要一个动态的可观测框架来研究快速发展的中国创新体系。布鲁金斯学会正在进行"全球中国：评估中国在世界上日益增强的角色"系列研究，也着重评估了中国在世界上不断增强的技术影响力。在具体领域上，美国智库也开展了相关研究。新美国安全中心认为，美国将与中国在人工智能、数字化、量子计算、5G 等新兴技术方面展开长期的战略竞争。美国信息技术与创新基金会认为，在重点产业领域，中国在全球半导体行业抢占市场份额，在生物医药、人工智能等领域挑战美国的领导地位。值得注意的是，兰德公司发布的《一种评估国家科学技术地位的开源方法：在人工智能和机器学习中的应用》报告中，特别开发了一套评估国家科学技术地位的开源方法，用于评估特定国家在具体领域的科学技术地位。

目前来看，维护美国的科技霸权地位已成为美国科技智库的主要目标。而

这样的目标,将深刻影响世界各国的科技创新体系。对美国来说,为了维护科技霸权地位,其很多科技战略将主要针对如何在竞争中获胜——而非自己的发展需要。正如新美国安全中心所建议的,美国应该制定全面的技术战略以重振美国的竞争力,这一战略应包含四个支柱:提升美国竞争力,保护美国的关键技术优势,与盟友合作以最大限度地取得成功,根据需要重新评估和调整战略。在这四个支柱中,后三个全部是竞争需要。这意味着美国将投入大量精力到竞争中,而非专注于自身发展。当然,竞争是为了自己的发展,发展是为了更好的竞争。但是过度聚焦于竞争,无疑将催生大量的调整。当年苏联发射第一颗卫星后,美国全国上下热烈讨论如何与苏联展开竞争,其中的一个讨论热点是要不要组建科技部[2]。当前美国瞄准中国开展竞争,一些智库也提出了要搞技术创新的国家战略,而是否也会设立专门的机构统筹管理美国的科技,也有待观察。毫无疑问,美国的科技创新体系将有所改变。

在制定目标后,美国智库为决策者提供了各种与对手竞争或遏制对手的手段。如利用舆论、伦理规范、国际规则、知识产权等。实际上,美国智库对利用舆论维护美国的科技霸权地位和科技利益,可谓经验丰富。以美国信息技术与创新基金会为例,它是美国科技领导力的维护者,经常批评他国。早在2014年它就发布报告《加拉巴哥岛综合征:中国技术标准的死胡同》(*The Middle Kingdom Galapagos Island Syndrome: The Cul-De-Sac of Chinese Technology Standards*),批评中国的技术标准规则不接轨"国际"通用规则,认为这是中国的保护主义,并把这种现象称为患有"加拉巴哥岛综合征"。美国信息技术与创新基金会给中国扣的另外一个帽子是"创新重商主义",认为中国的创新政策是所谓的"创新重商主义",并且损害了全球创新。印度同样受到过美国信息技术与创新基金会的批评。后者在其2014年发布的报告《为什么印度的PMA将损害印度和全球经济》(*Why India's PMA Will Harm the Indian and Global Economies*)中,批评印度出台所谓优先发展自己国家信息通信技术产品的政策。美国信息技术与创新基金会认为从长远来看,印度这种做法对印度经济不利,对全球经济也不利——本质上是该智库认为对美国不利。目前竞争的主阵地在新兴科技领域,而这些领域存在着伦理规范不健全的问题。正如前文我们围绕科技伦理的讨论,伦理问题是一个需要达成共识的领域,而先行者往往有规则的制定权和解释权,因此我们经常能看到美国以自己的规则,来对其他国家进行攻击。当然,美国智库也注意到很多国际规则的缺失,所以它们也积极推动美国成立相关的国际组织并掌握国际规则的制定权和话语权。比如对于空间科技领域，兰德公司的相关研究就建议美国应该评估其关键优势，并明确符合美国利益的空间技术可持续发展的最佳途径，呼吁新太空时代负责任的太空行为，实际上也是为建立符合美国利益的国际规则做准备。

竞争的手段除了遏制对手之外，还有建立自己的联盟。建立联盟方面的说辞，往往是共同的伦理规范、价值观等，而对如何建立联盟，各个科技智库都有建议。一般来说，基于所谓价值观的考虑，美国的智库都会认为美国应该与西方发达国家建立联盟。当然，美国信息技术与创新基金会很早就呼吁，印度幅员辽阔，拥有大量高技能的专业技术人员，与美国有着紧密的政治和文化联系，也应成为美国拉拢的盟友。值得注意的是，美国挑起的全球科技竞争，也会让一些国家不得不站队。韩国科学技术政策研究所的一份报告建议，韩国政府应当密切观察国际形势的变化，加强与美国在政治、外交、工业、科技等领域的合作。很显然，这也是美国挑动科技竞争的影响之一。每个国家都不得不因美国维护自身科技霸权的战略调整而调整自己的科技战略。正如德国弗劳恩霍夫学会系统与创新研究所认为，技术主权的概念在国家和国际创新政策中越来越突出，各国必须想办法适应新的全球竞争体系，这既考验各国政府的决策者，也考验各国的科技智库。

科技是促进经济社会发展的重要手段，科技智库的主要精力通常在于服务内政政策，但是在新的国际形势下，科技智库似乎开始在外交政策上投入大量精力。科技内政的议题，实际上处于不断完善的过程中，科技智库对此都很有经验。而科技外交问题，很多是新问题，而且是急迫的问题，需要科技智库界投入更多的精力，未来很长一段时间内，它可能会一直是各国科技智库重点关注的研究板块。

五、余论

我们的研究是基于对过去 5 年中全球科技智库的研究成果——议题和方案的再研究。我们试图总结，世界上重要的科技智库，关于科技进步和应用，给政府提议发展什么、怎样发展；关于科技治理，给政府提议治理什么、怎样治理；关于科技竞争，给政府提议为何竞争、怎样竞争。

时代在变，各国有着不同的国情背景，但是面临着相同的世界巨变。巨变的时代背景，是百年未有之大变局的加速演进，是新一轮科技革命和产业变革的激烈竞争，是数字革命、地缘政治、新冠疫情……身处时代巨变之中，每个国家，无论是被动还是主动，都必须做出回应。

智库的责任在于应对变局。正如本书绪论提到的，科技智库是国家科技战略政策的"天气预报"，是科技知识与政府决策的"桥梁"，也是正式规则出台前思想竞争的"舞台"。科技智库的职责在于做好科技创新的瞭望哨，增强对形势趋势变化的敏锐性，重视和加强预见，及时提供预判；做好科技创新的领航员，前瞻性地发现或设计议题，引导社会思潮和政策理念的形成；做好科技创新的思想源，创造思想产品，提供创新性解决方案，影响政策制定。通过对全球科技智库的综合观察，我们发现各国智库强调发展对于未来"关键"的新兴技术，成立更高级别的统筹协调机构，增加研究经费，培养和吸引人才，建设适应未来产业发展的新型基础设施，制定规范未来科技和产业发展的治理规则，成立监管机构。为了适应百年未有之大变局的国际形势，掌握发展的主动权，有些国家智库建议本国维护霸权、建立联盟，有些国家智库建议本国选择掌握技术的自主可控性。

可以预见，随着智库的推动，世界各国围绕科技自身的发展、科技促进经济社会发展、科技治理以及科技竞合的战略政策都会发生变化。在百年未有之大变局的背景下，随着新兴科技的快速发展，整个世界的科技创新发展体系都可能在未来迎来巨变。

参考文献

［1］刘益东.致毁知识增长与科技伦理失灵：高科技面临的巨大挑战与机遇［J］.中国科技论坛，2019(2)：1-3.
［2］王作跃.为什么美国没有设立科技部？［J］.科学文化评论，2005(5)：36-49.

作者简介

张聪慧　上海市科学学研究所
李　辉　上海市科学学研究所

索　引